榮莒苓、謝忍翾、羅亞琪、簡秀如、鍾沛君
譯
Bartow J. Elmore
巴托·艾莫爾
著

Citizen Coke

The Making of Coca-Cola Capitalism

從一杯可樂開始的帝國

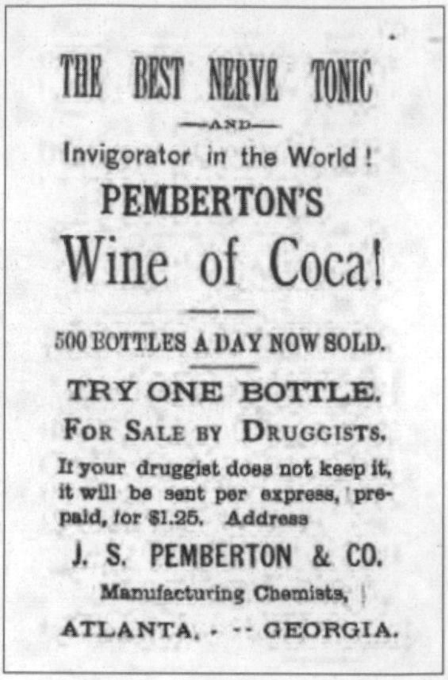

創造可口可樂的亞特蘭大藥劑師約翰．潘伯頓（John Pemberton）本來想要擊敗法國酒品「馬里安尼酒」（左圖），這種摻有古柯鹼的葡萄酒在十九世紀末相當盛行，包括教宗利奧十三世（Pope Leo XIII）、維多利亞女王（Queen Victoria）、美國總統尤利西斯．格蘭特（Ulysses S. Grant）都是其愛好者。以這種飲品引發的狂熱與興奮（在媒體與人體皆然）來看，難怪潘伯頓會嘗試要模仿（右圖）。不過隨著禁酒令的威脅在 1880 年代中期逐漸籠罩亞特蘭大，潘伯頓終究只得放棄，不用葡萄酒作基底，把希望放在替代用的碳酸水上。他的新產品「可口可樂」不含酒精，不過一直到約 1903 年之前，產品中都還含有微量古柯鹼。

這張 1899 年可口可樂公司員工合照，驗證了可口可樂這家企業的圓滑。特別引人注意的是，這家據稱已經把自家商品推展到「國內每州」的公司，在 1895 年時的全體員工，居然站得下位在亞特蘭大埃奇伍德大道 179 號（179 Edgewood Avenue）公司總部的門階。重要人物包括艾薩．坎德勒（Asa Candler，第一排左二）以及他的合夥人法蘭克．羅賓森（Frank Robinso，第一排左一）。艾薩的兒子霍華．坎德勒（Howard Candler）也在其中，他站在手倚門柱的女子旁邊（右側）。站在右側稍遠處的非裔美國人是威爾．卡萊特（Will Cartright），他是公司的司機。

1911 年，可口可樂載糖漿的卡車看起來像這樣，緩行於亞特蘭大市區，把一桶桶的糖漿送到飲料機。桶裝糖漿也會由火車運出城，送到遠方的市場。由於飲料成品的成分大部分是水，體積較大，因此比起賣飲料成品，不如賣濃縮糖漿，如此一來公司可省下運輸成本。

北卡羅萊納州一處可口可樂裝瓶廠，日期不明。可口可樂在 1899 年開始發出特許權給裝瓶廠商，到了 1920 年，美國有一千家以上的包裝商在營運，使用的都是可回收的玻璃瓶。

可口可樂和其裝瓶廠商受惠於二十世紀初，美國進步時期（Progressive Era）的大規模市鎮公共給水系統投資。舉例來說，洛杉磯的可樂裝瓶商就利用了市立調水工程（Jawbone Siphon）帶來的好處。這項工程於 1908 年開工，1913 年竣工，將歐文斯山谷（Owens Valley）的水經莫哈韋沙漠（Mojave Dessert）引到洛杉磯市區，從海岸到內華達山脈（Sierra Nevada Mountains）的歐文斯山谷導水管長達兩百英里以上，洛杉磯市政府為此耗資超過 2300 萬美元。

可口可樂公司的總裁羅伯特·伍德瑞夫（Robert Woodruff，右）與好時巧克力公司（Hershey Chocolate Company）創辦人米爾頓·賀喜（Milton Hershey，左）1924 年合影於古巴的哈瓦那（Havana），當時賀喜在那裡已經建立了龐大的糖業帝國。可口可樂公司在 1920 年代成為好時糖業的大客戶。

在古巴，牛車將好時公司收成的甘蔗卸放到火車載貨車廂上，照片拍攝時間約為 1924 到 1945 年間。不同於可口可樂公司，好時公司投入大筆資金在古巴建立製糖工廠和磨坊，甚至還協助建造一系列鐵路，把收成運到市場。一直到現在，可口可樂公司在海外市場仍使用蔗糖調出飲料的甜味，美國市場則在 1980 年代中期改用高果糖玉米糖漿。

二十世紀前半，孟山都化學公司（Monsanto Chemical Company）是可口可樂主要的咖啡因供應商。從 1920 年代中期開始，孟山都位在維吉尼亞州諾福克（Norfolk）的工廠，將可可豆加工製成巧克力以及咖啡鹼（theobromine）。咖啡鹼是在可可豆殘渣中發現的化學物質，是製造巧克力產生的副產品，而孟山都將咖啡鹼合成為咖啡因。到了 1950 年代，低咖啡因咖啡的生產者著手開發出新的咖啡因來源，可口可樂公司便中止與孟山都的咖啡因合約，迫使孟山都化學公司於 1957 年關閉這間工廠。

2004 年，印度喀拉拉邦（Kerala）一個小村莊普拉奇瑪達（Plachimada）的居民起而反抗可口可樂公司，抗議當地的裝瓶廠耗盡珍貴的水資源。外來團體也加入了抗爭，例如 2006 年的這場抗議就是由印度全國銀行員工工會（All India Bank Employees Association）所組織（上圖）。2004 年的抗爭行動造成可口可樂在普拉奇瑪達的裝瓶廠關閉，我六年後造訪當地時依舊是關廠的狀態（左圖）。前往這間工廠的旅程非常艱辛，我穿越濃密的熱帶叢林，跨過氾濫的河流才抵達，這一路旅程正好透徹道出可口可樂的商業命脈是多麼無遠弗屆。

在祕魯的基亞班巴（Quillabamba），種植古柯葉的農人正在採集古柯葉。目前可口可樂公司透過客戶斯泰潘化學公司（Stepan Chemical Company）採購來自祕魯的古柯。雖然可口可樂的配方約在 1903 年後就已經不含古柯鹼，但可口可樂卻仍然是美國最大的古柯葉合法進口商。可口可樂公司委託斯泰潘化學公司去除葉子的古柯鹼成分，斯泰潘再將當中的麻醉成分販售給藥廠製藥，去古柯鹼後的剩餘物則販售給可口可樂公司作為調味萃取物。

二十一世紀初，有些新公司開始銷售可再利用、可回收的飲料設備，不再使用拋棄式的軟性飲料容器，總部設在以色列的舒達氣泡水機公司（SodaStream）就是一例。圖中這位腳踏車騎士參加 2012 年舒達氣泡水世界不裝瓶日（2012 SodaStream Unbottle the World Day）時，載著每人兩年裡用掉的瓶瓶罐罐總數，騎車經過紐約市的哥倫布圓環。可口可樂公司寄出侵權警告狀（cease-and-desist letter）給舒達公司，要求他們停止並終止這種籠裝垃圾宣傳，此種宣傳揭發可口可樂的分銷系統不能回收的隱藏成本。

就像包裝廢棄物一樣，在二十一世紀，肥胖症也是可口可樂須負起的責任。「捍衛紐約客選擇」（New Yorkers for Beverage Choices）是獲美國飲料協會（American Beverage Association）贊助的輿論操作團體，碳酸飲料產業遊說團體也是由這個協會主導。2012 年該輿論操作團體印製 T 恤，集結群眾抗議彭博市長所提議，禁止銷售容量大於十六盎司軟性飲料的禁令。

目錄

CONTENTS

PART I
1886～1950
帝國的崛起

PART II
1950～？
帝國的代價

作者序

來自可樂帝國的子民

我喝過很多可口可樂。我在美國亞特蘭大（Atlanta）長大，也就是這款知名飲料的故鄉，所以很難不多喝。畢竟，就是這個飲料協助造就了我的家鄉。美國南方很少城市，擁有像可口可樂這麼強大有力的企業。一九八六年可口可樂百歲誕辰時，前亞特蘭大市長安德魯·揚（Andrew Young）說：「講到亞特蘭大的繁榮、動輒數十億美元的種種新投資，真的要感謝可口可樂。在其他城市似乎重回黑暗時代的時候，可口可樂為這座城市帶來了全球的國際視野。」[1]

隨著時間過去，我了解到自己之所以支持可口可樂，就有如密爾瓦基（Milwaukee）的人會支持密爾瓦基釀酒人隊（Milwaukee Brewers），或是「綠灣包裝工」美式足球隊（Green Bay Packers）的粉絲總是戴著起司帽加油（譯注：起司頭是對威斯康辛居民的暱稱）——是可口可樂讓我的世界成為可能。在我的心目中，可口可樂是偉大的創建者。來自亞特蘭大的可口可樂是世界的大使，讓我們引以為傲，大家知道它所到之處都在在展現解決問題的能力。可口可樂就像一位有為的公民，它的成功根本地改善了周遭人的生活。這就是「可樂公民」的概念。

可口可樂花費許多時間與金錢，來推銷這個無私服務的形象。一八八六年，喬治亞州亞特蘭大市某藥房裡，有位叫做約翰．潘伯頓（John Pemberton）的藥劑師發明了可口可樂；他宣稱這是「醒腦藥」（brain tonic），能治好服用嗎啡與鴉片的壞習慣，讓人遠離麻醉藥物。潘伯頓吹噓道，喝下這個飲料，身心緊張便能就此消失。對於剛經歷長年戰爭與重建的國家來說，這簡直有如瓶中魔法。對當時終日惶惶不安的美國人來說，可口可樂以飲料的形式撫慰了人心。[2]

從一開始，可口可樂公司就號稱它的事業宗旨是為了改善社會大眾的生活，這樣的說法也的確不無道理。多年來，可口可樂的領導者中有很多高尚有德者，利用公司獲利讓世界變得更好。一八九一至一九一六年，潘伯頓的接班人艾薩．坎德勒（Asa Candler）領導可口可樂公司，他因為諸多善行在亞特蘭大廣受歡迎。一般認為，他做了許多大善事，如一九〇七年大恐慌時期，可口可樂為亞特蘭大的房地產市場進行紓困；一九一〇年代農業蕭條時，可口可樂提供百萬美元貸款擔保與直接援助，幫忙喬治亞州的棉花農民。坎德勒是亞特蘭大的「第一公民」，用自己的財富來改善他人生活。他逝世的時候，《亞特蘭大報》（*Atlanta Journal*）說：「儘管『為人服務』這個高貴美麗的名詞已經過度濫用，但這確實是他八十多年精彩人生的最佳註解。」[3]

可口可樂的「大老闆」羅伯特．伍德瑞夫（Robert Woodruff）從一九二三年開始主導公司業務；直到一九八五年去世前，他都是公司的絕對領導，一樣廣受好評，大家都說他很有親和力。伍德瑞夫常匿名捐款給世界各地的慈善基金，金額動輒數百萬美元；他的慷慨也促成了亞特蘭大許多重要機構的成立，如伍德瑞夫藝術中心（Woodruff Arts Center）與艾默里大學（Emory University）。一九七九年，羅伯特與喬治．伍德瑞夫兄弟兩人，捐了一億零五百萬美元給艾默里大學，當時還沒人捐這麼多錢給學校過。

我個人其實也受惠於伍德瑞夫的善行。我以前到伍德沃德學院（Woodward Academy）上課時，總會經過叼著雪茄的大老闆雕像（伍德沃德學院前身為喬治亞州軍事學院（Georgia Military Academy），伍德瑞夫小時候就讀過，後來也以校友的身分慷慨支持）。其他亞特蘭大居民也有關於伍德瑞夫的種種溫暖回憶。[4]

但伍德瑞夫說，這些慷慨捐贈只是可口可樂貢獻世界的一小部分。他相信，賣可樂本身就是慈善事業。畢竟，可口可樂光是與獨立包裝商、各地原料供應商，還有許多私人零售商合作，就創造了許多就業機會，世上不少極度貧窮的角落因此受惠。可口可樂就像某主管說的「刺激物」，所到之處都能引發「多種貿易活動」。其中的關鍵便是「外包」。可口可樂並不吸收、管理原本的供應商，伍德瑞夫也說，正因為如此，可口可樂為世界的未知區域帶來經濟繁榮。這位大老闆說，可口可樂在這個世界扮演的角色絕對不是「炒短線」，而是「看長期」。因為專注於少數幾件事，所以發揮的效果更大。[5]

可口可樂之所以很有經濟上的吸引力，是因為相較於它的驚人貢獻，它只要求一丁點的回報。一九五〇年《時代》（*Time*）雜誌報導的可口可樂正是這樣的形象：「可口可樂不像外國人以為的鋼鐵或汽車公司等典型美國企業。這項產品靠的不是土裡的廣大天然資源，而是靠美國企業的絕佳營運能力。它依賴許多非實體的元素，如市場分析、業務訓練、廣告行銷，以及財務分散化。」《時代》雜誌說，可口可樂很少要求提供原料的社區為它做什麼。可口可樂能夠這樣一世紀復一世紀地成長，世界也會因可口可樂公司而變得更好。[6]

因為給人這種自給自足的印象，可口可樂得以理直氣壯地擴張至世界各地。國際間許多政體組織都很歡迎可口可樂公司，視其為可刺激地方經濟的低成本企業。很少有人停下來想可口可樂公司跟他們要什麼，只會想他們能跟可口可樂要什麼。

但隨著可口可樂於二十世紀後半葉開始擴展商業帝國，真相也越見明顯：低成本、高獲利就像是痴人說夢。可口可樂等

1908 年喬治亞州軍事學院軍校生合照。未來的可口可樂公司總裁羅伯特·伍德瑞夫站在後排左邊數來第三位，表情似乎不太開心。我小時候也念這間十二年級制的學校，現在已改名伍德沃德學院，紀念伍德沃德上校（Colonel Woodward），他坐在照片中左邊數來第三個位子。我非常感謝羅伯特·伍德瑞夫，因為他給母校許多慷慨捐贈；某種程度上，可以說是他幫我付了學費。

向大眾行銷產品的公司，其取用的並不亞於生產，而且它們需要天然資源以求生存。隨著時間過去，可口可樂對世界各地的生態環境索求越來越大。可口可樂就像部有機的機器，不斷成長，而其持續性的成長要靠豐富的自然、財務與社會資本投入營運。

我與世上許多人一樣，受益於可口可樂，卻不清楚這樣的利益從何而來。本書旨在探討，可口可樂在過去一百二十八年來，如何向供應它資源的社群不斷索求，將「可樂公民」當作消費者，而非生產者來分析。本書不只回顧歷史，更踏上了一段探索之旅，了解我從小喝到大的可樂背後，有著怎樣的經濟與生態現實。

前言

經營神話的背後

可口可樂是二〇一二年全球最具價值的品牌之一。該年，可口可樂的營業版圖已擴展至全球兩百多個國家，每日售出超過十八億份飲料，平均全球每四人便購入一份。可口可樂是二〇一二年全美獲利排名第二十二高的企業，營業額超過四百八十億美元，淨利更超過九十億美元，可說是史上最賺錢的企業之一。可口可樂在二十一世紀已征服全球，市場上鮮有敵手。[1]

可口可樂究竟是如何建立起其雄圖霸業？一個美國南方小藥房於一八八六年研製出的專利藥品，如何演變為史上最普及的產品之一？[2]

簡而言之，祕訣在於行銷。有人認為可口可樂的成功全拜它懂得如何「創造需求」所賜，它善於打造各式宛若具有魔力的搶眼廣告，誘使人們買下不必要的產品。有此一說，可口可樂高明之處在於懂得將自家商品與各種議題連結，從愛國情操、美式家庭生活，甚至是宗教圖像。可口可樂的廣告促銷手法將該公司的含糖飲料搖身一變，成了一位老朋友、日常生活的一部分、美國的護身符，如此經典的品牌形象有助於我們理解，可口可樂何以能橫掃商業市場。[3]

可口可樂廣告裡雙頰紅潤的聖誕老人與面帶微笑的士兵們，當然有助於提升消費者的品牌忠誠度，但這不過是表象。撇除廣告所塑造的形象，可口可樂的產品本質不過是將糖、水與咖啡因調配而成的飲料裝入玻璃瓶、寶特瓶或鋁罐內販售。想獲取成功，可口可樂必須將這些天然原料轉製成貨真價實的飲品，能在全球各地的零售架上銷售。

簡而言之，可口可樂必須取得大量自然資源好讓企業茁壯。到了二十世紀中期，可口可樂不但是全球購糖量最高的單一買家，也是全球精製咖啡因的最大消費者，同時也是非酒精飲品產業中購入最多鋁罐與塑膠罐的公司，除此之外它更是用水大戶。這家公司食量驚人，它消耗了可觀的自然資源以求獲利。[4]

然而，如此大的胃口並未讓可口可樂的企業組織跟著肥大。儘管該公司的原料需求日增，卻依然維持組織精簡，僅投資少數相關產業。可口可樂公司發展史上的多數時間，都未曾直接持有加勒比海地區的蔗糖園、美國的咖啡因萃取廠或是祕魯的古柯田。可口可樂始終是第三方買家，把採集、加工自然資源這種通常無利可圖的生意留給其他公司。[5]

從玉米到水源的外包高手

換言之，可口可樂的成功並非源於自家產品。這間公司必須仰賴由許多公、私部門夥伴所打造、管理的基礎建設才得以運作。若把可口可樂比喻為二十世紀經濟市場中的阿甘（Forrest Gump）亦不為過：一個來自美國南方的天真孩童，誤打誤撞闖入了炫目的全球貿易網路。這間公司透過中間企業與多家供應商展開合作，這些供應商都是當時的業界巨擘，例如美國製糖公司（Sugar Trust）、孟山都化學公司（Monsanto Chemical Company）、嘉吉公司（Cargill）、通用食品公司（General Foods）、卡夫食品（Kraft）、麥當勞、好時巧克力公司（Hershey Chocolate Company）以及斯泰潘化學公司（Stepan Chemical Company）。這些公司不僅滿足了可口可樂對便宜物資的貪婪需求，隨著它們建造工廠、配送中心、倉庫與加工廠，也使得可口可樂得以投入較少資金。

除此之外，政府也扮演了重要角色。政府機構補貼農人以刺激玉米產量，而玉米正是可口可樂所需的甜味劑原料。而地方政府興建諸如公共供水系統、公共回收系統等基礎建設，也有助於降低原料價格。可口可樂在整個二十世紀中的成長，全憑善用政府資源，這不僅歸功於該公司的長袖善舞，有一部分亦是美國政府不斷擴權的結果。[6]

追根究柢，可口可樂高明的成功祕方就是盡量減少自製。這間公司不斷證明自己善於利用他人建造、投資、管理的各項技術系統。與其他獲利狀況類似的跨國企業相比，可口可樂依然維持精簡的組織結構，以閃避開採天然資源與生產原料的成本與風險。早在「外包」一詞流行之前，可口可樂已是外包高手。可口可樂深諳與他人結盟以獲取成功之道。

本書並非僅談論這款碳酸飲料的歷史。可口可樂仰賴他人提供管道以擴展事業版圖的營運模式，讓這間公司成了本書主角。可口可樂的戲分固然最為吃重，但許多配角也在台上占有一席之地。其中有些是可口可樂的競爭對手，有些是盟友，有些則是亦敵亦友。每個角色都有各自的故事可說，但真正的情節就在他們的互動之間展開。

本書將以「可口可樂資本主義」（Coca-Cola capitalism）的發展史為主軸，我以「可口可樂資本主義」這個詞來指稱由諸多美國大眾行銷巨擘，在二十世紀初率先發展出的外包策略。我之所以稱其為「可口可樂資本主義」，是因為可口可樂將此策略運用得淋漓盡致，但當然還有其他公司在二十世紀運用類似手段，獲取高額利益，好比說百事可樂、麥當勞、軟體公司等等，不勝枚舉。這些公司透過全球化的製造與分銷網路來取得自然資源，自身並不涉入投資或經營。

換言之，這些公司時常要依賴公共建設，以取得原料並運送成品。一旦將前端開銷與分銷成本降至最低，這些企業就能以第三方批發商之姿，分銷他人產品以獲取厚利。這是一種賺了就跑的投機策略，像這樣的公司基本上無須種植作物，也無須設立太多工廠，因此負擔不大，它只需專心尋找新的供應商與新市場。[7]

多年來，每當有人提起美國各大企業的發展史，鮮少有人會提及可口可樂資本主義。按照企業資本主義的歷史準則，像可口可樂與類似專營消費性商品的企業總被視為善於行銷，但它們透過商業管道搬移自然資本的熟練手法，卻遭到漠視。本書旨在探究可口可樂善於行銷的表象之下，如何以中間商的身分結合第三方科技與公共建設，打造出方便、迅速且影響當代美國社會至深的自然物資交換渠道。[8]

廣及全球的廉價物資與貿易動脈

可口可樂資本主義形成於物質豐富的年代，當時正值十九世紀末的「鍍金時代」(Gilded Age，譯注：鍍金時代意指一八七〇年至一八九〇年之間，美國經濟快速成長的時期），全球各地不斷從生態體系開採出大量廉價物資，以供商業使用。也就在此時期，美國開始浮現企業壟斷的現象，諸如美國製糖公司、美國鋼鐵公司（U.S. Steel）與標準石油公司（Standard Oil）等大企業開始建造巨大工廠，將大自然恩賜的資源轉變為廉價物資，以滿足舉國上下對消費性商品的需求。美國政府透過各種直接與間接的補助，鼓勵這些大規模農業企業與現代製造設施的發展，進而助長了這些企業的擴張。可口可樂就是在這樣工農鼎盛的環境下，建立起自己的王國。

可口可樂對經濟的最大貢獻是讓豐富資源得以流動。首先，它將產量過剩的物料製成濃縮糖漿，如此便能輕鬆運送給全球各地的獨立分銷商。這樣一包由各種不同天然原料製成的濃縮糖漿，只要開封後加水稀釋，就可以大量轉售給消費者。透過這種模式，可口可樂搖身一變成為濃縮產品大戶，將現代工業化食物系統所產出的大量製品，轉送到全球消費者手中。對於製造過剩的經濟體而言，可口可樂就像是抗凝血劑，讓大量物資可以順著商業血脈，自由流往全球各個零售點。

但隨著可口可樂的貿易動脈在二十世紀越伸越遠，它得尋找更多新供應商，以避免依附它供貨的眾多買家貧血。可口可樂無法承擔原料供應不足，導致糖漿出貨速度減緩的後果。可口可樂的營利之道便是在獨立生產者與分銷商之間交易，越多自然資源透過其打造的系統流通，其獲益越豐。要想生存，可口可樂就需要更多養分，以供給其不斷擴張的商業動脈。超過一百二十八年以來，可口可樂如何維持其商品流通管道中的自然物資不虞匱乏，正是接下來要說的故事。

透視一罐可樂從原料開始的完整旅程

可口可樂容器背後的成分標示就是我們的敘事地圖。每一章裡，我會逐一檢視可口可樂當中的重要成分，好比水、糖、古柯葉、咖啡因與高果糖漿。而玻璃、鋁與塑膠，這些可口可樂王國所需的關鍵原料，則是倒數第二章的主角，畢竟要是沒有大量容器包材，可口可樂便無法銷售產品。我在書中探討了可口可樂如何與私人企業合作，再加上國家政策的支持，使其能以廉價向全球供應商購入各種天然物資。本書的敘事弧線，一方面會按照時間順序介紹可口可樂公司發展史，一方面也會探索一罐可樂從萃取原料直到進入消費者體內的完整旅程。我們隨著可口可樂從鍍金時代一路轉往日趨全球化的國際經濟，探索它究竟如何以低廉成本購得各種原料，使其於市場內流通。[9]

簡而言之，本書是可口可樂資本主義的環境史，讓我們理解可口可樂與背後支撐其運作的生態之間的關係。這是第一本以此視角書寫的可口可樂企業史。過去學者們討論可口可樂對自然資源的需求時，常著重於該公司如何面對供貨不足的危機。我們固然能從這些危機窺見該公司有多麼依賴自然物資，但撇開這些危機不談，可口可樂的經營始終如神話般成功。過去針對該公司的論述都忽略了一個問題：為何可口可樂鮮少面臨原物料短缺的狀況？畢竟一旦仔細分析這間公司的優勢，令人印象深刻的絕非這些危機，而是其長期維持供應商貨源穩定的優越能力。[10]

總而言之，本書會說明可口可樂是物產豐饒年代下的產物，它從大自然拿取了大量資源以求獲利。

可口可樂是一個靠開採自然資源營利的企業，只不過它的採收系統都是由他人營運，隱而未現。雖然可口可樂並非像美國鋼鐵公司那般，直接從地面開採礦產，但它的確促進了許多與自然資源相關的產業成長。它不只是依賴農產品產量過剩的慘況加劇以持續獲利，它所合作的瓶裝廠更抽取了幾十億加侖的地下水，此外也與化學處理大廠合作，將原物料變成可販售的商品。

可口可樂對自然物資的需求貪得無厭，永無滿足之日。可口可樂年復一年向供應商提高採購量，表面上看似促進經濟成長，實則對環境與消費者都帶來負面影響。到了二十世紀末，這家企業也開始嘗到過剩的苦果，數以百萬計的飲料容器在各城市的垃圾掩埋場堆積如山，人們塞滿高果糖漿的肚皮就快把皮帶扣給撐開了。可口可樂的商業動脈出口開始堵塞，然而各種物資還是不斷灌入此系統內。

不只可口可樂本身，就連相關的合作企業血脈也逐一浮現問題。位於乾旱區的瓶裝廠發現由於過量使用地下水，導致它們必須越掘越深，才能取得水源。負責生產玉米以製造可口可樂甜味劑的美國中西部農人，則變得徹底依賴大量肥料與殺蟲劑來維持玉米產量。海外情況也相差不遠，可口可樂海外的糖與咖啡供應商大量消耗當地水源與土壤養分。可口可樂供應鏈上的全球廠商都面臨類似問題，大自然不斷浮現各種跡象，顯示可口可樂業績持續成長的現象一點也不自然。

時間進入二十一世紀，人們已明白可口可樂對這個世界需索無度，但它提供給這世界的回報是否等值，就不是那麼肯定了。可口可樂的獲利模式便是搜索其他產業生產過剩的產品，也就是我所稱的可口可樂資本主義，這樣的模式在未來無論是經濟或環保層面上，都能永續經營嗎？更重要的是，該讓此模式持續下去嗎？要回答這些問題，不妨先回顧過去，讓我們回到可口可樂資本主義的問題浮現前的時光，說說這個足以代表美國的可口可樂誕生的故事。

PART I
1886 ~ 1950

帝國的崛起

自可口可樂於一八八六年誕生至今，一切似乎就像是天方夜譚。的確，可口可樂會成為人類史上最廣為人知的品牌，確實令人難以置信。正如一位可口可樂的主管後來這樣形容：「當時這家亞特蘭大的公司在業界可說是惡名昭彰。」這家公司的創辦人只是一個南方城市小藥房的老闆，他不但手頭拮据，還吸食嗎啡成癮。當時這座南方城市才剛開始推行吉姆·克勞種族隔離法（Jim Crow segregation laws）。

當然，自從重建時期（譯注：南北戰爭後的一八六五年至一八七七年）以來，亞特蘭大就成功吸引許多企業與商務發展，但南北戰爭後的南方商人仍缺乏創立全國性企業的資金（更不用說全球性了），就連潘伯頓也不例外。早期要得到外來投資者資金挹注的機會十分渺茫，沒有金主想要投資可口可樂，沒有卡內基集團（Carnegies）、范德比爾特財團（Vanderbilts）或摩根集團（Morgans）。甚至到一八九二年，也沒有什麼投資人願意冒險投資這家企業。[1]

可口可樂到底是怎麼生存下來的？它如何在創業初期得到所需

的自然與財務資源，讓它得以在一九五〇年代成為如此成功的企業？

第一部分要講述的是企業成長的故事。我們先從可口可樂的領導者資金短缺時開始講起。當時出於必要，他們必須與許多公私營企業結盟，在這些夥伴的協助下，以低成本取得可口可樂所需的原料。可口可樂當時也成為一些最具規模獨占企業的主顧，像是亨利・哈弗梅爾（Henry Havemeyer）的美國製糖公司。該公司靠著大型機器與勞工，史無前例地供給美國買家大量的廉價商品，而可口可樂正是這種過度生產下的既得利益者。可口可樂利用毛利賺錢，把成本低廉的原料混合後再漲價賣出，公司獲利的前提就是過度供應。

可口可樂誕生在供給與需求無所節制的世界，而它在二十世紀的持續成長則仰賴永續的大量供應。隨著可口可樂日益壯大，它對糖、咖啡因與水的需求也越來越大。可口可樂的生存仰賴政府的經濟政策，當時政府鼓勵產業製造廉價商品。因此，可口可樂要求政府協助取得公司所需，穩住壓力龐大的市場免於崩盤，力保公司的成長泡沫越來越大。

第一章 水龍頭滴出的黃金

——公共水源變身企業搖錢樹

一八八六年春天，可口可樂的創辦人潘伯頓正在推廣可口可樂的第一批糖漿。他告訴手下業務員，轉告亞特蘭大的飲料機店家，在它們的糖漿裡加入一些碳酸水。這只是測試，想看看可口可樂是不是有潛力成為暢銷專利藥品，當時店家大多抱持懷疑的態度，畢竟他們早就習慣舌燦蓮花的感冒糖漿推銷員，宣稱產品可以改變世界。不過，這些店家還是姑且一試，將濃稠的褐色糖漿樣品滴入玻璃杯，再注入約五盎司的氣泡蘇打水。

潘伯頓和他一開始的客戶都沒想到，這幾滴糖漿竟然會引爆飲料市場的洪流。到了二十世紀末，可口可樂的裝瓶廠與零售商每年用來稀釋可口可樂的水，已超過七百九十億加侖。但是，裝瓶廠加入水的比例，還占不到可口可樂水足跡總和的一%。該公司用在製造瓶子與生產農產品的用水量，遠遠多於加入飲料裡的水，每年約有八兆加侖。就整體的供應鏈來看，可口可樂的用水量在二〇一二年超過瑞典、丹麥與挪威三國加起來的總用水量，足夠讓二十億以上的人一年烹飪、清潔及飲用所需，而這個人口數字接近全世界人口的四分之一。[1]

混亂的成藥市場

要取得製造過程中所有的用水，就必須靠人脈。可口可樂的創辦人在與亞特蘭大飲料機老闆打交道時，早就知道人脈的重要性。一八八六年，五十五歲的潘伯頓當時什麼都沒有，沒錢、沒車，也沒有員工可以把做好的飲料運送給零售商。他面臨財務危機，沒有資本可以增設分銷點的基礎建設，或是廣設飲料機。雖然他在南北戰爭之前，曾在喬治亞州的哥倫布（Columbus）建立成功的藥品市場；而在重建時期，他也曾在亞特蘭大的豪華金寶飯店（Kimball House）開設一間生意很好的藥局。但是，到了一八七〇年代，他的生意開始走下坡。

他和當時許多創業藥劑師一樣，一心只想靠著專利藥致富，這是十九世紀末的一股風潮。全國各地的創業藥劑師都想藉由平面媒體，誇大其辭地推銷他們自製的成藥。因為當時正處於「鍍金時代」，都市人的生活又擠又亂，全美都在尋求有效的頭痛藥或止痛藥，雖然這些藥裡絕大多數根本很少或幾乎沒有任何有療效的成分，但是沒關係，當時的美國人渴望找到合格醫師無法有效治療的疾病藥方。

潘伯頓相信自己也能藉此大發利市，包裝出可以吸引大眾的產品。於是，他設計自己的專利藥品，包括護肝丸（Triplex Liver Pills）、金蓮花咳嗽糖漿（Globe Flower Cough Syrup），以及檸檬橘子藥水（Lemon and Orange Elixir），他宣稱這些成藥是止痛、治療消化等疑難雜症的萬靈丹。[2]

但是，成功不會一開始就降臨。到了一八八〇年代，《亞特蘭大憲法報》（*Atlanta Constitution*）在「專利藥品問題」的專題報導中，用「活潑的競爭」來形容專利藥品業的情況。數以百計的藥局老闆指望靠著奇怪的「蛇油」（snake oils）與「醒腦藥」（brain tonics）一夜致富。潘伯頓對於當時的一些人氣藥水很不屑，像是宣稱內含「蔬菜成分止痛劑」的旁氏精華霜（Pond's Extract），還有自封為「征服神經的大神」的沙瑪里敦鎮定劑（Samaritan Nervine）。

這些誇大其詞的藥品廣告充斥小鎮的報紙，宣稱這些藥品從頭到腳都有效。沙瑪里敦鎮定劑的廣告說能醫百病，從「癲癇」、「醜惡的血液疾病」，甚至連「心煩意亂」都能藥到病除。其他還有韋氏純鱈魚肝油萊姆複合物（Wilbor's Compound of Pure Cod Liver Oil and Lime），宣稱能治好當時的絕症，像是肺癆、氣喘、白喉，以及所有喉嚨與肺部的疾病，同時提醒民眾良藥苦口，難以下嚥，但是這樣才有效。對亞特蘭大的女士來說，還有數不清的婦女病專用藥，包括貝氏婦女調節劑（Bradfield's Female Regulator），據說在更年期時服用，就可以避免巨大的痛苦與危險。[3]

因此，潘伯頓反對大規模競爭。雖然他在買賣上獲得短暫的成功，但是他終究無法推出一款超人氣專利藥，導致他在一八七二年申請破產。和許多其他的美國人一樣，潘伯頓在一八七三年的經濟大恐慌中遭受重創，直到一八七〇年代結束前，他都還在清償債務。[4] 財務陷入困境的潘伯頓內心明白，在選擇下一個事業投資時必須審慎評估。他認為聰明的策略就是搭上產業的明日之星，而非冒險投資未經測試的專利藥品。換言之，他知道跟著成功人士走，才是聰明的生意計畫。

馬里安尼酒的啟發

潘伯頓發現，或許模仿一種名為馬里安尼酒（Vin Mariani）的法國成藥，會是前景看好的選擇。這是由藥劑師安傑羅・馬里安尼（Angelo Mariani）於一八六三年所研發的專利藥，到了一八七〇年代，這款專利藥可說是風靡全球。全球各地的人都很喜歡這種飲料，因為基本上馬里安尼酒就是用波爾多的葡萄酒與古柯鹼混合而成，古柯鹼的含量足以讓經常飲用者產生愉悅感。這種飲料的效果很好，但馬里安尼酒帶給飲用者的生理反應只是成功的原因之一。

馬里安尼之所以能成功，是因為他握有全球製藥網路的人脈，讓他得以將產品行銷到全世界的文化與政治菁英手上。喜好的名人包括維多利亞女王（Queen Victoria）、美國總統尤利西斯・格蘭特（Ulysses S. Grant），甚至教宗利奧十三世（Pope Leo XIII），他們都大力讚揚馬里安尼的產品，這些見證後來也成為行銷產品的廣告。即便沒有證據顯示，教宗允許信徒在聖餐時享用含古柯鹼的飲品（想想會賣得多好！），但是教宗推崇這款飲品對全世界已有一定影響力。

馬里安尼能夠利用這些人脈，完全是因為他的國際地位。馬里安尼出生於知名的法國化學家與醫師世家，身為貴族的他在巴黎有房產，是十九世紀晚期歐洲的文化代表。馬里安尼被認為是享譽盛名的主人，常常接待上流社會的陌生訪客與地方名流，有時一晚招待的賓客就超過四百人。他的人脈遍及社交、金融與政界，專利藥品界沒有幾個人有如此能耐，無人足以匹敵。5

顯然，潘伯頓並不具備馬里安尼擁有的優勢。他的資金短缺、又住在普遍被認為很落後的美國南方，更不是什麼國際名流。他飽受胃病之苦，每次病發時總要臥床數週靜養。為了麻痺身體的病痛，他常服用嗎啡止痛。一八六五年四月十六日，也就是南北主將李將軍與葛蘭特將軍在阿波馬托克斯郡府（Appomattox Court House）會面，商討南軍投降幾日後，當時北方軍入侵哥倫布，潘伯頓起身反抗，卻同時身受槍傷與刀傷。許多人猜測從此之後，潘伯頓就開始服用嗎啡止痛。

染上毒癮又身無分文的潘伯頓落得窮困潦倒，對於像他這樣陷入谷底的人來說，最佳的東山再起計畫不是正面迎擊馬里安尼，而是複製相同的方法，分食成功品牌的市占率。之後在二十世紀，可口可樂的對手也如法炮製，以其人之道還治其人之身。但是，可口可樂成立初期，公司創辦人苦無資金，這是潘伯頓在一八八〇年代唯一發現的成功之道。6

可口可樂的誕生

於是，潘伯頓於一八八四年生產自創的「法國葡萄酒古柯飲料」（French Wine Coca），並開始在亞特蘭大銷售。他添加一些獨特的成分，好讓自己的產品與馬里安尼酒有所區隔，其中最有名的就是西非的可樂果粉。總而言之，他的產品熱銷大賣，馬里安尼酒根本望塵莫及。潘伯頓的法國葡萄酒古柯飲料，幾乎是一夕之間就打響在南方的知名度。當然也是拜馬里安尼酒的廣告所賜，古柯酒的效果早已深植人心。但是，這款飲料的成功卻宛如曇花一現，因為南方已成為衛道人士號召禁欲戒酒的大本營，潘伯頓擔心這種視飲酒為罪惡的觀念會衝擊到他的飲料生意。果然，亞特蘭大市民於一八八五年十一月就公投通過，禁止市區酒吧販售酒品。為了因應此法，潘伯頓認為製造不含酒精的碳酸飲料方為上策，而非葡萄酒。[7]

所以，潘伯頓開始把數種水果萃取汁，與油、糖調配在一起，製造出新風味的無酒精汽水。他的獨門配方包括荳蔻、中國肉桂油、檸檬與柳橙香料，以及香草。總共約有十二種調味成分，包括可樂果粉和古柯葉萃取物。因為可樂果粉，所以飲料含有咖啡因。不過，潘伯頓也添加其他含有咖啡因的成分，而古柯葉萃取物裡則有微量古柯鹼。他也加入許多糖來增加甜味，每加侖加入五磅以上的糖漿，並減少檸檬酸。潘伯頓之所以會添加這麼多的糖，是因為他知道甜品好賣。畢竟，法國葡萄酒古柯飲料廣受喜愛，不只是因為添加古柯鹼與酒精，也是因為有香甜的波爾多葡萄汁。潘伯頓聽從新生意夥伴法蘭克·羅賓森（Frank Robinson）的建議，修改新飲料可口可樂的英文拼法，把原來「kola」的「k」換成「c」，讓名字更琅琅上口。[8]

潘伯頓決定用水（而非葡萄酒），當作可口可樂的基本原料。原因不只是為了因應戒酒風潮：其實是出於節省成本的考量。水不同於葡萄酒，南方水費便宜且供應量充足。他的義大利競爭對手馬里安尼有地利之便，世界上最好的葡萄酒莊園近在咫尺，但是潘伯頓距離最好的波爾多葡萄酒供應商可是有數千英里之遠，不用葡萄酒讓潘伯頓得以製造成本低廉的飲料。為了讓飲料更便宜，潘伯頓就把腦筋動到運費上，靠著只運送可口可樂濃縮糖漿，而非最終完成的飲料，把運費降到最低。他將濃縮糖漿運到亞特蘭大市區與附近城鎮的飲料機店家，再由這些獨立店家將水加入糖漿之中。[9]

草創時期的簡易分銷體系

當時，潘伯頓已成立潘伯頓化學公司（Pemberton Chemical Company），合夥的對象是亞特蘭大商人艾德・霍蘭（Ed Holland），以及兩位剛從緬因州搬來亞特蘭大的報紙與印刷業企業家——羅賓森與大衛・朵伊（David Doe）。他們雖然未能提供大量資金，但是提供潘伯頓使用他們帶來的印刷設備。霍蘭的父親是亞特蘭大銀行業鉅子，他把父親位於馬理塔街一〇七號紅磚建築物裡的新辦公室租給潘伯頓，而這裡正是亞特蘭大市中心的商業核心區。[10]

潘伯頓在新辦公室工作，事業發展得一帆風順。透過他的簡易分銷體系，潘伯頓不只利用飲料機店家的資源，更利用它們的行銷力量。潘伯頓選擇與那些已具規模且知名的廠商合作，相信顧客會信任他們知道與喜愛的零售商。

潘伯頓心中理想的合作對象就是喬．雅各布（Joe Jacob）的藥局，他的藥局座落於亞特蘭大商業區中心的桃樹街，穿著體面的男男女女絡繹不絕，他們都是城市裡的菁英人士。雅各布也是名流人士，他在喬治亞州的雅典（Athens）以藥劑師的身分致富。他於一八八四年到亞特蘭大開店時，砸下重金把店面裝潢得金碧輝煌。一樓飲料區的負責人是威利斯．弗納博（Willis Venable），這裡的特色就是長達二十五英尺光可鑑人的大理石櫃台，以及從地板延伸到天花板的落地窗，足以吸引顧客上門。人們來參觀這裡的同時，也享受被別人注目的感覺，因此潘伯頓想在這裡販售他的產品。[11]

有了雅各布這個貴人的相助，潘伯頓在可口可樂上市的一八八七年春天，就賣出約六百加侖的糖漿（超過七萬六千份飲料）。當時飲料市場上有一種銷售方式，就是把低價汽水裝在玻璃杯裡販售給南方的窮人。與其花一美元購買法國葡萄酒古柯飲料，消費者寧願只花五美分買到可口可樂。潘伯頓靠著新飲料，找到量產低價糖漿的捷徑，藉此建立他的飲料機事業。[12]

所有權爭奪戰：坎德勒的勝出

然而，早期可口可樂的銷售量，還不足以讓潘伯頓擺脫債務。為了藉由低成本飲料致富，潘伯頓必須販售很多糖漿；雖然首季就賣出六百加侖是一個挺不錯的開始，但仍不足以打平投資成本。到了一八八七年底，潘伯頓的錢用光了。霍蘭、羅賓森與朵伊這三個原本的生意夥伴，在財務方面也幫不上忙。

一八八六年一月，羅賓森散盡家財，協助投資成立潘伯頓化學公司，而朵伊則是在一八八七年離開這家公司，至於霍蘭根本就不關心公司事務。負責雅各布飲料機的弗納博很早就投資潘伯頓的公司，但是因為他的錢大多投資在房地產上，因而能投資在可口可樂的金額相當有限。綜觀一八八七年，當時可口可樂的未來充滿不確定性，公司內部也陷入可口可樂配方所有權的爭奪戰。[13]

所有權爭奪戰根本就是一場混戰。包括原有投資人、新股東像是潘伯頓的兒子查理．潘伯頓（Charley Pemberton）、亞特蘭大商人喬治．隆笛斯（George Lowndes）與沃夫可．沃克（Woolfolk Walker）都加入戰局。直到一八九一年，這場角力戰才完全塵埃落定，最後由亞特蘭大的藥劑師艾薩．坎德勒（Asa Candler）拿下公司所有權，因為他買下所有宣稱擁有可口可樂配方權的投資人股份。一年後，坎德勒正式成立可口可樂公司，以每千股一百美元的價格提供東北部投資經紀人認股的機會。坎德勒決心一手把持公司的經營權，所以本身持有五百股。與此同時，潘伯頓因為無法戰勝胃腸宿疾而過世，他永遠無緣看到可口可樂未來的發展。[14]

可口可樂發跡的傳奇與多數記載中，都將坎德勒描述為拯救可口可樂品牌的英雄。羅伯特．史帝文斯（Robert Stephens）是潘伯頓家族的友人，他如此形容坎德勒的影響：「可口可樂的風行是因為一個充滿幹勁的男人，不斷將公司往前推……他花大錢從潘伯頓和其他股東手上買到的公司只是空殼子……但是他憑藉著自己的努力，化危機為轉機。」據說，坎德勒生長於喬治亞州的鄉下小鎮維拉利卡（Villa Rica），他的父親是一個黃金探勘者。而這個位於亞特蘭大東方約三十英里處的小鎮，就是由他父親建立的。十九歲那年，他離家到喬治亞州的卡特斯維爾（Cartersville）當藥劑師學徒，期盼有一天能當上醫生。他在卡特斯維爾發現可以藉由藥品生意大發利市，於是決定放棄當醫生的理想。

一八七三年，他來到亞特蘭大，希望開始經營自己的生意。憑藉著手中雄厚的資本，他很快就在喬治・豪沃茲（George J. Howards）位於亞特蘭大的藥局裡平步青雲。到了一八八六年，他已經存夠創業所需的資金，於是他創立艾薩・坎德勒公司（Asa G. Candler & Company），並將公司總部設在市中心桃樹街。他都說自己是一個禁欲主義的工作狂，他的行為嚴格遵守宗教戒律、加上個人犧牲的精神，造就出他在商業上決策的原則。他省吃儉用、兢兢業業地成功開創自己的藥局，後來他也開始想要併購受歡迎的專利藥。

他在亞特蘭大的一家飲料店喝過可口可樂後，就開始對推廣這個飲料產生高度興趣。他在一八八八年找上潘伯頓，想向潘伯頓購買可口可樂的配方，而潘伯頓也同意了。不過，坎德勒又花費三年的時間，才正式解決配方所有權的爭議。[15]

推廣全美的行銷策略

買下可口可樂後，坎德勒立刻發展出一套積極、有組織的行銷策略，就是要迅速確實地把可口可樂推廣到整個南方，他對建立遍布各地的分銷網路很有一套。例如，在他還是小孩的時候，就開始賣水貂毛皮，把原本在維拉利卡老家狩獵場的生意拓展到亞特蘭大，這對十幾歲的年輕人來說，可謂一大成就。坎德勒擁有初生之犢不畏虎的過人膽識，他在之後寫道：「我距離亞特蘭大三十六英里，沒有鐵路可以到達，但那裡看起來似乎是最好的市場，所以我用馬車把毛皮運進亞特蘭大。我告訴自己：『也許我會賺到二十五美分！』結果我賺到了一美元，這是我生平賺的第一塊錢。」[16]

坎德勒秉持著相同的膽識經營可口可樂，他相信這款飲料的成功關鍵在於，把飲料行銷到慣用專利藥品的顧客手中。所以，他提供亞特蘭大及其周邊城鎮的飲料機店家免費飲品，要求廠商送給忠實客戶群試喝。他手下的業務員雖然不多，但是都對他忠心耿耿，其中有些人像是他的兒子霍華·坎德勒（Howard Candler）與外甥薩謬爾·多布斯（Samuel Dobbs），和他有親戚關係。這樣當時所謂的「旅行推銷員」，搭乘亞特蘭大的火車到外地，深入每個飲料機店家，大力鼓吹可口可樂的優點，承諾會讓店家生意興隆。他們爭取到大賣場與零售商的支持，而這些人後來也在當地大力推廣可口可樂，負責將糖漿配送到社區裡的小商店。

可口可樂的旅行推銷員腳步遍及全美各地，通常都是從早忙到晚，而他們的努力終於開花結果。到了一八九〇年，南方各州都能買到可口可樂，那一年公司來自亞特蘭大的營收占整體營業額不到一半。五年後，坎德勒自誇可口可樂「現在全美各州都能買到、喝到」，而可口可樂糖漿的年銷售量也達到七萬六千加侖。一八九九年，當時的旅行推銷員只有十五個，把這個事實納入考量，你就會知道把可口可樂推廣到全美的成就有多麼了不起。[17]

對許多人來說，坎德勒成為美國夢的代表，他白手起家，憑藉著手中的數千美元，把奇怪的飲料變身為全美家喻戶曉的品牌。正如同一九二九年，他兒子在他的喪禮上表示，就是坎德勒發現可口可樂的潛能，也正是他賭上所有的資金，才將這款飲料推廣到消費市場，並且用心經營，直到終於回收成本。以坎德勒作為可口可樂品牌的代表人物，的確比嗎啡成癮的潘伯頓更具吸引力。坎德勒被視為可樂之父，他犧牲一切，讓可口可樂得以成長茁壯。[18]

但是，坎德勒的成功其實並不像傳說中那樣，大多憑藉自己努力而來。他之所以把僅有的些許資金投資在可口可樂上，是因為他當時負債五萬美元，想藉由投資可口可樂以小搏大，力求翻身。他就像潘伯頓一樣，沒有太多錢可以投資昂貴的分銷與生產設備。事實上，他之所以會決定在一八九二年加入可口可樂公司，純粹是因為他當時亟需外界挹注資金，但是他無法出脫手中持股。首次公開募股募集到七千五百美元。當時公司約有三十名員工，其中包括潘伯頓原本的生意夥伴羅賓森。可口可樂在往後二十年的廣告策略都是由他操刀，但是這位平面媒體促銷高手卻沒有什麼錢。因此，可口可樂要有所成長，坎德勒就必須有其他助力。[19]

於是，坎德勒延續潘伯頓的商業模式，也就是利用獨立的小店家，快速將可口可樂拓展到更遠的地方，而這樣的分銷體系成功了。可口可樂之所以能夠用低成本快速搶攻遠方市場，主要原因就是只販售可樂糖漿，根本無須花錢運送飲料成品。透過亞特蘭大的鐵路網，坎德勒把一桶又一桶的糖漿運送到外地，再由飲料機店家自行加水調製為成品（販售給消費者的成品中，水的比例約為八〇％）。這樣不知道省下多少運費，如果當初沒有藉著飲料機店家自行加水販售，可口可樂早就破產了。這家公司非但沒有破產，反而開始累積大量盈餘，一八九六年扣除成本後還淨賺五萬美元。[20]

無酒精飲料市場大戰：瓶裝可樂的出現

不過，可口可樂仍然要面對許多知名的無酒精飲料大廠競爭，有些公司的歷史比可口可樂還悠久。以位於費城的 Hires Root Beer 為例，這款飲料是由藥劑師查爾斯・海爾斯（Charles E. Hires）發明的，並於一八七六年上市。到了一八九〇年代，這款沙士已成為全美頗受歡迎的飲品。海爾斯在全美平面媒體鋪天蓋地大肆宣傳，包括在《亞特蘭大憲法報》宣傳他的飲料是「世上最純、最佳的飲料」。這款飲料由許多野根草加上莓果萃取汁調配而成，每週都會刊登在雅各布的廣告上，向亞特蘭大社區的人宣傳。[21]

其他飲料則是積極搶攻全國市場。奧古斯汀・湯普森（Augustin Thompson）醫生在位於麻州的磨坊小鎮羅威爾（Lowell），創立莫西神經食品（Moxie Nerve Food）。到了一八八〇年代，這家公司的版圖已擴展到坎德勒的家鄉。而在德州的韋科（Waco），有位名叫查爾斯・艾爾德頓（Charles Alderton）的藥劑師，也在一八八五年推出胡椒醫生（Dr Pepper），這個名字源自於某個醫生，艾爾德頓想追求他的女兒。雖然這款飲料一開始只受當地人青睞，但是到了二十世紀初，就成了全國知名的飲料。[22]

如果可口可樂要擊敗這些競爭對手，就必須考慮販售瓶裝飲料，才能吸引非都會區廣大新顧客群的目光。不過，坎德勒一開始卻反對這個想法，他認為發展瓶裝事業延伸網路的資金太過龐大。他回想自己曾在十九世紀晚期，告訴贊成推出瓶裝飲料的人：「我不認為有推出瓶裝飲料的必要。」他還說可口可樂沒錢、沒時間、沒點子來做瓶裝事業。坎德勒也推翻與獨立瓶裝廠合作的建議，他擔心這樣的新手企業家只在乎自己的名聲，而會毀了可口可樂的商譽。

一八九〇年代時，飲料瓶裝公司才剛剛起步，並不像鍍金時代的人氣汽水飲料店，在十九世紀晚期就成為另類的文化交流中心。甚至還有報導表示：瓶子裡會有不乾淨的東西，像是動物屍體、蜘蛛或其他昆蟲。坎德勒並不想跟這種簡陋陽春的企業扯上關係。[23]

不過，此時販售可口可樂的飲料機店家，已從原先只位於亞特蘭大的五家拓展到數十家，遍布哥倫布、伯明罕及孟菲斯這類大城市。其中有些獨立的店家決定成為可口可樂的裝瓶商。

在這些分銷商中，喬瑟夫．拜登漢恩（Joseph A. Biedenharn）率先成為可口可樂的裝瓶商，他住在密西西比州的維克斯堡（Vicksburg）掌管家族企業——拜登漢恩糖果公司（Biedenharn Candy Company），公司裡大家都暱稱他為「喬叔叔」（Uncle Joe），他就是坎德勒想要拉進可口可樂家族的那種人。他生長於南北戰爭後的維克斯堡，在十四個小孩中排行老大。他跟隨在父親赫曼．拜登漢恩（Herman H. Biedenharn）身邊，在父親的指導下學習經營雜貨買賣生意。這些年來，拜登漢恩的家族企業交出亮眼的成績單，他與維克斯堡的各界人士都建立良好關係，本身也是一個備受尊崇的人。因此，一八九〇年旅行推銷員多布斯來這裡販售可口可樂時，很自然就來拜訪拜登漢恩。

對拜登漢恩來說，他本來就對擴展自己的無酒精飲料事業躍躍欲試。他的顧客常常購買汽水，所以在他的眼中，可口可樂就像是吸引人的瓶裝飲料新投資標的。拜登漢恩向多布斯訂購五加侖的可樂糖漿，並且很快就銷售一空。[24]

一開始，拜登漢恩就像是區域性中盤商，把從亞特蘭大運來的可樂糖漿，再分銷給維克斯堡與鄰近城鎮的零售商。不到幾年的光景，可口可樂就成為拜登漢恩公司裡最暢銷的商品。於是，到了一八九四年，他就把每年五加侖的合約，一口氣增加到每年採購超過兩千加侖，但是其實還可以賣得更好。拜登漢恩如此說道：「我想要把可口可樂推廣到沒有汽水飲料機的地方，讓當地人可以享用。就算是在大城市，汽水飲料機也不多，而且分散各處。我知道許多鄉村居民也想喝可口可樂，但卻不太容易買到。」

因此，在一八九四年，拜登漢恩開始把可口可樂裝瓶販售。這位喬叔叔當時用的是很陽春的裝瓶系統，他向位於密蘇里州聖路易的碳酸汽水公司（Liquid Carbonic Company）購買「二手」的裝瓶設備，而這家公司後來變成無酒精飲料裝瓶商的二氧化碳主要供應商。這項創舉十分成功，以至於他決定聯絡坎德勒，洽談密西西比州的分銷裝瓶廠事宜。拜登漢恩的方法直截了當，直接寄給坎德勒一箱瓶裝可樂，但坎德勒對拜登漢恩的這項舉動並沒有太大的反應，只說瓶裝可口可樂「還可以」。除此之外，並沒多說什麼。雖然對方的反應相當冷淡，拜登漢恩還是持續將瓶裝可樂賣給他的顧客，藉此大量提高他的利潤。[25]

從不抱期望到獲利驚人

即便如此，坎德勒內心對瓶裝可口可樂的質疑依舊，但是其他廠商卻競相模仿瓶裝飲料的點子。一八九九年，兩位來自查塔努加（Chattanooga）的律師——班傑明．湯瑪士（Benjamin F. Thomas）與喬瑟夫．懷德海（Joseph B. Whitehead）找上坎德勒，他們希望能夠開發可口可樂裝瓶分銷體系，藉此打入南方以外的諸多市場。坎德勒雖然認為裝瓶企業的熱潮只是曇花一現，但是他仍以高姿態與懷德海、湯瑪士簽訂固定價格的合約。

這份合約的內容很廣泛，可口可樂提供他們永久的獨家代理權，允許他們把可口可樂放入瓶子或其他容器中販售，除了德州、新英格蘭區與拜登漢恩所在的密西西比州以外，同意他們在其他美國各州販售瓶裝可樂。多年後，可口可樂必須打一場很艱辛的訴訟大戰，才能拿回當初拱手簽給查塔努加兩位律師的瓶裝可樂權，但是坎德勒當時並不認為瓶裝可樂會有多麼成功。[26]

坎德勒真的是大錯特錯。懷德海與湯瑪士憑藉著手上的合約，開始打造裝瓶帝國。這個事業版圖遍及全美，讓這兩位查塔努加律師得以致富。不過，他們的成功主要還是僥倖獲得貴人的幫助，因為懷德海與湯瑪士都沒有足夠的資金，欠缺將事業拓展到全美所需的財源。

懷德海的父親是來自密西西比州牛津市的浸信會牧師，懷德海在孩童時期大部分都是跟隨父親四處傳教。他好不容易才存夠錢去就讀密西西比大學法學院，並於一八八八年在查塔努加找到穩定的稅務律師工作，從此展開十二年的法律職涯。他認為這段工作經歷「與其說是有經濟上的好處，不如說對人生更有益處」。湯瑪士的出身較好，他的父親是肯塔基州梅斯維爾（Maysville）的成功雜貨批發商。湯瑪士的優渥環境讓他能到其他州上大學，他先就讀維吉尼亞大學，之後又取得辛辛那提法學院的法律博士學位。他投資過許多產業，也曾短暫待在銀行業，後來在查塔努加開過幾家法律事務所。但是，到了一八九九年，也就是他簽訂可口可樂瓶裝合約那一年，他依然無法創業致富。湯瑪士手上的五千美元，只夠他們在查塔努加開設一家可口可樂的陽春裝瓶廠。

因此懷德海必須開口請求另一位朋友協助，對方就是約翰．拉普頓（John T. Lupton），他金援創業初期所需的一半費用，位於亞特蘭大的裝瓶廠才順利展開。從頭打造可口可樂瓶裝事業的湯瑪士與懷德海，他們的分銷體系必須依靠獨立分銷商才能成功。而他們幾乎是一開始就立刻把合約中取得的瓶裝可樂權，分給全國各地的裝瓶廠。如此一來，懷德海與湯瑪士不但能擴大可口可樂的瓶裝帝國，同時能有效管理全國性成長的資本風險。[27]

這樣的做法奏效了。可口可樂瓶裝網路從一八九九年只有幾家裝瓶廠，到了一九一〇年已擴展到全國約有四百家。懷德海與湯瑪士幾乎是一夕致富，他們每運送一加侖可樂糖漿給一個分銷商，就能收取一些微薄費用。因為他們幾乎可以說是在做無本生意，只是純粹的貿易商，在糖漿供應商、裝瓶商和分銷商之間進行仲介。很快地，分銷商支付給他們的些許費用，就累積成驚人的利潤。身為裝瓶廠母公司的他們只是中間人，並不是真的裝瓶商。全美的分銷商必須自行負責裝瓶廠的建造和營運成本，大部分的風險都分攤到這些地區性投資人的身上。[28]

可口可樂也從這個體系中獲利。到了一九一四年，公司淨收入就從十年前的二十萬美元，暴增到一百萬美元，但是光從獲利並不足以說明背後的完整故事。超過八百萬美元的營收，這個數字遠遠超過經營糖漿工廠的資產、設備與房地產成本。到了一九二三年，可口可樂在全美有八座糖漿工廠，這種糖漿工廠的規模並不大。坎德勒在一八九九年寫給兒子的一封信中提及，希望能在堪薩斯城（Kansas City）開設一座糖漿工廠，他如此寫道：「我們應該要離貨運集散地近一點，不見得一定要設立在很貴的商業區。我們只需要有一間好的地下室，一層樓的面積差不多要三十乘一百英尺，享有水電優惠的區域，這樣的地方才合適，最好還能找到租金便宜的地方。」

投資成立這種小型糖漿工廠只需要一點點資金，讓可口可樂得以撥出龐大的廣告預算。在一九一〇年代中期，可口可樂每年花費在廣告上的預算超過一百萬美元，其中還包括製作金屬標示牌、托盤、日曆、撲克牌、壁畫，以及其他更多的宣傳品。據估計，光是在一九一三年，可口可樂就分送出超過一億個促銷商品。簡單來說，損益表上反映的只是母公司販賣可樂糖漿給裝瓶分銷商所得營收的一小部分，而這些錢大部分又投資到宣傳廣告之中。[29]

可口可樂的裝瓶體系一推出就成功，也引起同業競相效仿。在北卡羅萊納州新伯恩（New Bern）的創業藥劑師迦勒·布拉德（Caleb Bradham），畢業於北卡羅萊納大學，野心勃勃的他在一九〇五年與當地裝瓶廠合作分銷他的無酒精飲料——百事可樂（Pepsi-Cola）。布拉德凡事都比他的亞特蘭大對手落後一步，他在一八九三年推出布拉德飲品（Brad's Drink）時，基本上就足以擊倒潘伯頓的產品了。一八九八年，他將產品改名為百事可樂。的確，百事可樂的配方與可口可樂有所不同（例如，百事可樂沒有古柯葉），但是就大部分的成分而言，布拉德與潘伯頓的產品幾乎沒有什麼兩樣：含咖啡因、含糖、含可樂果粉的焦糖色飲料。換言之，布拉德對可口可樂做的事，就是當初潘伯頓對馬里安尼酒做的事：藉由模仿成功品牌的行銷策略，搶走對方的市占率。當位於亞特蘭大的可口可樂，證明瓶裝飲料可以為公司賺進數百萬美元，布拉德便靈機一動，決定跟隨成功者的腳步前進。[30]

從總部到零售商的致富金字塔

到了一九一一年，坎德勒對原本不看好而拱手讓人的裝瓶網路改觀了。他表示：「我必須對這家公司裝瓶部門的同仁，表達心中最深的感謝。他們如此盡心盡力在全國各地為我們努力。他們全都是這個領域中最好也最受尊敬的商人。」坎德勒與其他在亞特蘭大總部辦公室的高階主管都知道，就是這些遍及各地的商人，把可口可樂的產品推向新的高峰。他們通常藉由貸款取得資金，而後利用這些錢，建造可口可樂的分銷廠。[31]

然而，分銷商提供的不只是資金，還提供更多讓可口可樂瓶裝帝國起飛的資本，也就是重要的政治與社會資本。正因為這些寶貴的資本，可口可樂才能在遠離總部亞特蘭大很遠的地方成為「受人景仰」的品牌。來看看喬治亞州第三個裝瓶分銷商的故事。

一九〇一年，哥倫布·羅伯茲（Columbus Roberts）開始在喬治亞州哥倫布販售可口可樂。羅伯茲是喬治亞州西南部土生土長的人，所以對當地的特性非常熟悉，他的父親是哥倫布外一個小鎮的佃農。羅伯茲是當地的名人，他身兼當地基督教青年會（YMCA）與同濟會（Kiwanis club）主席、第一浸信會執事（First Baptist Church），以及哥倫布市水務局成員。羅伯茲每週日都會上教堂，總是貢獻大筆捐款。他一生總共捐贈二百五十萬美元協助喬治亞州西南部的社區，甚至大家都認為，浸信會摩斯大學（Baptist Mercer University）就是因為他的奉獻才不至於破產。想想他在哥倫布社交圈的地位，所以當他推薦可口可樂時，人們就會買單。一九〇一年，他一開始只靠著一頭驢拉馬車販售可口可樂，但很快就說服城裡的商店販售瓶裝可口可樂。販賣可口可樂的第三年，羅伯茲的獲利就超過一萬七千美元。往後的數十年，羅伯茲家族一直是可口可樂在哥倫布的代言人，他們讓可口可樂致富，自己也因此發財。[32]

羅伯茲家族並非唯一的成功案例，還有喬治亞州雅典的山姆（Sams）家族、北卡羅萊納州格林斯堡（Greensboro）的哈瑞森（Harrisons）家族、密西西比州的拜登漢恩家族，以及其他許多人。他們都把自己的姓氏成為可口可樂的品牌，他們的友善笑容與熱情握手，以及在當地的聲譽，都成為可口可樂在美國各城鎮最有效的宣傳。可口可樂之所以受到歡迎，一部分是出於受歡迎的人推廣產品。在往後許多年，面對可口可樂不利人類健康的批評，也是靠著這些小鎮夥伴對抗這些永無休止的攻擊。可口可樂的裝瓶廠商，這些深受當地人景仰的商人，協助可口可樂平息批評的聲浪，說服大家飲用可口可樂開心又愉快。

但推廣可口可樂並不是在做慈善事業。裝瓶廠的總公司、地方裝瓶廠，以及它們服務的零售商，大家之所以會有志一同地努力提升可口可樂的銷量，原因還是在於背後的實際利益。可口可樂糖漿就像是會在水中膨脹的玩具一般，讓整個分銷體系從總公司到零售商，每轉手一次就會產生倍增的利潤，這就是體系運作的方式。

一九〇一年至一九一四年間，可口可樂販賣給懷海德與湯瑪士的裝瓶廠母公司的糖漿，一加侖約為一美元。每加侖糖漿的原料成本大約是六十美分，因此可口可樂能從銷售糖漿上獲取利潤。但是，裝瓶廠母公司也有利可圖，因為即使要花錢購買可口可樂糖漿，但不需負責把糖漿運送到實際生產的裝瓶廠。到了一九〇三年，懷海德與湯瑪士變賣自有裝瓶廠的設備，把全部精神放在管理旗下真正負責裝瓶的工廠。他們要求旗下分銷商每賣出一箱可口可樂，就要給付六美分的權利金，因為他們提供地區裝瓶廠販售可口可樂的權利，他們認為這樣的收費很合理。因為裝瓶廠母公司受到一八九九年簽訂的合約保障，擁有糖漿裝瓶銷售權。換算下來，懷海德與湯瑪士每賣給旗下裝瓶廠一加侖的可口可樂，都可賺進三十美分，到了一九一四年，裝瓶廠母公司賺進的利潤已高達數百萬美元。

但是，可口可樂糖漿的利潤還不止於此，地區裝瓶廠以八比一的比例加水稀釋糖漿，再將最後成品調價後販售給零售商。平均來說，它們販售給零售商的價格為每箱可口可樂（二十四瓶）約八十美分，也就是每加侖糖漿的成本約為一．二美元，但是可以四美元賣出。沒錯，這些地區裝瓶廠的固定成本很高，但是銷售量穩定成長，所以往往不出幾年就利潤頗豐。因為無酒精飲料零售的報酬率高，所以零售商對可口可樂的需求也很高。一般雜貨店販賣一箱可口可樂的售價約一．二美元（以一箱二十四瓶來說，每瓶五美分），或是會再加上成本的五〇%作為售價。買賣的獲利空間十分驚人，做小本生意的零售商可以賺進大把鈔票。[33]

雖然有利可圖，但是地區裝瓶廠在藉由可口可樂致富前，仍需承擔極大的風險。喬治．柯伯（George S. Cobb）是來自喬治亞州拉格蘭奇（LaGrange）早期的地區裝瓶商。他描述得相當傳神：「今天有這麼多人認為可口可樂是金礦，但根本就不是這樣……一開始的時候真的非常困難。」另外一位長期經營可口可樂有成的分銷商J．J．威爾拉德（J. J. Willard）則表示，在一九〇〇年代初期，許多裝瓶廠創業之初都面臨資金短缺的窘境。他強調，設立一間裝瓶廠需要的資金約為三千五百美元（大約是現在的八萬美元），這對於缺錢的老闆是一筆很沉重的負擔，因此許多裝瓶商必須藉由貸款支付。有很多裝瓶廠老闆常常寢食難安、夜不成眠。

根據威爾拉德的說法，有些可口可樂裝瓶廠資金用盡，轉賣經營權三、四次後才開始打平開銷，自給自足。威爾拉德舉了一個例子：有一家裝瓶廠的老闆後來賺了很多錢，總共捐贈六位數的款項給許多醫院、大學與孤兒院，但是他在創業之初常常連坐車的錢都沒有，都是靠家鄉公車車掌讓他賒帳搭車。畢竟，可口可樂地區裝瓶廠的成功關鍵，往往取決於它們與該地區借貸機構的關係，若是建立良好關係，就能在急需現金時，獲得貸款機構提供現金週轉。[34]

透過這些地區裝瓶廠建造廠房、支付卡車成本及司機薪水，使可口可樂能在開拓新市場的同時，又無須大幅增加母公司的固定成本。沒錯，可口可樂亞特蘭大總公司只提供地區裝瓶廠受歡迎的產品與持續的廣告行銷宣傳，但是對於將濃縮糖漿變身為消費者享用的瓶裝可口可樂，像是管線、引擎、抽吸用的幫浦等過程所需的必要設備，則很少給予任何支援。

事實上，讓這些裝瓶廠成長的主要投資，並非來自可口可樂公司，或是地方商人，而是來自於市政府。箇中的關鍵成分是水：資源有限的小型裝瓶廠，完全仰賴市政府建造、管理及營運的大眾供水系統才能生存。[35]

所費不貲的公共水資源網路

到了一八八〇年代晚期，也就是人稱「進步時代」（Progressive Era）（譯注：美國一八九〇年代至一九二〇年代）的萌芽期，美國商人開始因為許多新公共建設計畫而獲利大增。在這段時期，務實的中產階級改革者開始要求州政府和市政府，更積極地確保美國人的健康與安全。以可口可樂為例，或許可以說是最重要的公部門積極參與計畫，就是政府出資、耗費甚鉅的公共供水系統的擴展計畫。

當科學家揭開在重建期間細菌世界的種種謎團，規劃市政的官員也開始重新思考水資源的管理策略。英國政治家艾德溫・查德威克（Edwin Chadwick）曾在一八四〇年代率先提出「衛生觀念」，並廣受歡迎，「衛生觀念」強調的重點是環境汙染將會導致疾病孳生。人們對此深信不疑，連帶延伸出一八八〇年代的細菌論（germ theory）。專家開始致力於消滅傷寒、霍亂、黃熱病等致命疾病的微生物。到了一九〇〇年，流行病學家希歐包爾德・史密斯（Theobald Smith）透過檢測大腸桿菌濃度的技術偵測出，飲用水中的細菌數量高到嚇人，許多城市的居民都在飲用髒水。而地方政府的處理方式是建造機械濾網、綿密複雜的鐵網，以及基本的化學處理系統，來改善水資源的供應品質。[36]

這使得地方政府的角色大為擴張。一八三〇年，全美有八〇%的水資源掌握在私人企業手中；但是，到了一八八〇年代，公部門開始逐漸掌控供水系統。到了一九二四年，就是美國公共衛生服務部（US Public Health Service）實施第一個聯邦食用飲用水法規的十年後，全美超過七〇%的水資源轉為由國營企業掌管；到了一九四一年，比例更擴大到八〇%。[37]

不過，在建設水資源網路的同時，也必須鋪設排水道來處理廢水，才不會汙染市民的飲用水。於是，政府開始將過去的露天汙水道換成地下排水道，以免有汙水外流之虞。政府投入大量資金建造排水道系統，確保將廢水安全地排放到遠離市中心的偏遠地區。到了一九二〇年，全美都會區有超過八〇%的居民使用公共排水道，而五十年前約為五〇％。[38]

這些水資源網路興建計畫的費用到底有多高呢？通常包括建造蓄水庫、水壩、導水管，以及新型機械式水柱清洗濾水系統。對大城市來說，建造這些系統的經費可能是天價。例如，在一九〇五年至一九一四年間，紐約市就花費約二億二千萬美元，來建造兩座水壩與一個地下導水管系統。這項基礎建設使得距離曼哈頓北方數百英里的凱斯基爾集水區（Catskill Watershed）的水流向曼哈頓，至今仍發揮作用。紐約也投資改善後來大家所說的新克朗頓導水管（New Croton Aqueduct），這項建設將城外約四十英里，位於偉斯特切斯郡（Westchester County）克朗頓水庫的水抽進城裡使用。設計與建這兩個導水管系統是為了服務超過六百萬人，堪稱當時全美最大的公共供水系統，不過其他城市的系統也所費不貲。芝加哥與費城在一九一七年的人口都超過兩百萬，兩地管理的水資源系統預估價值超過三千萬美元。

漁翁得利的可口可樂

可口可樂裝瓶廠協會（Coca-Cola Bottlers' Association）於一九〇九年發行的《可口可樂裝瓶商》（*Coca-Cola Bottler*）刊物中，讚許費城投資百萬美元的淨水廠。刊物中強調，在公共資金進場前，費城市區的用水「常常髒到讓人考慮到底要不要洗澡」。一九一〇年，《美國城市雜誌》（*American City*）報導，堪薩斯城市政府發行三百一十萬美元的債券募資採購供水系統，此舉使得堪薩斯城之後有好一段時間沒有舉債能力。至於可口可樂的家鄉亞特蘭大，當地政府從一九〇一年至一九〇七年間，募資九十五萬美元來支付擴張該市水系統的經費。一九一〇年，亞特蘭大募款超過二百萬美元，來支付進一步改善水系統設備的費用。

亞特蘭大用水委員會（Board of Water Commissioners）理直氣壯地表示：如此舉債可以幫助可口可樂與其他城裡的企業；如果不這麼做的話，幾乎所有的製造業、旅館、鐵路及其他大量用水的企業都必須關門大吉。到了一九一五年，全美總人口超過三萬人的兩百零四座城市，公共供水系統的總價值超過十億美元。[39]

往後數十年，各城市花在水資源的成本仍會不斷提高，因為各城市還是需要支付員工薪資、過濾設備及替換零件，以確保能穩定提供大眾服務。一九一四年後，由於第一次世界大戰，所以對各種原料的需求大增，連帶使得基本用水系統維修費用飆升。《美國城市雜誌》在一九一八年報導：「重要供水系統的建設材料、管線、閥、給水栓等，成本都上漲超過兩倍」，因為戰爭致使人力成本也隨之增加。沒有足夠收入來支付開銷，各城市政府就必須舉債更多。美國人均城市債務從一九〇二年的十二美元，在第一次世界大戰尾聲時已經上漲超過六十美元，絕大部分都是水的成本。

水處理需求特別高的城市受創最重，例如，田納西州諾克斯維爾（Knoxville）平均每天約一百美元，也就是每年要花費三萬四千美元淨化來自田納西河的水；美國衛生局長（US Surgeon General）曾於一九一五年表示，這條河無疑遭受了汙染，不能未經處理就使用。北卡羅萊納州夏洛特（Charlotte）的公共用水來源是卡托巴河（Catawaba River），也面臨類似的成本支出。[40]

許多城市付出大把鈔票來維持機械式濾水系統運轉，而可口可樂裝瓶廠則只要花費一些錢就可以大量用水。到了一九二一年，美國約有超過一千家可口可樂裝瓶廠，絕大部分都是使用國營水廠的水，並且享受低廉的水價。例如，密爾瓦基的居民與企業的水費都一樣，每加侖只要〇．〇〇五美分。每個城市的水費各有不同，有時差異很大；但是大都會區因為競爭，只好壓低水價。事實上，大多數城市都是以低廉的水費吸引企業大量用水。

一九〇二年，瓶裝可口可樂首次在紐奧良販售，當時城市的水費計算方式是：前十萬加侖是每加侖〇．〇一美分，一旦超出這個用水量，每加侖則減少到〇．〇〇七美分。如匹茲堡、堪薩斯城及西雅圖等其他城市，也採取類似的水費計算方式。基本上，各個市政府都知道便宜的水費可以吸引企業進駐，市政府為了維持競爭力而用盡方法，就算因此舉債也在所不惜。真正的贏家是使用大量水資源的工業用戶。在美國各地的城市，可口可樂裝瓶廠常常支付不到〇．〇一美分，就可享用國營水廠一加侖的水。[41]

不只裝瓶廠藉此獲利，可口可樂總公司也因為公部門投資興建公共水資源系統而累積大量財富。在一八九一年至一九二〇年間，可口可樂幾乎沒有進行任何基礎建設來支援公司的成長。坎德勒只准許在全美商業運輸集散地興建八座糖漿工廠，像是芝加哥、聖路易、達拉斯及洛杉磯等地。把糖漿工廠建立在這些城市，是為了利用以這些繁忙的商業重鎮為中心，呈放射狀向外延伸的鐵路系統。[42]

鐵路系統的推波助瀾

另一個例子告訴我們，公共基礎建設的投資如何助可口可樂一臂之力，這次出錢的是美國聯邦政府。在十九世紀的最後數十年，美國西部與中西部興建許多條鐵路線，其中絕大部分是由美國聯邦政府出資興建。在南北戰爭期間，美國國會批准債券的發行，以及為建造鐵路提供土地，籌資興建第一條橫貫美國大陸的鐵路，也就是太平洋鐵路（Pacific Railroad），這條鐵路於一八六九年完工。往後二十年，美國聯邦政府以類似的方法援助興建南太平洋鐵路（Southern Pacific Railroad）與北太平洋鐵路（Northern Pacific Railway）。這些鐵路網不但連接許多城市，更連結數千英里無人且無市場之地。因為這些鐵路網的收入不足以因應維修成本，鐵路公司要求政府在完工後，仍須繼續金援鐵路公司。沒有國家的支持，就不會有橫貫大陸的鐵路；沒有橫貫大陸的鐵路，就無法從芝加哥、聖路易及達拉斯等主要商業中心，透過鐵路支線把貨物運送至偏遠小鎮。[43]

主要藉由政府補助而建設的鐵路成為商業動脈，滋養美國心臟地帶成長茁壯，而可口可樂就透過這些鐵路運送糖漿。往後許多年，可口可樂運送給汽水飲料店與許多裝瓶廠的糖漿數量就不斷增加。一九二三年，糖漿總銷售量逼近一千八百萬加侖，二十年前才不過八十八萬一千加侖，可以看出顯著的成長。所有的糖漿都來自可口可樂在全美的八座糖漿工廠（分別位於亞特蘭大、巴爾的摩、芝加哥、達拉斯、堪薩斯城、洛杉磯、紐奧良及紐約），還有位於加拿大、古巴、法國的七座海外工廠（後續會詳述這些海外工廠的故事）。[44]

領導階層大震盪

一九二〇年代，席捲全美的可口可樂透過外包繼續成長，但是公司的領導階層卻換了新血。到了一九一六年，年近七十的坎德勒已經厭倦不斷追求獲利，開始淡出日復一日推廣可口可樂生意的生活。這一年，在眾多親朋好友的勸說與要求下，坎德勒決定參選亞特蘭大市長，也輕易入主市府。選後，他將公司的管理權交給個性溫和的兒子，並全心投入公共服務。雖然坎德勒開始坐鎮市政府，但是他仍持續關注可口可樂，因為他手中持有可口可樂一半以上的股份，這是他自一八九二年接掌可口可樂後，就一直持有的股份。[45]

小坎德勒接掌可口可樂後，對於把股份賣給外部投資者的興趣，就大於公司內部買賣。一九一七年，他向董事會的董事提出，某個銀行財團想以二千五百萬美元買下公司。不過，這項提案遭到否決，主要是因為老坎德勒怒氣沖沖地介入，並在董事會議中投下反對票，當眾羞辱自己的兒子。老坎德勒雖然讓出總裁大位，但是絕不輕言將自己努力的經營成果，拱手讓給家族以外的人。[46]

不久，又有人提出另一項收購計畫。這次是由公司副總裁薩謬爾·多布斯（Samuel Dobbs）一手策劃。多布斯對於老坎德勒在考慮交棒時沒有想到他而感到惱怒，他相信自己比小坎德勒更有能力坐上總裁大位。其實就許多層面而言，多布斯的確有不滿的權利。其實，小坎德勒根本很討厭應付零售商，他在某次出差到紐約銷售可口可樂時，寫給他父親的信或許就是最佳證明。他在信中寫下，自己要如何常常和汽水店老闆「打通關節」，並且表現出自己有多討厭這一行的交際應酬。「我不喜歡。」他在信中如此抱怨，在後來的信件又表示自己比較想回到亞特蘭大的家鄉。[47]

小坎德勒能力不足之處，正是多布斯發光發熱的特點。他在可口可樂公司裡晉升得很快，不過十五年左右，就從業務員升任行銷主管，又升任副總裁，就是因為他的表現出色。因為他的公眾演說技巧與談判協商的能力十分傑出，可以說是天生的業務員。因此，當老坎德勒開始暗示自己準備退休時，多布斯自認為會是公司下一任總裁的理想人選。想當然爾，當老坎德勒指派小坎德勒接掌大權時，對多布斯來說是很沉重的打擊。更慘的是，老坎德勒在一九一七年還把持股分給家族成員，多布斯並未分到一杯羹，這使得他距離可口可樂事業又更遙遠了。他很受傷，但是與其坐以待斃，看著坎德勒家族把持公司，他寧可選擇反擊。一九一九年，他與友人歐尼斯·伍德瑞夫（Ernest Woodruff）密謀收購可口可樂，決心奪回自己在公司裡應有的地位。[48]

當時五十六歲的伍德瑞夫是亞特蘭大銀行界的重量級人物，長年擔任喬治亞信託公司（Trust Company of Georgia）總裁的他可說是惡名昭彰。他是土生土長的喬治亞州人，個性暴躁易怒，最有名的就是節儉，以及擅長割喉戰的生意策略。雖然有時他很好戰、不善交際，但無論如何他都是一個很有天分的商人。他成功地為亞特蘭大一些非常知名的企業籌募資金，包括大西洋冰煤公司（Atlantic Ice and Coal Company）、大西洋鋼鐵公司（Atlantic Steel）以及北美琴酒公司（Continental Gin Company），但是他的做法通常都頗具爭議。他曾因為某些惡劣行徑被人告上法院，像是擅闖競爭對手的法律辦公室，竊取重要商業文件；雖然這項指控從未在法庭上獲得證實，但是之後人們看待他的眼光確實受到此案的影響。

伍德瑞夫勝之不武、不擇手段的名聲，使得許多亞特蘭大受人尊敬的商人都不和他打交道，這些商人中也包括老坎德勒。因此，多布斯努力模糊喬治亞信託公司在收購案中的角色，他找大通國家銀行（Chase National Bank）與紐約信用擔保公司（Guaranty Trust in New York）擔任收購案的代表人，雖然就是靠伍德瑞夫牽線才讓銀行參與這件收購案，但也是在銀行的協助下，伍德瑞夫的名字才沒有出現在談判協商的文件中。[49]

他們的計謀最後成功了，這個銀行財團創造出可口可樂德拉瓦公司（Coca-Cola Company of Delaware），成功併購亞特蘭大的事業。銀行團開出的條件是付給坎德勒家族一千五百萬美元現金，以及新公司一千萬美元的優先股（之所以會選擇在德拉瓦州設立可口可樂公司，是因為該州的公司稅法與企業營業稅率都對資方比較好）。德拉瓦公司計畫公開發行五十萬股股票，募集大量資本。小坎德勒與可口可樂的董事會成員認為，他們提出的收購案對原始投資人有利，於是在一九一九年八月批准這項收購案。[50]

事後證明，可口可樂上市的決定的確帶來獲利。八月二十六日，公開上市交易的第一天，這家新公司以每股四十美元出脫超過四十一萬七千股。坎德勒家族發了財，伍德瑞夫與他的事業夥伴也蒙受其利。依據收購合作條件之一，銀行團成員可以用每股五美元的低價購買股票。有些估計指出，這樣超低的股價立刻為這些內部人士，帶來二百萬美元至五百萬美元的獲利。[51]

但是，並非所有人都對這筆天上掉下來的財富感到開心，特別是老坎德勒，他認為這筆交易並不是好事：因為他的家族再也不能掌控可口可樂。收購案後，多布斯被指派為新公司的總裁，而小坎德勒則擔任董事長；這項人事安排一來是要為了讓坎德勒家族開心，再來則是要讓小坎德勒不再擔任公司營運重要職位。可口可樂的領導權掌握在伍德瑞夫與多布斯手中，再加上另一位銀行團成員尤金・斯泰森（Eugene Stetson），三人手中的持股得以在董事會成為「表決權信託」（voting trust）。接下來數年，可口可樂的重大決定都是他們說了算。老坎德勒徹底看穿他們，得知伍德瑞夫的經營計畫後也十分震怒，但是他深知坎德勒家族已經失去對可口可樂的掌控權，他的餘生也一直對這項收購案扼腕不已。[52]

對簿公堂的重創

新領導團隊一上台，以利為主的伍德瑞夫就想要精簡可口可樂事業。他把目標放在裝瓶廠，特別是湯瑪士與懷海德的裝瓶廠母公司。在伍德瑞夫的眼中，湯瑪士與懷海德的公司簡直是特大號垃圾，他相信只要砍掉這些中間人，可口可樂的獲利空間就可以更多。畢竟就算糖漿原料的成本增加，可口可樂還是必須遵照當初協議的固定價格，販售糖漿給裝瓶廠母公司。第一次世界大戰之後糖價飆漲，成為公司的主要問題。伍德瑞夫對於不能把這些成本轉嫁給裝瓶廠氣憤不已，也覺得公司的分銷商根本就是在占公司的便宜。於是，一九二〇年冬天，可口可樂告訴裝瓶廠，它們的經銷合約「無效」，也就是可口可樂可以隨時廢除或改變合約內容。結果裝瓶廠母公司就在一九二〇年四月，一狀告上富頓郡法院（Fulton County Court）。[53]

維志．瑞瓦特（Veazey Rainwater）與喬治．杭特（George Hunter）負責打這場官司，領軍對抗可口可樂。一九〇六年，年僅二十四歲的瑞瓦特，從懷海德手中接掌裝瓶廠母公司的經營。八年後，湯瑪士的姪子杭特也接下位於查塔努加總部的裝瓶廠母公司。這兩位年輕商人發現可口可樂的亞特蘭大總公司對裝瓶廠十分不屑，此舉等於一巴掌打在許多幫助可口可樂變成全國品牌的地方店家臉上。他們認為這些裝瓶廠出資建立可口可樂的分銷體系，每天辛勤工作把產品推向新市場，伴隨業務成長的成本相當驚人。杭特與瑞瓦特解釋，可口可樂裝瓶廠前前後後加起來，約投資將近二千萬美元來興建裝瓶廠，並且支付貨車等營運所需設備。有些裝瓶廠因為承擔總公司不願承擔的風險，最後倒閉退場，因此可口可樂總公司無權欺凌這些為可口可樂品牌犧牲這麼多的小型企業。[54]

瑞瓦特與杭特的辯詞，對第一線的地區裝瓶廠確實沒錯，但是如果套用到他們自己身上，可能就不是那麼正確。畢竟裝瓶廠母公司的角色其實與可口可樂總公司類似：兩者都是很有心機的事業，藉由將工作外包給下游產業來賺錢。如同可口可樂公司旗下的糖漿製造事業，瑞瓦特與杭特的裝瓶廠其實也沒做什麼事。基本上，他們只是把糖漿合約轉讓給實際付出的裝瓶廠，並且從中賺取大筆利潤。相較於他們投入分銷體系的少許資金，所獲得的利潤堪稱暴利；而從可口可樂的角度來看，時機不好時若說誰應該共體時艱，也應該是裝瓶廠母公司。因此，伍德瑞夫下定決心不對這些吸血鬼讓步。[55]

這場官司纏訟到一九二〇年五月，雙方仍無法達成共識，裝瓶廠母公司及其分銷商決定上訴到德拉瓦州聯邦地方法院。同時，糖價一飛沖天，每磅從九美分上漲到二十美分以上。在接下來數個月裡，可口可樂總公司虧損總計高達約七百萬美元。可口可樂體系岌岌可危，這場權利爭奪持久戰的雙方人馬認為必須想辦法處理。

最後，在一九二一年五月，當案件要送到第三巡迴上訴法院之前，雙方終於達成和解。透過民事訴訟標準程序，本案的主審法官請雙方律師團坐下來，建議雙方捐棄歧見。法官指出，可口可樂公司與裝瓶廠雙方若無法達成共識，共同分攤物價上漲所帶來的成本負擔，最終將會兩敗俱傷。法官的建議頗有道理，畢竟雙方律師團都看見，只要官司一天不解決，可口可樂的股價就一天不止跌。裝瓶廠母公司及其分銷商，還有可口可樂總公司，人人都想自保。最終，雙方達成協議，同意修訂裝瓶合約，將因應糖價波動調整價格納入合約規範。[56]

雖然這場官司就此落幕，但是過去一年的官司纏身重創了可口可樂。許多人認為當務之急就是要更換公司領導階層。在糖價危機爆發後，董事會批評小坎德勒與多布斯對虧損束手無策。董事會要的是能讓人耳目一新、具有啟發性的領導者，他們屬意的人選就是伍德瑞夫的兒子，現年三十三歲的羅伯特・伍德瑞夫（Robert W. Woodruff）。

小伍德瑞夫的經商哲學

若是從小伍德瑞夫的早年生活來看，大多不會預料到他竟然會成為全球最高獲利企業之一的領導者。小伍德瑞夫曾就讀位於喬治亞帕克校區（College Park）的喬治亞州軍事學院，也就是我的母校，現在的伍德沃德學院，雖然他的父親千方百計地希望他能認真向學，但是他的學業表現最好時也只是普通而已。後來他在就讀位於喬治亞州牛津（Oxford）的埃默里學院（Emory College）時期表現亦無起色，只就讀一學期隨即退學。

雖然小伍德瑞夫欠缺念書的天分，但卻頗具經商頭腦。一九〇九年，十九歲的他離開埃默里學院後，很快就進入父親早年協助成立的大西洋冰煤公司裡的採購部門工作。到職僅僅數週，他就大刀闊斧地把公司原有的馬與馬車，更換為於俄亥俄州克里夫蘭（Cleveland）的懷特汽車公司（White Motor Company）販售的全新貨車。

當時擔任克里夫蘭分公司總裁的華特・懷特（Walter White）在協商過程中，見識到小伍德瑞夫的議價技巧後，就決定把這名年輕商人從大西洋冰煤公司挖角過來。在懷特汽車公司工作的小伍德瑞夫出類拔萃，一路扶搖直上。當可口可樂開始尋找新的領導者時，小伍德瑞夫當時已經是懷特汽車公司的副總裁。他的薪資優渥，年薪超過七萬五千美元。事實上，當可口可樂提出年薪三萬六千美元請他擔任總裁一職時，他起初抱持著猶豫的態度。

一九三〇年糖價飆漲造成恐慌性賣壓，使得可口可樂的股價大跌，小伍德瑞夫並不確定這種劣勢能否扭轉。後來，他表示是因為自己手上持有三千五百股可口可樂股票，才讓他改變心意：「我當初之所以會接任這份工作，純粹只是想拿回投資的款項罷了……我想如果能使股價回到我購買時的價格，我就能出脫手中持股，拿回本錢，然後就能回到販售汽車與貨車的生活了。」不過實際上，小伍德瑞夫的股票是以一股五美元的內部價格購買的，相較於公開市場上一股四十美元的價格來看，他根本無須擔心投資是否會回本。[57]

不論如何，小伍德瑞夫後來再也沒有回到懷特汽車公司了。往後六十年，可口可樂就在他的經營下，順利成為全球史上最受歡迎的品牌之一。

小伍德瑞夫所採用的策略其實相當傳統。事實上，他認為發展公司的最佳策略，就是充分利用老坎德勒在取得可口可樂公司大權後，形成的獨特企業結構。小伍德瑞夫認為相較於企業整合成長，外包才是持續獲利的有效策略。他的經商哲學在他的座右銘中表露無遺：「若能找到比自己做得更好的人來完成一件事，那麼放手就是一個好主意。」[58]

對水質不變的堅持

雖然小伍德瑞夫願意放手讓他人完成特定的工作，但是對於可口可樂口味的講究與堅持，他卻幾乎到了一種偏執的境界。剛就任總裁的前幾年，他對裝瓶廠所使用的水質極為要求，絕不容許商品的味道因水質而有所改變。

氯化就是最主要的疑慮之一。因為自從一九二〇年代晚期開始，氯化普遍成為公共用水的固定處理程序之一。《南方碳酸化暨裝瓶廠期刊》（*Southern Carbonator and Bottler*）於一九二二年時，提到氯化消毒的好處：「氯化消毒已經成為目前自來水處理的基本流程，因而達到殺菌的作用……公共自來水已經不太可能會產生衛生問題。」期刊文獻最後的結論分析中建議，裝瓶廠不要使用來自私人水井的水源在碳酸汽水製程，除非廠商有決心能像政府單位管理公共用水一樣，以同等謹慎的態度嚴密監控水井的水質。身兼可口可樂首席化學分析師與公司副總裁的威廉·西斯（William P. Heath）博士於一九三二年回顧「進步時代」的快速發展時，他對當時的公共自來水系統讚譽有加。他認為：「如果水質已經符合都市與社區使用的衛生標準，就代表它的純淨度能夠滿足飲料產業的需求。」[59]

儘管新時代的化學水處理程序擁有諸多好處，但是對可口可樂裝瓶廠來說，仍衍生不小的問題。氯雖然能消滅許多病原體，卻也同時改變了無酒精飲料的口味，甚至讓碳酸飲料的顏色變淡。這對一家以堅持不變口味為傲的公司而言是相當嚴重的問題，尤其是在公司市場規模如此龐大的狀態下。[60]

小伍德瑞夫對於阿拉巴馬州與加州可口可樂口味的一致性，幾乎到了痴迷的地步。他認為可口可樂的賣點在於能夠滿足消費者的味蕾，而其獲利能力則是來自於不受地理位置影響的一致口味。可口可樂公司的總裁保羅・奧斯丁（Paul Austin）在事隔多年後，總結了小伍德瑞夫當初的堅持：「我們只販售一項商品，就是味道。我們仰賴水為媒介，把味道帶給消費者。」不夠純淨的水，即便對健康無害，都有可能對可口可樂的體系造成威脅。[61]

為了因應日漸增長的隱憂，一九二〇年代可口可樂的水質小組展開碳過濾的相關研究，此項技術是在第一次世界大戰時，由軍方研發的防毒面具而來。西斯博士是全世界少數知道可口可樂獨家配方的高階主管之一，他同時身兼品管分部的主管。畢業於喬治亞理工學院的他，曾是亞特蘭大晶碳實驗室（Crystal Carbonic Laboratory）的負責人，該公司生產的產品就是為可口可樂最終飲品加入氣泡的碳酸化設備。

可口可樂於一九一九年併購晶碳實驗室，這是早期相當罕見的垂直整合案例，西斯也因此成為公司裡舉足輕重的化學分析師。西斯發現防毒面具的碳過濾科技能有效去除氯，因此很快就要求可口可樂裝瓶廠在廠內安裝碳過濾器。到了一九三九年，全美已有二十五間裝瓶廠裝設此一過濾系統。一如往常，可口可樂公司也同樣要求裝瓶廠自行承擔這項創新的成本。[62]

但是，追尋完美口味的超級任務並未就此結束。美國各地區仍存在含有「雜質」的水源，使得公司想要創造統一品質的產品之路受到阻撓，美國中西部市區的水喝起來就與美國東北部味道不同。《南方碳酸化暨裝瓶廠期刊》於一九三七年時指出：「美國有些地區的都市公共自來水不需其他的前置作業，即可直接作為製作飲料的用水；然而，也有一些地區的公共自來水礦物質含量過高，若是直接用於生產過程中，將會使得產品的品質不盡理想。」[63]

小伍德瑞夫深知可口可樂必須更積極介入獨立裝瓶廠的日常營運，才能夠達成理想的統一品質。因此，他在一九四一年七月，在裝瓶廠的服務部門成立行動實驗室。實驗室的成員包括一群水質檢測專家，以及公司內部的化學分析師，目的，是為了確保裝瓶廠的水質符合標準。行動實驗室的成員共乘米白色拖車巡迴全美，前往各個裝瓶廠提供改善水質的方法與建議，像是如何增加水質的 pH 值、如何去除水源中的有機懸浮物，以及如何全面改善水質過濾系統，並且提升淨水效能。

這些化學分析師就像是汽水品嘗師一般，利用敏銳的味覺去品嘗裝瓶廠水質的樣本，並且不時以臉部表情或點頭，表達對各個樣本水質的評估結果。然而，最終總公司仍堅持他們只能提供問題診斷和評估，而不負責解決問題，因此行動實驗室的化學分析師所建議的各種維修方案與設備安裝，費用還是必須由各個裝瓶廠獨自負擔。[64]

自來水成本的轉嫁

所幸，多虧政府的持續投資，一九四〇年代的公共自來水一直維持著安全可飲用的品質。雖然地方政府受到經濟大蕭條的影響，資助鉅額公共建設的能力遭受重創，但是最後美國聯邦政府仍成功挽救整體情況。當時，美國聯邦政府就是透過公共工程管理局（Public Works Administration，PWA），該單位隸屬於一九三三年富蘭克林．羅斯福（Franklin D. Roosevelt）總統新政架構下的《全國工業復興法》（*National Industrial Recovery Act*）所成立的機構，其功能就是把經費導向都市基礎建設專案。舉例而言，一九三六年時公共工程管理局就提供八〇％改善都市廢水處理系統所需的經費，總共提撥一億零九百萬美元，給全美各地方政府應用於處理下水道工程。新政執行到尾聲時，公共工程管理局共完成兩千四百起以上的自來水工程，總支出超過三億美元。[65]

大規模架設公共自來水管線，並且全面升級舊系統後，可口可樂承認原先在裝瓶廠裝設的過濾設備其實都只是為了「以防萬一」，是在季節變化或緊急情況時才會產生作用，並不是所有裝瓶廠都會裝設淨化的完善設備。

一九五七年，美國食品藥物管理局（Food and Drug Administration，FDA）的專員突擊檢查位於亞特蘭大的裝瓶廠，該公司的員工C．R．班德（C. R. Bender）解釋：「為了使水質能夠符合美國公共衛生服務部標準，而安裝淨水設備的裝瓶廠其實少之又少，大多是因為水質中特定的化學條件或成分會對飲料產品的口味造成影響，才會選擇加裝淨水設備。因此，這位專員可能會發現，並不是每間裝瓶廠都具備完整的水質處理系統。」[66]

一如既往，一切都是基於成本考量。可口可樂的裝瓶廠之所以選擇使用自來水，也是因為成本極為低廉。從一九〇〇年至一九五〇年之間，裝瓶廠鮮少提及自來水的成本問題。其實，自來水的價格甚至便宜到，即便是位於維吉尼亞州里奇蒙（Richmond），在全美裝瓶廠中排名第十的中央可口可樂裝瓶公司（Central Coca-Cola Bottling Company），都不曾將自來水費列為個別支出，而是把「暖氣、照明費、電費及水費」四個項目合併為一個項目，在帳目上列出。一九五一年，前述項目的費用總額亦不超過四萬九千美元，占不到裝瓶廠總支出的三%。[67]

美國公共供水系統不斷延伸到越來越偏遠的地區，也讓都會區以外的企業家有機會加入可口可樂體系。相較於都會區裝瓶廠，偏遠小鎮的商人有其優勢，就是他們能夠直接把公共自來水管接到自家後院，而且服務接近廠房的消費者暢貨中心。都會區的分銷商根本無法與之匹敵，因為要把體積龐大笨重的飲料成品運送到鄉村地區，成本可是高得嚇人。於是，投入市場的偏遠地區裝瓶廠有如雨後春筍般倍增。一九〇九年，全美有四百家可口可樂裝瓶廠，到了一九五〇年已高達約一千零五十家。每個裝瓶商掌握的市場都不大，彼此壁壘分明，幾乎每一家都開心地利用地方政府建設與維護的公共水管，來經營自己的生意。[68]

在這些投資計畫的協助下，成功的可口可樂裝瓶商可賺進七位數的獲利。例如，在一九四四年，位於里奇蒙的中央可口可樂裝瓶公司公告的淨收入為一百二十萬美元，毛利率約一四％。當然要想獲利，這些裝瓶商得先投資大筆現金。例如，中央可口可樂裝瓶公司申報的營運總支出就超過四百六十萬美元，與當年首批投入裝瓶廠的創業成本三千美元簡直是天差地遠，但是只要有可觀的報酬率，裝瓶商都不介意砸下重金。不過，問題依然存在：這些投資在戰後能否持續帶來財富。回顧可口可樂過去超過半世紀的穩定成長，許多裝瓶商認為未來榮景無限。[69]

到了二十世紀中葉，可口可樂公司締造驚人的成就：成功將產品最主要的原料成本，藉由外包的方式徹底地分攤。當然，多虧數百家努力奮鬥的獨立裝瓶廠與市鎮政府投資建造的管線與廠房，讓可口可樂能將最終飲品送到美國消費者的手中。基本上，可口可樂幾乎攻占了美國各個角落。

雖然在二十世紀前五十年，可口可樂成功地把水的成本轉嫁給外界，但公司還是必須負擔製作糖漿過程所需的原料成本。糖漿並不像水能直接從地底抽取那麼輕而易舉——有些原料根本只能仰賴進口。可口可樂獨家祕方中絕大多數的原料都來自海外，想壓低成本把這些原料運送到美國，就得依靠美國聯邦政府與勢力龐大的國際企業夥伴幫忙。

第二章

咖啡因爭奪戰

——來自廢棄茶葉的迷人物質

純化的咖啡因是白色的結晶物，咖啡因幾乎無所不在。它是現代工業食品體系中常見的成分，許多天然與合成的飲料，如咖啡、茶、汽水到提神飲料都含有咖啡因。人們每天都會攝取咖啡因，不論是早上起床、午餐與晚飯後都會；許多人都說自己早上不喝咖啡，就沒辦法開始一天的工作。咖啡因成為大多數人生活中的一部分，正因為它無所不在，所以也鮮少人會質疑咖啡因的存在。

但是，我們真的了解咖啡因嗎？如果你詢問喝可樂的人，飲料中的咖啡因是從何而來，他會知道答案嗎？而你又知道答案嗎？

生活中隨處可見的咖啡因，出乎意料地大有來頭。是什麼樣的行銷手法讓消費者不自覺地持續攝取咖啡因，多年來一直是個不解之謎。是的，多數人對咖啡與茶葉相關產業其實都略知一二，但是加工處理的咖啡因呢？可口可樂之類的公司是如何以低成本大量購得咖啡因？要回答這些問題，就必須回溯到十九世紀晚期，處理咖啡因的現代工業設備出現的年代。

當時，可口可樂之父潘伯頓一心想用西非野生可樂果萃取出的咖啡因，這是西非熱帶雨林原生種的長青可樂樹果實。潘伯頓誤以為由可樂果萃取的咖啡因，會勝過從國內的茶葉或咖啡萃取的咖啡因，他相信只要可口可樂添加異國風味的咖啡因，口感就能勝過競爭對手。但是，問題在於可樂果的產地很遠、產量也不多，當然萃取的成本也就相當可觀。

到了一八〇〇年代晚期，英格蘭與德國都投資西非殖民地可樂果的生產作業，希望能藉此提高產量，甚至還嘗試在北美洲這塊「新大陸」的邊陲，如牙買加等地種植可樂果。儘管投資殖民地，但是到了一八〇〇年代末，產量仍不見起色。一八九九年，每年出口至英格蘭的咖啡因總出口量只有一萬八千磅，可口可樂必須找到更經濟的咖啡因來源。[1]

潘伯頓從未真正放棄用可樂果萃取咖啡因的想法，在他的最終配方裡仍保留少量萃取出的可樂粉末，但是他也決定尋找其他低成本的可口可樂咖啡因來源。所幸，他從其他地方找到庫存極為充足的咖啡因來源。十九世紀末，茶與咖啡的產量達到歷史新高，垂直整合的生產業者因為運用新的工業機器，產能與年度產量也隨之提升。五花八門的產品琳瑯滿目，任君挑選，於是西方消費者也有了吹毛求疵的資格，他們通常偏好高品質的咖啡與茶類。想當然耳，次級的咖啡豆與茶葉便成為倉庫中的滯銷品。

到了十九世紀晚期，破碎不完整的茶葉，就是所謂的茶梗（tea sweepings）充斥歐洲國際茶葉交易市場。但是，法律早就明文禁止在消費產品中使用茶梗，在美國與英國都有此禁令。而這樣的無用之物便成為可口可樂的金礦，公司透過大型化學處理廠把茶梗變身為效用極大的藥品。

壟斷咖啡因市場

一八八〇年代晚期，身為全球最優秀的製藥廠之一、位於德國達姆施塔特（Darmstadt）的默克（Merck），以及其他化學處理公司，開始向國際茶葉倉庫購買碎茶渣。這些被茶商認定為垃圾的廢茶渣，以醋酸鉛處理後即可萃取出咖啡因。默克藉由回收茶渣降低萃取咖啡因的成本，並大幅增加咖啡因的銷售量。這家德國公司也生產可樂果萃取物，但大多的咖啡因都是從低廉的劣質茶葉中萃取而來，因此可樂果掀起的藥學熱潮也逐漸退燒；到了十九世紀末，國際間僅有少數科學家認為可樂果萃取的咖啡因優於茶或咖啡萃取的咖啡因。

一位俄亥俄州立大學（Ohio State University）的科學家在一九〇一年十月提到，多項研究已顯示可樂果並不具有其他含咖啡因物質所缺乏的特定物質。即便如此，可口可樂的第一任總裁老坎德勒仍對潘伯頓配方中的可樂果萃取物情有獨鍾，還是將可樂果萃取物列為可口可樂商標配方中的成分之一，儘管含量微乎其微。因為他擔心若是可口可樂中完全未添加可樂果成分，政府會指責可口可樂公司標示不實，誤導消費者。[2]

無酒精飲料產業並未馬上理解到廢棄茶葉回收的好處，因為默克沒道理讓這塊肥水落入可口可樂或其他美國買家等外人田裡。當時的美國也還沒發展出能與德國化學處理公司匹敵的企業，在一八九〇年代也沒有幾家歐洲供應商能提供咖啡因給國際市場。默克幾乎壟斷市場，咖啡因的價格完全掌控在它的手裡，根本無須擔心海外競爭對手搶走自己的生意。

然而，一八九五年原本居住在德國斯圖加特（Stuttgart）的化學家路易·薛佛（Louis Schaeffer）博士，移民到紐澤西州的梅伍德（Maywood），而後建立美國第一間咖啡因萃取廠。三十九歲的薛佛受過德國大學的訓練，在德國化工界工作資歷超過二十年。和他一樣移民到梅伍德的並不只有他一人，事實上在一八九〇年代與一九〇〇年代早期，他與幾位德國化學家暨藥劑師就已移民來此，把這塊距離紐約市區十五英里遠的小郊區，變成化工製造的產業中心。對企業家而言，最吸引人的是貫通鎮上的鐵路，讓原物料運輸或是把成品運送給消費者都占有地利之便。第一次世界大戰爆發時，在梅伍德就有整整五座大型化學處理公司，並與各家製藥企業都有生意往來。[3]

在梅伍德建造咖啡因處理廠的成本很高，特別是因為美國貿易法規要求，所有進口的茶葉碎末要混合萊姆與刺激性味道萃取物——這是一八九七年《茶葉進口法》（*Tea Importation Act*）的規定，是專門為防止假茶進入美國的方法。薛佛生物鹼公司（Schaeffer Alkaloid Works）不滿地指出，該法規使得廠商必須負擔高額關稅與貨運成本，進口較有重量的混合原料。儘管如此，薛佛還是有獲利空間。到了二十世紀初，薛佛生物鹼公司已經成為可口可樂主要的咖啡因供應商之一。一九一〇年時，這家公司合併其他幾家鎮上的公司，最後整併為梅伍德化工公司（Maywood Chemical Works）。[4]

其他的美國化工公司也急起直追，跟上薛佛的腳步。在一九〇四年，孟山都化工公司（Monsanto Chemical Works）開始使用進口的茶渣來生產咖啡因。孟山都是化工業的初生之犢，在一九〇一年（也就是可口可樂成立後十五年），出身芝加哥、擁有藥品界三十年資歷的約翰．昆尼（John F. Queeny）於密蘇里州的聖路易成立孟山都化工，以愛妻歐珈．孟山都（Olga M. Monsanto）的姓氏來命名。

孟山都在成立之初只有一條產品線，生產由煤焦油提煉出來的人工甜味劑，這種代糖工業食品製造商逐漸廣受歡迎。以市場的情況來說，這樣做生意的方式有其風險。昆尼是美國唯一的人工甜味劑生產者，而他的競爭對手是勢力龐大到足以壟斷市場的德國公司，德國公司把新競爭對手逼出市場的慣用伎倆就是削價競爭。昆尼的資本並不雄厚，他幾乎是散盡所有積蓄，花費五千美元投資興建工廠，而後開始營運。因此，昆尼需要一位合作盟友，這個事業夥伴就是可口可樂。

當時，可口可樂公司也正在尋找便宜的甜味劑，用於與糖混合製造可口可樂糖漿。可口可樂想藉此減少原料開銷成本，而這個方法也看似合情合理。一九〇三年至一九〇五年之間，可口可樂收購孟山都人工甜味劑的全部庫存，許多後起的化學公司也因而受到鼓舞。時至今日，孟山都的官方網站仍然記述，在公司草創階段完全是拜可口可樂之賜才得以存活。沒有可口可樂，就沒有孟山都化工。[5]

孟山都在一九〇四年將事業觸角伸入咖啡因萃取時，讓可口可樂又多了一家美國供應商。孟山都與薛佛的梅伍德化工在這十年間成長快速，使得默克在咖啡因的國際市占率節節敗退。一九〇八年，這兩家美國公司成功地遊說通過一項法案，允許茶梗無須混合萊姆與印度香料阿魏（asafetida）即可直接進口美國。這些法律修正案讓梅伍德化工與孟山都在對抗國外廠商時如虎添翼；到了一九一四年，美國國內咖啡因生產者產量已滿足美國超過三分之二的精製咖啡因需求。[6]

一九一〇年代，可口可樂公司的總裁老坎德勒對此感到滿意。他與之前的潘伯頓一樣，都想尋求最便宜的咖啡因來源。現在他終於可以在競爭市場上獲取更大的利益，因為可口可樂竟然以每磅三美元就能買到主要原料之一的咖啡因。回顧一九一四年，當時每六盎司的可口可樂含有約七十六毫克的咖啡因，換算下來每罐可口可樂的咖啡因成本不到〇．〇六美分。[7]

反咖啡因運動的興起

就這段時期來說，成本已不成問題。但是，可口可樂公司在進步時代真正的威脅是民眾的健康意識，大家越來越擔心攝取咖啡因所帶來的副作用。的確，強而有力的輿論，質疑社會大眾是否真的可安心飲用這家公司的咖啡因飲料。可口可樂成功建立與前端咖啡因供應商的互利關係，現在則要開始憂心商品鏈的不同環節：人。

二十世紀初，美國已成為當時全球最大的咖啡進口國。長久以來，美國人對咖啡的喜愛都勝過茶，部分原因是茶會讓人聯想到大英帝制。一七八三年，美國人平均咖啡攝取量只有八分之一磅；到了一八八〇年代增為九磅；然而到了一九一〇年已高達十二磅。相較之下，即使到了一九一〇年代，每人每年攝取的平均茶葉量才勉強達到一磅。簡言之，咖啡稱得上是比較愛國的飲料。

攝取咖啡因會讓人亢奮，咖啡因的分子結構類似神經鎮靜物質腺甘酸，這是會由身體自然產生、效果與酒精和鎮靜劑類似的物質。當咖啡因取代腺甘酸在大腦中的作用時，人體就不會產生睡意，同時也會關閉抑制興奮的信號。因此，血中高濃度的咖啡因可能會干擾神經傳導的正常運作，導致消化不良與神經焦慮等多種生理問題。重度咖啡因攝取者飽受這些生理反應所苦，於是他們與公共衛生官員就開始質疑這種刺激物是否能每天飲用。

公共衛生改革人士擔心全國咖啡因熱潮帶來的健康成本，因此展開一九〇〇年代初期的反咖啡因運動。其實這項運動只是延續一九〇六年成功的純淨食品與藥物運動後，另一波規模較小的運動；一九〇六年，記者厄普頓．辛克萊（Upton Sinclair）出版《魔鬼的叢林》（*The Jungle*），該書揭發芝加哥肉品業不衛生情況的可怕之處。辛克萊的書引發爭議，人們開始爭論現代產業食物體系的食安問題，因此導致政府開始管制大型食品企業。許多人開始相信聯邦政府的專家應該更積極介入食安問題，告知大眾可以安全食用的食品與化學物質。

就許多方面看來，反咖啡因運動其實是投機商人煽風點火引爆的運動。C．W．波斯特（C. W. Post）是美國最大穀類麥片公司的老闆之一，他在一九〇〇年代早期透過廣告宣傳不斷火上加油，讓消費者越來越害怕咖啡因。他大肆宣傳咖啡替代品不但比較健康，還可以替代含咖啡因飲料。波斯特的公司在一八九五年研發出知名咖啡替代飲品波斯敦（Postum），這種飲品匯集數種不同穀類植物。為了銷售自己的產品，波斯特買下全國性報紙廣告，刊登咖啡飲用者抱怨身體出現的神經失調症，據說與攝取過量咖啡因有關。[9]

此外，咖啡因對人體好壞的爭議也在地方與全國政壇掀起風波。二十世紀初，全美各州的立法委員都提案要求立法禁止含咖啡因飲料。一九〇七年，北卡羅萊納州有一位州參議員對議會提案，法案內容要求該州禁止所有咖啡因飲料的銷售與分銷。雖然有許多州的參議員支持，但反對該法案的參議員最終還是以五十一比三十九險勝，強渡關山擋下這項法案。在阿拉巴馬州、德州、路易斯安那州、密西西比州及喬治亞州，都有各州參議員針對咖啡因飲料提出類似的限制法案。[10]

這些地區性的飲料禁令往往讓可口可樂成為箭靶，將其視為特別有害的消費者產品，主要原因在於可口可樂似乎名不符實。改革主義者特別指出，可口可樂中的咖啡因是由該公司的化學家在製作過程中添加的，代表該公司蓄意添加易使人上癮的成分。一九〇九年，有位德州眾議員支持咖啡因禁令，他在州議院大會上表示：「他們之所以把這種會上癮的成分加入可口可樂，就是為了讓消費者喝上癮後越喝越多，有利於公司販售飲料。」[11]

針對上述的指控，可口可樂辯稱飲料中只含有「純咖啡因」，與咖啡、茶類中自然存在的咖啡因相同。可口可樂的總裁老坎德勒本身是很虔誠的新教徒，他非常反對酗酒的行為。一九〇七年，他在一封信中呼籲不要支持北卡羅萊納州咖啡因禁令。老坎德勒的這封信是寫給「北卡羅萊納州的好朋友們」，他對消費者保證可口可樂中的咖啡因含量，少於一杯咖啡或一杯茶的平均咖啡因含量。老坎德勒堅持可口可樂就是無酒精飲料，不含任何有害成分，飲用可口可樂更不會是一件不道德的事。[12]

老坎德勒的說法反映出維多利亞式想法（Victorian assumptions），也就是在進步時代關於食品與藥物政策中所謂「純」的定義爭論。在一八〇〇年代末期與一九〇〇年代初期，「純」與「天然」兩字的關係越來越密切。由於都市人居住的地方離食物生產的中心越來越遠，田野與草地變成浪漫故事的場景，而食品加工廠變成在食物中添加黑心原料的地方。就許多方面來說，「純」意謂著直接從土地中取得的東西，直接源於「自然」。老坎德勒把他的產品連結到咖啡與茶等農產品，希望能消除可口可樂可能有害健康的疑慮。[13]

政府單位採取行動

但是天然食物擁護者對這套說詞並不買帳，特別是美國農業部化學局（USDA Bureau of Chemistry）署長哈維．威利（Harvey W. Wiley）。人稱「改革派化學家」的威利署長，對於美國人攝取的咖啡因量與日俱增深感擔憂，他誓言要對此現象有所作為。從一九〇二年起，他就在人稱「毒物組」的化學局擔任局長一職，這個組織負責檢測進入美國食品供應體系的防腐劑與化學物質。

美國於一九〇六年通過《純淨食品與藥物法》（*Pure Food and Drug Act*），該法案賦予威利的部門執法權限，有權扣押任何在州際間運送的食品或飲料，只要該產品疑似添加有毒或其他可能危害人體健康的物質。對威利與他的化學家團隊來說，他們的首要任務就是保護大眾健康，方法就是切斷所有廣告不實的消費者產品的生產與分銷。[14]

一九〇九年十月，懷抱使命的威利下令扣押四十大桶與二十小桶由可口可樂亞特蘭大工廠運送到位於查塔努加包裝商的糖漿；由於這批貨物是州際貨物，因此依照美國憲法的貿易條款規定，這批貨物受聯邦政府管轄。威利很討厭可口可樂公司，他解釋：「不管從哪一種天然資源中萃取咖啡因，再用該公司的製程添加到飲料中，都是多此一舉的行為。在我看來，這是令人深惡痛絕的行為，與原料本身是否為有害的生物鹼無關。」他對可口可樂提出告訴，下定決心要打開消費者的眼睛，讓他們明白飲用這些飲料，攝取過多咖啡因對人體自然造成的傷害。[15]

威利長久以來等待的時刻終於到來了，先前他在美國農業部就曾多次以違反《純淨食品與藥物法》要求起訴可口可樂，卻都被他的主管否決。他曾在一九〇八年十一月首次申請扣押可口可樂糖漿，但是農業部法務官喬治·麥可凱布（George McCabe）以起訴可口可樂的理由不成立而駁回他的要求。隔年二月，食品藥物稽查委員會（Board of Food and Drug Inspection）同樣否決了威利另一次申請。委員會表示如果該部門要控告可口可樂，就必須同時控告咖啡與茶的進口商，但是這樣做實在太不合常理。[16]

然而，威利是一個信心滿滿、擇善固執的人，他絕不接受「不」這個答案。畢業於哈佛大學的他如果要寫自傳，肯定不會自謙，開頭一定會強調他研究過自己的成就，並且發現自身的豐功偉業比他提出的理論還有趣。威利自從在一八八三年進入美國農業部起，就一直在尋求一個能讓他聲名大噪的代表作。二十五年後，他還在尋找一戰成名的機會。雖然他曾協助推動《純淨食品與藥物法》，並且讓化學局專業化，但他還是覺得自己受到農業部高層的壓制。在他的心中，這就是他發光發熱，讓全世界看到他真才實學的大好良機。[17]

來自各界的強力指控

一九一一年三月十三日，位於查塔努加的田納西州東區地方法院開始負責審理威利控告可口可樂的案件。全國各大媒體紛紛以頭版頭條大肆報導此案：「可口可樂不衛生」、「八瓶可口可樂的咖啡因量會致死」、「可口可樂被告」。《夏洛特市每日觀察家報》（*Charlotte Daily Observer*）把這場審判稱為南方聯邦法庭「最重要的案件之一」，而《美國藥劑師與藥品紀錄》（*American Druggist and Pharmaceutical Record*）則表示「從許多層面來說，這場官司都創下紀錄」。威利成為媒體追逐的焦點，全國性報紙的報導內容包括他與未婚妻的週末鄉間之旅；未婚妻安娜·凱爾頓（Anna Kelton）是小他三十歲、年輕貌美的圖書館員。威利受邀出席豪華晚宴，對查塔努加金字塔頂端的上流社會人士發表演說，他沉醉在自己的名人光環裡。[18]

為威利這個媒體焦點背書的是一群知名人物與國際科學家，包括當時被許多人認為是藥理學先驅的法國斯特拉斯堡大學（University of Strasbourg）歐斯沃德·施米德貝格（Oswald Schmiedeberg）博士。威利也借重喬治·斯圖亞特（George R. Stuart）的影響力，斯圖亞特是田納西州克里夫蘭（Cleveland）南方衛理公會知名的榮譽牧師，他在這場官司中擔任政府證人，出庭指證咖啡因上癮者出現的道德脫序行為。美國政府火力全開，毫不手軟，藉助科學與宗教兩股力量來打這場官司。[19]

政府的檢察官團隊由美國田納西州東區檢察官J·B·寇克斯（J. B. Cox），以及他的助理W·B·米勒（W. B. Miller）領軍，他們將訴訟主軸集中在兩大焦點：可口可樂含有添加物咖啡因，這種成分被認為有害健康。而且可口可樂標示不實，因為可口可樂已不再含有當初命名由來的古柯葉。就咖啡因來說，強調的是「添加物」這幾個字。政府相信，他們能輕而易舉地說明無酒精飲料中的咖啡因，並不能算是消費者產品中所謂的天然成分，而是為了讓消費者上癮而摻入的黑心刺激物。[20]

米勒與寇克斯是天生的法律人才，而他們迎戰的是經驗豐富的亞特蘭大律師事務所——坎德勒、湯姆森與赫希法律事務所（Candler, Thomson, and Hirsch）。這家事務所是可口可樂的法律顧問，法律事務所是以三位合夥人的姓氏來命名，其中約翰·坎德勒（John Candler）是老坎德勒的弟弟，他於一九〇二年至一九〇六年間曾在喬治亞州高等法院任職；哈洛德·赫希（Harold Hirsch）與W·D·湯姆森（W. D. Thomson）則都畢業於大名鼎鼎的哥倫比亞大學（Columbia University）法學院。

一九〇九年，年僅二十七歲的赫希就接下這家法律事務所，負責可口可樂業務，他是很有才能的法律顧問。赫希出生於亞特蘭大富裕的猶太家庭，一九〇一年擔任喬治亞大學（University of Georgia）美式足球隊隊長，以拚命三郎中鋒線衛聞名，而他在法庭上的名聲也不遑多讓。到了一九一一年，距離他接下可口可樂的法律顧問才兩年多的時間，他就幫可口可樂打贏許多控告山寨廠商的商標官司。現在，三十歲出頭、戰績輝煌的他，將會帶領可口可樂對抗政府的指控。[21]

當然，這裡彷彿就是可口可樂的自家後院，在這裡打官司有利無害。這家位於查塔努加的公司是可口可樂裝瓶廠的發源地，深受當地人愛戴，這裡不但是可口可樂的地盤，而且這裡也是不信任聯邦政府插手管事的南方城市。米勒與寇克斯必須展現出他們了解地方人士的想法，了解田納西州的文化風俗。

檢察官強勢出擊

米勒與寇克斯大打種族牌來拉攏當地的陪審團。開庭第一天，他們就傳喚稽查員J．L．林區（J. L. Lynch）作證。林區在一九〇九年七月全面調查可口可樂位於亞特蘭大的糖漿工廠，他在證人席上指出，親眼目睹可口可樂糖漿的製作，並且描述混合成分攪拌的地方。林區表示，大部分的工作是由一個「黑鬼廚師」做的：廚師從標示好成分的容器中，量好各種成分應有的量，再將調配好比例的成分放入蒸氣加熱的銅壺，最後用大木勺攪拌混合的熱液體。討論焦點放在黑人廚師的穿著與行為：

米勒：你可以描述一下這個在工作台上，負責把原料倒進銅壺裡的黑鬼廚師的穿著嗎？

林區：嗯，他穿得很少，只有一件髒內衣，鞋子很破爛，腳趾頭都露出來了，他的褲子也是又髒又舊。

米勒：可以告訴我們他是不是在流汗？

林區：對，他在流汗。

米勒：你可不可以告訴我們，他是不是一邊工作一邊嚼菸草？

林區：是。

米勒：他是不是偶爾還會吐痰？如果會的話，他吐在哪裡？

林區：他想吐痰的時候就吐了，至於地點，就是看他當下吐在哪裡，有時在工作台上，有時在地板上。

米勒：你說的工作台，是不是他把原料從這些桶裡倒進熱壺的工作台？

林區：沒錯。

米勒：好，當他把這些桶子，或者說桶裡的內容物倒進熱壺裡，桶裡的東西是不是有一部分會掉落在工作台上？

林區：會，有不少糖掉落在工作台上。

米勒：那個廚師怎麼把工作台上的糖，也就是掉落在工作台上的糖弄進熱壺裡？

林區：他會用他的腳掃進去，也會用板子。

米勒：用他的腳？

林區：沒錯。[22]

這嚴重違反種族隔離政策，米勒與寇克斯相信南方陪審員一定會覺得很噁心。他們怎麼能接受自己喝這種飲料？喝這種已經被低等種族的口水與汗水汙染的飲料？如果真的有什麼受到汙染、骯髒的飲料，肯定就是這個飲料了。

隨著政府傳喚更多證人來作證可口可樂有多危險，類似這樣的恐怖故事不斷被踢爆。住在鄰近田納西州納什維爾（Nashville）的約翰．威瑟斯龐（John Witherspoon）醫師，也是這場官司中的政府證人。他作證時，表示他曾治療許多飽受「可口可樂習慣」之苦的病人。他提到有些年輕人一天會喝八、十、十五或二十罐可樂，如此大量的可樂會干擾心臟的正常運作。根據威瑟斯龐的說法，他說這些年輕人很想克制自己喝可樂的欲望，但是已經出現類似「常吸食嗎啡者」的上癮症狀，他表示可口可樂正在腐蝕田納西州的年輕人。來自田納西州孟菲斯的路易士．羅伊（Louis Le Roy）醫師也堅稱小孩子不是唯一的受害者，他在庭上承認自己也曾是可口可樂成癮者，一天喝五、六瓶，而他是靠著堅強的意志力才終於擺脫惡習。[23]

在部分的例子中，政府堅稱飲用可口可樂甚至可能會出人命。兩位藥理學家出庭作證，實驗室中的兔子與青蛙攝取可口可樂糖漿的實驗劑量後暴斃。但是，可口可樂公司的辯護律師J·B·希澤爾（J. B. Sizer）之後證明，這些證詞誇大其辭。其中一例是，兔子攝取的第五號商品（Merchandise #5），也就是可口可樂的野生可樂果與古柯萃取物的量，多到不合理的程度。希澤爾表示，如果一個人也攝取這麼多的劑量，當然會出現有害健康的副作用。至於青蛙，實驗人員餵食青蛙龐大劑量的咖啡因，遠遠超過牠們體重比例上應有的量，根本沒有咖啡成癮者會攝取如此大量的咖啡因。[24]

可口可樂的壓倒性勝利

最後，其實這些法庭上的攻防都不重要。可口可樂的律師團發現有一條出路，如果他們可以證明可口可樂並非標示不實，咖啡因也不是可樂的添加物，就不會深陷於咖啡因是否有害人體健康的泥沼之中。雖然可口可樂的律師團傳喚證人來反擊政府專家的證詞，推翻有關過度攝取咖啡因造成的負面生理作用，但是，他們在開庭不到二十三天後就要求愛德華·桑福德（Edward T. Sanford）法官撤銷案件，理由是政府未能證明可口可樂成分標示不實，因為必須證明成分標示不實才能以《純淨食品與藥物法》控告可口可樂公司。

可口可樂的另一位辯護律師R·H·威廉斯（R. H. Williams），他對桑福德法官解釋可口可樂的案件表示：「我的提案是……如果我們可以證明可口可樂是以自己獨特的品牌名稱而廣為人知並販售，並未添加任何有害成分，我們就不受這個法規限制了。」威廉斯接著講述大家都知道可口可樂與眾不同的商標，這是它的資產。消費者都知道飲料中含有咖啡因，怎麼能將咖啡因說成是黑心添加物呢？[25]

在桑福德法官思考辯詞數天後，他告知陪審團應該做出對可口可樂有利的判決，因為沒有足夠的證據支持政府提告可口可樂成分標示不實，因此應該撤銷此案。桑福德法官對陪審團說：「我不得不做出如此結論，在法案第七項與第八項規定除了製作糕點糖果以外，其他『添加的』原料都視為有毒成分，不能視為無意義。」

桑福德法官舉例表示：「這項法案的規定下，儘管香腸的正常成分中有些可能會對健康造成傷害，也不能認定香腸是摻入假貨的黑心商品。畢竟就製造與販賣過程來說，所有添加在香腸中的成分都是大家習慣添加的成分，並不含其他的有毒成分。」可口可樂就像香腸，有特定的名字，顯然不同於其他的食品。大家都知道這個飲料裡有咖啡因。事實上，桑福德還指出：「沒有咖啡因的可口可樂就不是『可口可樂』，因為這與大眾認知的可口可樂就不同了，當然也不會產生可口可樂的效果。」他因此總結道：「就法律層面而言，不能將可口可樂的咖啡因說成是『添加的』成分，因此不符合該法案真正規範的意義。」[26]

可口可樂及其支持者開香檳慶祝，並在媒體上大肆宣傳。《喬治亞州哥倫布調查報》（*Columbus Daily Enquirer*）表示，桑福德法官的判決讓可口可樂獲得壓倒性的勝利，還說判決結果完全不支持政府的任何指控。可口可樂在《奧克拉荷馬人日報》（*Daily Oklahoman*）刊登一則廣告，內容是施米德貝格博士以專家的身分出庭證明咖啡因對健康的好處，搭配聲明強調這項證言出現於查塔努加法庭上（這場是美國政府與可口可樂的法庭對決），而美國政府打輸了。」可口可樂在芝加哥與紐約免費發送小手冊，講述可口可樂在查塔努加勝訴的故事。[27]

但是，美國政府的檢察官還不打算放過可口可樂，不斷纏訟五年後，美國政府終於在一九一六年告上最高法院。首席大法官查理．休斯（Charles E. Hughes）表示，咖啡因確實是可口可樂中的添加物，最高法院駁回桑福德法官的判決。休斯法官指出，就技術層面而言，咖啡因的確是在製造過程中，由工人添加到「第二道或第三道融化」的糖漿中，所以這項成分是「添加」的。

他還進一步解釋，桑福德法官的判決之所以不成立，是因為這項判決並沒有考量到《純淨食品與藥物法》的設計，是為了保護大眾免於受到有害添加物對身體潛在的傷害。如果地方法院的這項判決成立，該法案就形同虛設。例如，製造商可以把砒霜或有毒生物鹼馬錢子等毒物，添加到許多食品中，只要這些食品是按照配方來做，用獨特響亮的名字來販售，即可規避法律規範。因此，休斯法官下令重審此案，審判的重點應針對咖啡因是否為「有毒或有害成分」；而他相信這是陪審團要考量的直接問題。首席大法官的這番話，讓可口可樂再度災難臨頭。[28]

降低咖啡因含量的讓步

這場官司並不是可口可樂公司在一九一七年面臨的唯一重大威脅。雖然桑福德法官判可口可樂勝訴，但是公司低價又大量的咖啡因來源，也就是廢棄茶葉卻面臨威脅。下一章將會看到，該公司在一九一七年最擔憂的問題可能就是糖，為了應付與日俱增的市場需求，而在取得足夠糖精上忙得焦頭爛額。

然而，當時正逢第一次世界大戰，軍事封鎖行動影響咖啡因採購鏈。因為封鎖交通，美國公司無法取得生產咖啡因所需的廢棄茶葉，而軸心國全面禁止進口德國化學公司的精製咖啡因；當時，這些德國化學公司約供應美國咖啡因進口需求的九八％。廢棄茶葉的貨運成本暴增，從一九一四年的每一百磅要價六十五美分，到戰爭尾聲時已調漲超過一．五美元。當時的化學處理公司製造一磅的咖啡因就需要四十五磅以上的廢棄茶葉，所以暴漲的運費讓美國廠商的負擔極其沉重。[29]

咖啡因價格也順理成章地飆漲。一九一二年，第一次世界大戰爆發前夕，孟山都化工公司當時是全美最大的咖啡因供應商之一，它的咖啡因國際價格約為每磅三．二三美元；但是到了一九一六年七月，卻調升到十七美元。短期內，可口可樂也別無選擇，只能使用庫存咖啡因來應付戰時市場。一九一七年四月，當時美國國會才對德國宣戰沒多久，可口可樂的副總裁多布斯如此強調可口可樂的慘況：「我們很難保證公司能有足夠的糖與其他原料來維持工廠運作。」[30]

多布斯與可口可樂的高層在不得已的情況下，提出解決公司難題的下下策：降低可口可樂的咖啡因含量。如此一來，除了可以大幅降低公司對物以稀為貴的咖啡因需求之外，還可以在等待「四十大桶糖漿案」再審開庭前，對政府檢察官釋出善意。一九一八年十一月十二日，公司批准降低可口可樂咖啡因含量五〇%,也就是從每份七十六毫克降至約三十八毫克(這大約是今天一罐十二盎司可口可樂的咖啡因含量,等同於一份濃縮咖啡一半的咖啡因含量)。可口可樂的改變,顯然讓查塔努加市政府的檢察官團隊感到滿意,他們不再要求法院判決可口可樂的咖啡因是否對大眾健康有害,還把先前扣押的糖漿全數歸還可口可樂。[31]

打擊山寨廠商

可口可樂的風暴看似已經風平浪靜,但是可口可樂為了保障公司不受到山寨廠商侵權,休斯法官在一九一六年做出的最高法院判決將會造成可口可樂的嚴重問題。「四十大桶糖漿案」這起最高法院案件結束三年後,可口可樂控告J.C.梅菲爾德(J. C. Mayfield)的美國渴樂公司(Koke Company of America)商標侵權的訴訟官司正進入第五年。可口可樂的律師赫希一直緊盯著模仿公司的廠商,主動提出告訴,控訴梅菲爾德的招牌飲料Dope與Koke,明顯侵害可口可樂的商標。

對赫希來說,這種侵權的訴訟案算是日常的業務工作。他加入可口可樂的法律團隊後才過一年,隔年(一九〇五年)美國政府就通過《商標法》(*Trademark Act*)這個里程碑。《商標法》針對一八八一年的法規再強化其中一項,聯邦法賦予企業有權力保護品牌。

赫希決定用這條新法規來打擊可口可樂的模仿者,他還在一九一五年協助成立可口可樂的調查部門，該部門的任務就是協助律師團打擊山寨廠商，這個調查部門裡有從大名鼎鼎的平克頓偵探社（Pinkerton National Detective Agency）挖角而來的專業偵探。平克頓偵探社的代表作就是在十九世紀末，抓到西部逃犯如傑西．詹姆斯（Jesse James），以及強盜搭檔布奇．卡西迪（Butch Cassidy）與日舞小子（Sundance Kid）。平克頓偵探社的宗旨是「我們從來不睡」，而這也正是赫希的風格。往後三十年間，赫希控訴山寨廠商，發出數百封法院強制令，幾乎每週都打一場官司，以防堵潛在競爭對手搭可口可樂的順風車。[32]

赫希對控告 Koke 的案件特別坐立難安，因為梅菲爾德的資本雄厚，絕對會和可口可樂奮戰到最後一刻。梅菲爾德並非名不見經傳的商人，可以被欺負，或是被大企業打壓。梅菲爾德過去曾是潘伯頓在亞特蘭大的生意夥伴，他甚至擁有可口可樂原始配方的權利。從一八八〇年代起，他就投入經營無酒精飲料的事業，Koke 的銷售也很好。這時候擔任可口可樂首席律師的赫希，加入可口可樂的時間已經邁入第二十個年頭，所以這個案件對他來說堪稱重量級的挑戰。

梅菲爾德的公司於一九一一年成立於亞利桑那州，所以這場官司原本由亞利桑那地方法院審理。一九一六年，赫希打贏了第一場官司，威廉．索特爾（William H. Sawtelle）法官判可口可樂勝訴，原因是相信當梅菲爾德採用「Koke」這個名稱時，是故意讓大眾誤以為該產品就是可口可樂公司的產品。就某種程度而言，這樣的判決令人相當驚訝，因為當時可口可樂還沒有把「Coke」註冊為商標（後來在一九四五年註冊）。不過，到了一九二〇年，大眾已將可口可樂俗稱為可樂，所以法官相信梅菲爾德是在占可口可樂的便宜。索特爾法官還表示：梅菲爾德推出Koke，無疑是為了要奪取對手的廣告效益。法官因此發出禁制令，命令不得再銷售Koke或Dope。[33]

然而，梅菲爾德豈肯就此善罷甘休。他上訴到舊金山的第九巡迴上訴法院，這時情況就不再對可口可樂有利了。一九一九年，上訴法院推翻索特爾法官的判決，認為可口可樂無權要求商標法保護，因為可口可樂本身就是標示不實的產品。上訴法院聲明，這與休斯法官在三年前的判決立場一致。厄斯金·羅斯（Erskine M. Ross）法官說明法院的立場，表示可口可樂從成立以來就一直廣告不實，告訴大眾可口可樂含有古柯葉與野生可樂果，但事實上飲料中根本已不再添加古柯鹼，而可口可樂的主要成分咖啡因，現在也幾乎不再或很少添加可樂果這項原料了。法院認為可口可樂做出如此謊話連篇、虛偽詐欺、黑心的行為，讓提倡平等的法院無法原諒。[34]

這是很嚴重的問題。如此一來，可口可樂就再也不受聯邦商標法保護，讓之前因為害怕被告而不敢亂來的潛在競爭者拿到免死金牌。當時是一九一九年，可口可樂還不是全球最強勢的消費者品牌之一，當時有許多無酒精飲料公司，包含喬治亞州哥倫布的喬洛可樂（Chero-Cola），就是現在的榮冠果樂（RC Cola）、一九一七年成立於北卡羅萊納州的櫻桃汽水（Cheerwine）、百事可樂等諸多公司，都是亞特蘭大可口可樂公司的競爭對手。

一九一九年，可口可樂這個品牌的資產價值約二千萬美元，是公司最重要的無形資產。想要增加品牌資產只有一個方法，就是要與眾不同，與其他飲料做出區別。沒有聯邦法規保護可口可樂的商標，其他野心勃勃的商人即可盜用可口可樂的行銷資源來宣傳自己的產品。自由競爭市場、人吃人的世界，可口可樂的每個人都因此大驚失色。[35]

上訴最高法院帶來轉機

對於打算在一九一九年購買可口可樂公司股票的股東來說，他們是該擔心羅斯法官的判決所帶來的影響。在謹慎的投資人眼中，可口可樂只不過是一個擁有少許實體資產的空殼子。過去數十年來，可口可樂的商標價值大幅增加，但是如果可口可樂失去商標保護，它的品牌資產能否持續增加？如果不能的話，可口可樂還剩下什麼？一九一九年，可口可樂手中的建築物、設備及土地只價值五百萬美元。如果可口可樂的品牌力量岌岌可危，就會成為高風險投資。投資人的擔憂也反映在股價上，羅斯法官的判決後不到幾天，可口可樂的股價就從一九一八年的高點硬生生被腰斬超過一半。[36]

老伍德瑞夫是亞特蘭大銀行界重量級人物，他在一九一九年策動銀行團收購老坎德勒的可口可樂。近來的法院判決顯然讓他如坐針氈，他找來的銀行團成員開始猶豫是否還要從老坎德勒手中買下可口可樂，畢竟 Koke 的案件還勝負未明。他們想要確保赫希會打贏上訴官司，在聽到赫希與喬治亞信託的法務團隊告訴他們，接下來幾個月這個情況就會獲得解決，他們才同意這項收購案。[37]

因為已知的龐大風險，赫希承受很多壓力，他必須履行自己的諾言，徹底解決 Koke 的案件。

一九二〇年冬天，這個案件上訴到最高法院。赫希已準備好接受挑戰，他在訴狀中說明為什麼不能把可口可樂視為標示不實的產品，要求重審一九一九年第九巡迴上訴法院羅斯法官的判決爭議。

他回溯公司當初創立的歷史，說明潘伯頓與羅賓森之所以會把飲料命名為「可口可樂」，並不是想標示成分中所有的原料，也不是為了說明該飲料中最重要的成分。「可口可樂」只不過就是一個響亮好聽的名字，同時又精確地反映其中添加古柯葉與野生可樂果，但絕對不是要標示產品的所有成分。至於可口可樂使用茶葉萃取的咖啡因，而非野生可樂果萃取的咖啡因，是否有欺騙消費者的意圖？赫希的答案很簡單：咖啡因不過就只是咖啡因罷了。要區分出咖啡豆、野生可樂果或茶葉萃取的咖啡因，就像是要從蒸餾水中區分出蒸餾水一樣。無論咖啡因的原始天然來源是什麼，咖啡因絕非「有害健康」，因此不能視為黑心添加物。[38]

首席大法官奧利佛．霍曼斯（Oliver W. Holmes）同意赫希的說法，霍曼斯法官認為可口可樂是一項原料製成的一種飲品，而且大家都知道。他承認可口可樂的咖啡因主要來自其他來源，但是他強調這並不影響可口可樂的商標應該受到法律保護。可口可樂從未宣稱只使用野生可樂果作為咖啡因來源，因此該公司可以選擇任何來源的咖啡因。霍曼斯法官發布禁制令，禁止銷售 Koke，但是允許梅菲爾德繼續販售 Dope；同時也表示可口可樂無權限制別人使用與可口可樂商標不是那麼雷同的名字。[39]

打擊競爭對手的輝煌戰績

可口可樂力挽狂瀾。有了國家的背書，可口可樂在法庭上痛宰競爭對手。到了一九四〇年，可口可樂打贏超過二百四十個商標侵權訴訟案，這數字還只限於有能力和可口可樂打官司的公司。還有許多其他競爭對手，顯然一看到可口可樂的輝煌戰績，往往在上法院對簿公堂前就關門大吉了。

可口可樂為了嚇阻競爭對手，在一九二三年與一九三九年都發表商標訴訟勝利的結果，大書特書約兩千頁、近三大冊來記錄這些勝利戰果，而這些書冊也流傳甚廣。至今，這些輝煌的紀錄仍保留在全美各地法律圖書館中。可口可樂每打贏一場官司，進入無酒精飲料市場的公司就越少，山寨廠商也漸漸淡出市場，可口可樂的品牌資產也隨之水漲船高，到了一九三五年已增加超過三千零五十萬美元。[40]

聯邦法院的判決保障可口可樂的商標權，就是另一個足以說明日益茁壯的聯邦政府幫助可口可樂打下更廣江山的例子。美國的法律基礎也變得更為完善。一七八九年，也就是新共和國成立的第一年，全美只有十三個聯邦地方法院。但是，到了一九三〇年代已廣設許多聯邦地方法院，每年受理數以千計的民事案件。在十九世紀末期，為了因應新美國市場的需求，司法管轄權功能不斷強化擴大。

美國不再以小本經營的商店為主，而是由跨州企業主導的全國性經濟體。最高法院一系列的判決，確保大企業在憲法第十四條修正案的法人地位，企業在新聯邦政府立法保護下獲得法人地位，可以依憲法保障這些企業的權利，控告其他公司侵犯它們的生命、自由或財產。因此，類似的訴訟案瞬間暴增。

在一九〇〇年至一九三〇年之間，聯邦地方法院的民事案件暴增超過四倍，於是政府指派更多法官來審理如此眾多的訴訟案。

司法體系成長對可口可樂這樣的公司來說攸關重大；這些公司看到聯邦法院白紙黑字立下規範，讓它們從此可以保障實體與非實體資產的財產權，而且法院似乎很願意裁決任何種類的財產所有權。早在一八七三年的屠宰廠案（Slaughterhouse Cases）中，最高法院法官諾亞·史威恩（Noah H. Swayne）就表示：「任何有交易價值的東西都是財產。」這個觀點也受到之後在進步時代中多數法官的支持。一九一九年後，可口可樂就明白必須好好善用這項法院保護，公司必須在競爭對手打擊可口可樂的形象前，就先保護自己的商標，還好強而有力的聯邦法院體系已經成為它的靠山。[41]

到了一九二〇年，可口可樂欣喜若狂地知道公司避免了一項可怕的採購危機。在一系列受人注目的訴訟案中，聯邦法院同意廠商可以在美國消費者產品中添加精製咖啡因，該判決讓可口可樂得以使用任何來源的咖啡因。對無酒精飲料公司來說，這項判決來得真是時候。當時正值一次世界大戰尾聲，貿易商看準貿易禁令可望解除，於是放慢咖啡因進口的腳步。孟山都等化學處理公司此時面臨來自海外新供應商的競爭，不得不祭出歷史新低的價格。咖啡因市場進入供過於求的新時代，而可口可樂趁著低價，立刻毫不手軟地大量進貨。

如果說可口可樂在一九二〇年化解咖啡因的原料災難，如今它又面臨另一項足以動搖可口可樂帝國的原料危機：全球糖市大崩盤。

第三章

糖價大崩盤

——買糖比製糖更有利可圖

人類喜歡糖（蔗糖）。蔗糖是一種雙醣，由一分子葡萄糖結合一分子果糖而成。人們之所以喜歡糖，其來有自：糖以高濃度、結晶體的形式提供人體創造能量的基本物質。因為糖是很有效率的能量來源，人類因此演化出一項神經化學調節機制，在攝取蔗糖時會刺激多巴胺（dopamine）分泌。多巴胺是一種能產生快感的神經傳導物質，這樣的機制對於精神有影響，會讓人類盡量攝取卡路里，但要是甜食不虞匱乏，也可能導致過度食用。近來，科學家發現糖可能和古柯鹼一樣容易上癮。[1]

難怪可口可樂的顧客從一開始就很愛，甚至可以說是渴望每天來一點可口可樂。畢竟，在潘伯頓原本的配方裡，一加侖的糖漿要加超過五磅的糖。到了二十世紀，每六盎司的可口可樂中有超過四茶匙的糖，如果不是可口可樂配方中有高濃度的酸來平衡，這樣高濃度的糖會讓顧客的味蕾受不了。

時至今日，可口可樂糖漿因為含有磷酸的緣故，pH 值很低，連運送濃縮糖漿的貨車都得放上危險物質的警告標語牌，才能符合聯邦運輸法規的規定。潘伯頓想出的這套補充糖分方法非常完美，讓人喝了身心舒暢，又不覺得膩。就這樣，到了一九一〇年代中期，可口可樂消耗的糖在全球各產業居冠，每年將一億磅左右的糖送進顧客的肚子裡。[2]

這麼多的糖，可口可樂都得花錢購買。這是該公司最重要的原料，因此從創立以來就一直在世界各地不停尋找能以最低價格供貨的廠商。沒有便宜的糖，可口可樂就做不了生意。可口可樂之所以能賺進數以百萬美元計的錢，靠的就是大量販售便宜、非必需的飲料。大量銷售要獲利，就只能靠壓低原物料成本，尤其是糖，糖一直是公司最花錢的原料。

顧客並不想花大錢購買無酒精飲料，而可口可樂厲害之處就在於，從一八八六年至一九五〇年間，一直將飲料維持在五美分的售價。這一部分要歸功於可口可樂的董事長老伍德瑞夫努力不懈，他堅持即便營運開銷增加，可口可樂的裝瓶商與冷飲販售員也一定要維持這個價格。此外，他也花費數百萬美元宣傳可口可樂的五美分銅板價，目的就是要確保地方裝瓶商與零售商遵守他的政策。

一九三〇年代，可口可樂開始集中火力，宣傳投幣式的自動販賣機，而這種販賣機只接受五美分的銅板。這樣一來，老伍德瑞夫就有了另一個維持五美分銅板價的動機。因為設備的限制，可口可樂如果要漲價，就得一口氣漲到十美分，才能繼續使用只收五美分硬幣的自動販賣機。要是真的這麼漲價，用公司主管拉夫．海斯（Ralph Hayes）的話來說，根本是要毀掉整個公司。既然無法將增加的原物料成本轉嫁給消費者，可口可樂的財務狀況就只能依靠源源不絕的廉價糖。[3]

從零到林立全世界的甘蔗田

所幸，可口可樂剛發明時，由於當時熱帶地區的甘蔗田廣布，因此糖不虞匱乏，但這其實是由於歷史因緣際會而造成的生態入侵。今天，有很多人以為糖是一種隨處可見的原物料，與加勒比海和南美洲（特別是古巴與巴西）有很深的淵源，但是在十五世紀以前，這些熱帶地區連一根甘蔗也沒有。甘蔗大約是在一萬二千年前於紐幾內亞被人馴化為作物，原生於東南亞，八世紀時經波斯貿易商人引進西方世界。雖然糖很快就變成達官貴人夢寐以求的香料，也是有醫療效果的營養品，但是直到十五世紀前，歐洲的甘蔗田卻還不是很多，多局限在地中海附近的肥沃土壤。4

但是糖越來越受歡迎，西方人很快開始把甘蔗種植擴展到世界各地新開發的區域，以滿足他們的需求。就像過去黑胡椒、肉桂等令人垂涎的香料一樣，舊大陸（Old World）（譯注：尤指歐洲）的菁英階級向國家求助，希望運用國家的力量幫助他們取得更多想要的「甜鹽」。到了十五世紀，西歐貴族握有政府資金，在帝國以外的殖民地種植甘蔗。接下來的三個世紀，歐洲強權利用奴役男男女女的勞工在熱帶地區栽種甘蔗。於是，甜甜的蔗糖到了十八世紀末就變成便宜的原物料，可以大量滿足西方勞動階級的需求。5

加勒比海殖民地上的農場有許多農工，而十九世紀歐洲蓬勃發展的工業中心也有許多長時間工作的工廠勞工，糖的卡路里含量極高，很適合作為他們的主食。讓勞工維持體力，就能讓工廠與農田有生產力。因此，在十九世紀，糖和煤一樣變成資本主義擴張的動力來源。6

美國政府在一八〇〇年代初期發現糖這種高能量的價值，並藉由補助來扶植國內糖業。一八〇三年開始，湯瑪斯·傑佛遜（Thomas Jefferson）從法國手中買下路易斯安那的土地，從此美國國會開始對進口的原糖課徵關稅，以保護路易斯安那的糖農免於遭受國際競爭。路易斯安那的糖農受到關稅保護之後，於一八一二年戰爭至一八九〇年代之間擴大規模，到了一八二三年產量已超過一萬七千噸，當年美國總進口量則超過三萬噸。到了二十世紀末，政府已經協助將糖類作物擴展至美國西部與中西部，在溫帶的加州、科羅拉多州、內布拉斯加州提供種植甜菜的農人補助與關稅保護。7

美國農夫並不是唯一受惠於聯邦政府糖業政策的人，工業煉糖廠也受益良多。煉糖廠開發出設備，將甘蔗與甜菜園的原糖變成適合消費者市場的精製白糖。十九世紀初，這些工廠往往很陽春，常常直接用明火來加熱甘蔗汁，使汁液蒸發，但到了世紀末，煉糖廠主要用蒸汽引擎與複雜的離心機從甜菜和甘蔗中萃取出潔白的結晶。

糖業很需要投資，其中包括鐵路建設、糖桶製造及加工廠等。美國獨立戰爭後，煉糖業遠遠落後於歐洲對手，所以在一七八九年制定關稅時，美國政府就對進口的精糖課以重稅，以幫助美國的加工業者站穩腳步，抵抗外國競爭對手，否則這些國外廠商的銷量絕對會遙遙領先。當時美國政府制定一整套的關稅計畫要刺激美國各產業的發展，糖業就是其中之一。

在整個十九世紀，聯邦政府繼續保護國內的煉糖廠，不斷增加對進口精糖所課的稅，曾一度高達九美分。有了政府保護，一八七〇年美國出現超過五十家的煉糖廠，和七十年前寥寥數家相比有了大幅成長，但其中許多廠商的成功卻只是曇花一現。到頭來，真正的受益者不是小公司，而是幾家能併吞競爭對手、壟斷市場的富有菁英。[8]

糖業托拉斯：煉糖之王哈弗梅爾

其中做得最好的當屬哈弗梅爾。他與兄弟一起經營位於布魯克林的煉糖公司，名為哈弗梅爾與愛爾德（Havemeyer and Elder），該公司於一八六三年由哈弗梅爾的父親創辦，一八八〇年代哈弗梅爾取得這家紐約公司的經營權，此時公司已是美國數一數二的煉糖商。這個家族累積大筆財富，到了一八八〇年代已擁有超過三百萬美元，而哈弗梅爾決定要更進一步。他在一八六〇年代變成公司合夥人，眼見競爭侵蝕公司不少利潤，於是著手買下經營狀況不佳的競爭對手。[9]

哈弗梅爾是一個殘酷的商人，以為達目的不擇手段而聞名。例如，一八九三年，在布魯克林的工廠有好幾個工人接連在鍋爐室中暑衰竭，造成嚴重燙傷，但是他卻不拒絕願意減少工作量，認為讓步會導致生產力下降，因而影響利潤。哈弗梅爾告訴員工，如果他們不想一天工作十二個小時，他大可找別人來代替。他對待競爭對手也一樣心狠手辣，在某些市場進行削價競爭，迫使小型煉糖廠步上破產一途。到了一八八〇年代，精糖和原糖之間的毛利降到一%以下，要是沒有一定的存款就很難生存。[10]

一八八七年，哈弗梅爾把一切轉為更加白熱化。他找來幾家大型煉糖廠，提出要成立商業信託（trust，譯注：又譯為「托拉斯」，是一種壟斷組織）。這個聯盟後來稱為糖類精製公司（Sugar Refineries Company），吸收二十家左右的煉糖廠，並且很快關閉其中約一半的糖廠。哈弗梅爾的進場正是時候，當時許多公司由於競爭激烈，導致毛利過低，因此願意以低成本出售。他只付出低價，就變成世上最大煉糖商。[11]

這個糖業托拉斯是美國史上最具代表性的企業壟斷案，初期很快壯大，哈弗梅爾一年約賺進二百萬美元，但壟斷所帶來的驚人獲利很快惹來剩下的競爭對手批評。競爭對手十分不滿，要求紐約州的檢察官對糖業托拉斯提出告訴，罪名為妨害業界競爭。

一八九〇年六月，紐約州上訴法庭判定糖類精製公司的併購案「意圖造成社會大眾受損」，並宣布此商業信託不合法。然而，哈弗梅爾卻不肯放棄，他找到規避的辦法，與幾個合夥人決定把事業移到紐澤西州，該州新頒布的公司法規允許公司買賣州外營運公司的股票。一八九一年，前述的商業信託變成美國糖類精製公司（American Sugar Refining Company），很快就控制全美九〇%以上的煉糖業。[12]

當時公司法規的大幅修法，正好被哈弗梅爾利用，美國許多壟斷市場的大企業也是因為這次修法而誕生。一八八八年，州長里昂．阿貝特（Leon Abbett）和地方上的生意人為了吸引更多企業來本地投資，修改紐澤西州的公司法規，新法允許大企業集團成為合法企業，獲得商業信託原本無法獲得的法律保障。

十九世紀初，美國各州多半要求公司多少必須證明有服務公眾的目的，才會發給經營執照，但在紐澤西州幾乎任何理由都能成立公司，要如何花錢、與誰合作也很少受到限制。該州藉此吸引資本投資，結果也奏效了。企業紛紛湧向紐澤西，但是不久後其他州為了維持競爭力，也模仿花園之州（譯注：為紐澤西州的暱稱）的做法，結果導致企業快速整併，這是因為大公司迫使潛在競爭對手不得不與其合併，否則就只能關門大吉。壟斷時代就此展開。[13]

時局對大企業極為有利，哈弗梅爾在此時的獲利也創下新高，其中部分原因是由於聯邦政府持續以關稅保護他的製糖生意。這些貿易政策一開始是為了鼓勵美國小型煉糖商成長，如今反而增加哈弗梅爾的獲利。[14]

哈弗梅爾的荷包滿滿，為了賺錢，他決定增加物資吞吐量，也就是要增加自家經營體系中流通的貨品量，他想到可以用薄利多銷的方式來盡量提升利潤。他的糖業托拉斯擁有十家製糖廠，每年生產約三萬四千桶糖，比商業信託成立前整個製糖業的年產量還高。結果，精糖的批發價從一八九〇年的每磅六．二美分，降到一八九四年的四．一美分。[15]

不碰製糖，卻坐擁大量糖的可口可樂

這就是可口可樂的總裁坎德勒在一八九〇年代身處的世界，那是一個物質充裕的年代，糖量之大前所未見，價格卻微乎其微。一八九〇年代美國市場上的糖量是他出生那年（一八五一年）的五倍，之所以會有這些變化，是因為政府補助與關稅鼓勵國內種植糖類作物，也使得世界各地的煉糖業蓬勃發展。

畢竟，美國政府不是唯一藉由貿易政策鼓勵糖類生產的國家，歐洲國家也祭出關稅與生產津貼來保護國內業者，共同導致全球市場上的糖不斷增加。接下來幾年，坎德勒將會抨擊美國政府操控、推升糖價，並連署要求回到可口可樂可以享有「自由市場」價格的時代。然而，從一開始，可口可樂能買到便宜的糖，憑藉的就不是市場機制——也就是亞當．斯密（Adam Smith）所謂「看不見的手」，是由國家體制與壟斷企業插手調整市場結構，為寡占的大企業服務。[16]

坎德勒很高興能與糖業巨頭做生意，因為這些製糖公司的糖價便宜（每磅約四美分），而且運送與精製原料的風險也都由它們吸收。坎德勒要做的，不過就是盡情搜刮煉糖廠裡堆積如山的白色糖晶。一八九〇年代最後幾年，坎德勒替可口可樂買糖時（光是一八九五年就超過三十八萬噸），都是向麻州波士頓的里維爾糖類精製公司（Revere Sugar Refining Company）購買，這家公司嚴格來說並未加入糖業托拉斯，卻因為持有美國糖類精製公司許多股票，而與哈弗梅爾關係密切。[17]

依靠其他人來製糖，代表可口可樂可以維持組織精簡。美國糖類精製公司等企業投資成千上百萬美元雇用人力與購買機器設備，但是可口可樂卻持續將營運成本壓低。到了十九世紀末，可口可樂的亞特蘭大辦公室約有二十位員工，相關設備的開銷也不多。亞特蘭大糖漿工廠的生產過程極為精簡，彷彿是一間發放簡單餐點的慈善廚房。這裡可說只負責混合，大部分的工作都交由一名非裔工人處理，由他把數種原料倒進大銅鍋裡攪拌加熱，製造出深褐色的糖漿。一桶又一桶或一罐又一罐的糖漿透過鐵路或馬和馬車運送給零售商，零售商再把糖漿加水。放眼整個生產流程，從原料種植（例如糖）到汽水配送，可口可樂做的事較少，也因此可以有效率地把銷售轉為利潤。[18]

可口可樂不碰製糖業，哈弗梅爾與剩下的競爭對手卻全心投入，一八九八年美西戰爭爆發前夕，更進一步向上游整併，開始持有並管理加勒比海地區的生產設備。美國聯邦政府在西半球的新帝國勢力開始抬頭，而美國的企業也不忘善加利用。

早在一八七五年，美國政府就積極擴張其熱帶製糖事業的版圖，從夏威夷王國（Kingdom of Hawaii）開始著手，於一八七五年洽談互惠協議，讓島上的種植者在美國市場享有免關稅待遇，交換條件是免除美國商品進入夏威夷的關稅，並讓美國使用珍珠港。條約簽訂後，夏威夷的生產者受益於美國關稅政策，能以最好的價錢賣糖獲利，因此刺激島上的製糖業發展。在世界上的其他地方，特別是加勒比海地區，勢力強大的美國煉糖公司對美國聯邦政府施壓，要求政府動用軍事力量保護美國在熱帶產糖島嶼的投資。

美西戰爭中，美國擊敗西班牙，在一八九八年起掌控菲律賓、波多黎各及古巴。到了十九世紀末，美國聯邦政府對這些地區實施關稅保護，由於保證能進入美國市場，又能賣出好價錢，糖農和煉糖廠都從中受益，因此刺激製糖業的產量激增。波多黎各與菲律賓享有免稅待遇，而到了一九〇三年，古巴的原糖關稅則可減免二〇%。《普拉特修正案》（*Platt Amendment*）於一九〇一年通過成為正式法案，更進一步鼓勵美國私有企業到古巴投資。這項修正案規定，美國政府有權動用軍事力量保護美國在古巴的投資。有了國家在背後的支持，美國的煉糖公司將資金大量投入古巴，開墾種植園並建設原糖廠。[19]

美國超越國境的外交策略

聯邦政府大舉進入熱帶地區，象徵美國的外交政策進入新時代。在此之前，美國主要採取不干涉主義的外交政策。儘管美國從未真正採行隔離主義（美國一直透過談判，有時也會透過軍事行動，來保護自己的對外貿易），在整個十九世紀，聯邦政府大多時候也都對殖民或取得海外領土不感興趣。不過南北戰爭之後，經濟壓力卻迫使美國政府不得不改變政策。改變的動力之一，是認為美國的新企業如果無法替商品在海外找到新市場，就沒有成長空間。

一八九三年，威斯康辛大學知名教授弗雷德里克．特納（Frederick J. Turner）發表一篇有名的文章，文中表示美國西部拓荒已無法再前進，當前看來唯一能夠成長的方法，就是越過國境。這樣一來，美國企業不只能獲得海外的重要新資源，也可以跨足新的零售市場。

然而，美國政府裡主導這項政策的人並不想重蹈過去幾百年歐洲國家犯下的錯誤，當中又以威廉．西華德（William S. Seward）國務卿、阿爾弗雷德．馬漢（Alfred T. Mahan）少將、威廉．麥金利（William McKinley）總統為代表。這群人想出一項新的擴張政策，美國並不藉由傳統殖民手段來取得海外領地；

相反地，這項非殖民手段政策建立美國的保護領地（protectorate）及軍事基地，藉此幫助美國在海外獲得優惠待遇。至於治國的日常大小事務，就留給當地政府。這樣一來，美國就不需要負擔在海外提供各項公共服務的費用。就許多方面來說，政府可說是按照可口可樂模式行事：低成本打造能和現有貿易網路相連的衛星基地，但直接管理大型海外資產的高風險生意卻是一點也不碰。各政府與企業都在實驗可口可樂式的資本主義。[20]

政府這項外交手段，在加勒比海地區的效果很好。一九〇三年，國會通過一項互惠協議，從此古巴投資熱潮更加狂熱。這項互惠協議允許古巴的原糖出口美國時，享有較他國低二〇%的稅率。在古巴投資種植園的美國煉糖公司都喜不自勝，因為它們現在就可以用低於其他國家的價格進口原糖。於是，美國糖類精製公司和其他獨立的加工業紛紛在古巴買下甘蔗田，並擴大當地原糖廠的業務。大型糖廠投資時信心滿滿，因為個個都知道自己有美國軍隊撐腰保護。到了一九一五年，美國煉糖公司擁有古巴約二五%的原糖廠。[21]

跨國整合之後，糖開始大量輸入美國市場。美國糖類精製公司在古巴的工廠產量驚人，是所有古巴人自有工廠加起來的兩倍。此外，該公司還開發出非常有效率、高度整合的運輸網路，將精糖輸往市場。一九一六年，公司總裁艾爾．巴布斯特（Earl Babst）就曾描繪自家不斷向外擴張的國際版圖。他表示，美國糖類精製公司投資多項產業，種類多元，其中還包括製桶業，不只持有、經營製造糖桶的工廠，也主持一項林木復育計畫，以確保原料供應無虞。

據巴布斯特說，該公司種植約五十萬棵北美喬松及雲杉，在阿第倫達克山脈（Adirondacks）的空地上，就是為了滿足木桶製造的需求。該公司也擁有並經營超過一百三十英里長鐵路的軌道網路，藉此運送原物料到東岸的煉糖廠。他表示：「今天，只有大型企業才能夠在全球糖市中脫穎而出，這不只需要大型組織，也需要大量的資本、資源和工廠，從全球各地獲取足以維持一整年營運的必需原物料。」這種管理大規模設備的想法，可口可樂的創辦人坎德勒一定不喜歡。[22]

之所以要投資這些項目，就是為了剷除競爭對手。該公司的目標是要變得規模極大、勢力極強，其他公司都無法賣得比美國糖類精製公司更便宜。公司領導階層思考著，政府已經在加勒比海新開闢一片投資沃土，這下子機會來了。哈弗梅爾及其接班人巴布斯特將不惜成本打倒對手，讓競爭對手一敗塗地。

然而，以當時的政治局勢而言，這些投資也許看起來很明智，但還是未能成功打擊該商業信託的競爭對手。過往的競爭對手存活下來，新冒出頭的聯合水果（Unitied Fruit）及好時巧克力公司（Hershey Chocolate Company）等主打大眾市場的公司也首次買下大型種植園與煉糖廠。它們和可口可樂不同，認為若是由自己供應原料，就能賺進更多的錢。要做這門生意，進入成本比五十年前來得低，也有越來越多企業願意冒險投資，希望能從對外政策的新方向中獲利。他們認為，產業鏈整合可以為未來創造更多的利潤。結果，到了一九〇七年，美國糖類精製公司的市占率被砍了一半，只不過又過了五年，該公司所控制的精糖市場只剩二八％，時運變化如此之大。[23]

是扯了後腿，還是幫了大忙？

可口可樂助長了這樣的趨勢，一九一九年時，它是製糖業最大的買家，用這樣的購買力幫助未加入商業信託的糖商生存。一九二〇年代，可口可樂有超過一千家的裝瓶廠，每年使用超過一億磅的糖，一八九〇年時只有四萬四千磅。可口可樂明白，只要多向不同的廠商進貨，讓他們彼此競爭，就能夠壓低價格。到了一九二〇年代，可口可樂同時向數家不同的煉糖廠進貨，其中約有一半的糖購自美國糖類精製公司，但還有數以千磅計的糖是和其他公司購買，如：德州的種植者、帝國糖業（Imperial Sugar）、路易斯安那州的戈德肖糖業公司（Godchaux Sugars Inc.），之後還有好時。[24]

可口可樂影響市場的能力卻也並非絕對，它在第一次世界大戰中也發現國際政治情勢可能是一大罩門。當時美國煉糖廠與海外糖源之間的供應網搖搖欲墜，可口可樂擔心將無法再以低成本取得最重要的原料。公司自己沒有供應來源，因此需要外援，於是仰賴政府重建秩序。

一開始，美國政府這個老大哥不但沒幫上忙，反而還扯了不少後腿。一九一七年，美國糧食署在未來的總統赫伯特．胡佛（Herbert Hoover）領導下，開始限制產業用糖以穩定價格。根據糧食署的新法規，可口可樂與其他的甜食公司得將糖的用量減到戰前水準的五〇%。

上述的限制直到一九一八年仍然適用，同年糧食署還設立糖價平抑理事會（Sugar Equlization Board），規定糖價固定為每磅九美分。雖然政府出手干預最高價格的做法受到歡迎，但是面對政府的限量方案，可口可樂仍然努力抵抗，還派出公司律師赫希與副總裁多布斯到華府去當說客，要政府允許特例，但到頭來可口可樂還是屈服於政府的要求。當時雜誌上有篇文章的標題是〈以糖為兵〉（Making a Soldier of Sugar），可口可樂在文章中提到「很榮幸能配合政府要求」。戰爭期間，可口可樂從頭到尾不斷以類似的訊息轟炸大眾，說自己犧牲了多少，把自己塑造成愛國公民，願意以「糖」報國、完成大我。[25]

可口可樂的宣傳奏效了。在美國大眾的心目中，可口可樂就是一家愛國公司，願意無私奉獻自己的資源報效國家。很少有美國人知道該公司如何關起門來大搞政治算計，也很少有人知道它曾希望糖價平抑理事會為其大開特例之門。至於可口可樂與其他需要用糖的企業如何因為政府的穩定價格機制而獲益，知道的人就更少了。政府的限量方案確實暫時影響可口可樂的財務狀況，銷售量從一九一七年的一千二百萬加侖下跌到一九一八年的一千萬加侖，但是到了一九一九年，政府取消糖類購買限制，同年可口可樂就創下獲利新高，部分原因就是政府以政策控管、壓低糖價使然。

糖價平抑理事會的市場干預措施保護可口可樂免受混亂的全球市場影響，在充滿不確定性的時期穩定價格。光是一九一九年，可口可樂就有驚人成長，售出近一千九百萬加侖的糖漿。因為聯邦政府干預市場所帶來的好處雖然間接，但卻十分實際，不過依然沒有人看出。[26]

然而，在一九二〇年春天，情勢卻完全改觀。到了三月，糖價平抑理事會效力終止，政府的價格控管也隨之截止。結果，糖價一飛沖天，原本每磅約七美分，到五月時已漲到每磅超過二十美分，使得可口可樂及其他製造無酒精飲料的競爭對手大為恐慌。價格不穩定也造成投機買賣興起，可口可樂與百事可樂都趕緊向外國供應商以每磅略高於二十美分的價格簽訂大筆期貨合約，希望能搶在糖價飆漲得更高前先滿足自己的需求。但是，此時熱帶地區的糖農為了趁高價時大撈一筆，也紛紛擴大種植，結果全球的糖生產過剩，糖價於是重跌，十二月時跌到每磅九美分，數個月後更跌到三．五美分。[27]

緊臨成功而來的重創

對百事可樂而言，一九二〇年春天買下期貨的決定，曾造成該品牌短暫銷聲匿跡。百事可樂的創辦者暨所有人布拉德，無法像坎德勒推廣可口可樂一樣廣泛地推銷產品。到了一九二〇年代，百事可樂的銷售範圍有限，只涵蓋二十五州。百事可樂就是沒有可口可樂那樣源源不絕的獲利，也因此在糖價危機來臨時就顯得更脆弱。市場價格一落千丈，布拉德卻必須支付過高的糖價，導致財務損失，由於無法負擔損失，他只好在一九二三年宣告破產。[28]

可口可樂撐下來了，卻也受創頗深。公司高層主管霍華．坎德勒曾暫代董事長一職，於一九二〇年又再次擔任總裁，他在一年後報告，這項購買糖類期貨合約的不明智決定，花費公司約二百萬美元。根據合約規定，母公司不得調漲賣給裝瓶商的糖漿價格，因此其中的虧損都必須由母公司自行吸收。雖然戰時可口可樂曾強迫裝瓶商修改合約，使其能些微調漲糖漿價格，但是修訂過的條款並沒有規定戰後可口可樂能將增加的購糖成本轉嫁給裝瓶商。29

不過，和其他用糖廠商的虧損相比，可口可樂似乎就沒有賠得那麼淒慘。這些廠商曾大手筆投資古巴的糖類種植園，一九二〇年初的高糖價讓許多公司忍不住投入大筆資金，買下古巴土地，擴建當地糖廠。在那之前，古巴的糖類種植園主人縱情於豪宴、賭城等各種享樂，一擲千金毫不手軟，這段時期被稱為「百萬之舞」（Dance of the Millions）。

隨著糖價持續上升，投資的腳步也越來越快。所有人都下注這個泡沫不會破，而這場賭局一開始看起來也好像有賺頭，一九二〇年春天的高糖價帶來豐厚利潤，甚至連辛苦的佃農都因而多賺一些錢。但是，到了一九二〇年夏天，快樂時光結束了，後遺症隨之而來。先前如此大量投資，導致生產過剩，價格也跟著崩跌。美國與古巴的糖業手中的糖已經超過國際市場能吸收的量，而大家也都在想，龐大債務與疲軟的現金流會不會讓部分企業不得不關門大吉。

受創最深的還包括好時巧克力公司。在第一次世界大戰期間，該公司在古巴變得舉足輕重。以組織結構而言，一九二〇年的好時巧克力公司與可口可樂可說是天差地別，有很大一部分的原因在於創辦人米爾頓．賀喜（Milton S. Hershey）特殊的企業願景，他並非鐵石心腸的企業大亨。在美國進步時代，產生一批與眾不同的生意人，認為企業獲利應該再投資於社區，以促進大眾福祉，賀喜就是其中之一。賀喜之後也表示，他永遠不能理解有錢人只顧著賺錢，然後在死後將財產按照法律冷冰冰地分配，怎麼能算是快樂。他想要趁著自己還在世時有所貢獻，因此一心支持企業社會福利計畫，而在當時大力推廣這類計畫的還包括亨利・福特（Henry Ford）、安德魯・卡內基（Andrew Carnegie）等許多有錢的企業大老。一九〇六年，好時在賓州一個名叫德瑞教堂（Derry Church）的小鎮創辦好時巧克力公司，他要做的不只是賣巧克力而已，還想要創造一個烏托邦式的工廠小鎮。[30]

賀喜年近五十，膝下並無子女，他把自己視為新一代企業社區的大家長，要用公司收益來促進大眾利益。他把自己居住的小村落改名為好時，接下來數年間就用公司的獲利（光是一九一九年就超過六百萬美元）來發展小鎮的基礎建設。他的建設範圍之廣，實在了不起，不但建設娛樂設施，其中包括一座動物園和一座遊樂場；此外，還成立好時水公司（Hershey Water Company）、好時電力公司（Hershey Electric Company），以及好時全國銀行（Hershey National Bank）。他還建立好時工業學校（Hershey Industrial School），這是一所孤兒院，附近市鎮的孤兒都能來此接受教育。如果說可口可樂是千方百計地避免大規模開發計畫，賀喜則是張開雙手歡迎。[31]

賀喜在賓州的種種建設，他也想在古巴如法炮製。他的愛妻凱蒂於一九一五年過世之後，五十七歲的賀喜到這座加勒比海島國旅遊，思考自己未來的抱負。他和大多數甜食業的人一樣，很擔心戰時的物價波動，也相信如果公司可以自行供應原料，就會更保險。古巴離美國本土不過九十英里，又因聯邦關稅政策享有優惠關稅待遇，似乎是投資的好地點。一九一六年，賀喜準備踏上新的冒險旅程，買下古巴島上位於哈瓦那（Havana）與馬坦薩斯（Matanzas）之間三萬五千英畝的土地。這是一塊黃金地段，正對著佛羅里達州的基韋斯特（Key West）。他仿照賓州的做法，在自己的種植園中也建設一座模範小鎮，稱為好時中心（Central Hershey）。除了在此地興建一座現代化的加工與煉糖廠之外，賀喜也建造古巴第一條電氣化鐵路，讓自家產品得以運到港口。這條路線從馬坦薩斯延伸至哈瓦那的外圍，完工時總長超過一百二十英里。[32]

賀喜在當地花錢毫不手軟。他為員工興建最先進的住宅，在一九二〇年代的產量全盛時期曾住過四千多名古巴勞工。社區住宅有室內水管、電力和美麗的花園為特色，現代化的設施應有盡有。休閒娛樂方面，鎮民可以選一座運動場去比場足球，或是到棕櫚大道上散步，慢慢走向綠油油的公園。這裡有學校、醫療中心，也有孤兒院。對於住在當地的古巴人來說，賀喜給了他們夢寐以求的世界，許多人對此真心感謝。[33]

一九二〇年初，賀喜似乎完全沒有放棄實驗的打算。他不只在古巴投資將近二千五百萬美元，還在當地落地生根。古巴別名「安地列斯群島之后」（Queen of the Antilles），賀喜很喜愛這片土地，只要可能的話，他就會暫時離開賓州的生意，到自己一手打造的加勒比海烏托邦享受生活。在他到來後沒多久，就花費六百萬美元買下一座名為「羅莎力奧」（Rosario）的百年歷史大宅，這裡是他六十幾歲時最愛的住所。談到這位老先生那些年在古巴的形象，就是一個戴著巴拿馬草帽的大亨，生活過得心滿意足，常常在他的烏托邦小鎮街道上走來走去，一邊抽著雪茄，一邊還常常和工人喧鬧暢飲。哈瓦那有許多賭場，週末時常看他出沒其中，玩玩輪盤、看看秀。他盡情享受當下。[34]

但是在一九二〇年出現糖價危機，賀喜的美夢就成了惡夢。賀喜和可口可樂不同，賀喜擁有大筆糖類種植園的資產，因而暴露在高風險中。當糖市泡沫破滅時，賀喜的損失相當慘重，重大的打擊更讓這家巧克力公司在一九二〇年十二月的淨收入，硬生生從前一年的六百萬美元銳減到三十六萬二千美元。接下來數個月，為了付款還債，公司就必須向外界尋求財務支援。曾經融資幫助賀喜在古巴興建工廠的紐約國民城市銀行（National City Bank of New York）接手賀喜的經營，開始管理該公司在加勒比海地區的財產。到了一九二二年，糖價恢復穩定，賀喜因而取回公司的控制權，但是公司的獲利能力仍仰賴國家政策，繼續允許以低價進口古巴的糖。[35]

恐慌過後，賀喜一切照舊，他非但不離開古巴，反而還增加土地持份與製糖相關設施。接下來幾年，他買下新的糖廠，最終總共購買五座工廠，也買下更多的土地，到了一九二三年，他持有的土地已超過六萬英畝。賀喜決心要完成自己的古巴實驗，但隨著時間過去，情勢越來越明顯：這個烏托邦無法長久。[36]

轉嫁風險的自保策略

賀喜加碼投資古巴的同時，可口可樂的老闆老伍德瑞夫正努力想找出不受劇烈糖價波動影響的辦法。一九二一年三月，他成功地修正公司的裝瓶合約，加入一個能反映糖價增長的浮動級距。根據新合約，母裝瓶商購買糖漿價格的基本價是每加侖一．一七五美元，但是合約亦訂有市場價格，糖價若是超過市場價格，每超過一美分，裝瓶商就要多付六美分的錢。更重要的是，如此一來，亞特蘭大的母公司就可以把原物料的成本轉嫁給眾多的分銷商，前端的採購風險因此大為減少。[37]

可口可樂在國外也針對外包成本採用一套更好的計畫。一九二〇年代初期，該公司的國際影響力有限，於是公司約於一九〇〇年跨越美國國界，把銷售範圍延伸到加拿大與古巴。二十年後，可口可樂在世界幾個國家有幾間裝瓶廠，但是直到一九二七年，海外分銷仍僅限於十一個國家，要到了第二次世界大戰，國外的銷售量才會占營收的一大部分。不過，該公司於一九二〇年代仍努力提升海外銷售的效率，希望能從外圍經營中擠出越多錢越好。為此，公司的化學人員開發出乾燥脫水無糖的可口可樂濃縮萃取物，出口給國外裝瓶商。這樣一來，公司就能把購糖責任轉嫁給各國的裝瓶商。除此之外，亞特蘭大的總公司還找出另一個把成本轉嫁他人的好辦法。[38]

表面上看來，國內的新裝瓶合約與海外的萃取物方案都讓公司實現長久以來的願望：避免受到市場糖價波動的影響。不過，在現實生活中，可口可樂母公司仍然必須擔心甜味劑的成本是否會影響零售價格。可口可樂帝國靠的是薄利多銷，而薄利多銷要仰仗低廉的零售價格。如果糖的成本大量增加，裝瓶商就必須漲價以應付營運開銷，如此一來，購買量勢必降低，到頭來仍會影響母公司的獲利能力。因此，即便一九二一年修正合約，母公司仍然需要便宜的糖方能獲利。

由於貿易政策朝令夕改，一家公司如果在製糖業投入的資產不多，要想成功，最好的策略就是保持彈性，這也正是可口可樂的做法。該公司於一九二〇年代與更多廠商簽訂購買合約，不只向國內的供應商，也向海外的生產者買糖。它的供應商有美國糖類精製公司等大型製糖公司，也有薩凡納糖類精製公司（Savannah Sugar Refining）等小企業，薩凡納糖類精製公司於一九一七年在喬治亞州開始營運。可口可樂藉此讓自己有更多的選擇，若是某些國家糖量劇烈變化，也能減少財務上受到的影響。[39]

揮別糖業危機之後，可口可樂在一九二〇年代大發利市，股價也從一九一九年的每股四十美元飆漲到一九二七年每股約二百美元，這時可口可樂決定進行股票分割，將一股分割為兩股。不到十年，可口可樂就讓淨利翻倍，從一九二二年的六百二十萬美元提升到一九二九年的一千二百八十萬美元。一九一〇年代晚期投資可口可樂的人都發了財，其中又以老伍德瑞夫的家族，以及一九二二年幫助成立國際可口可樂（Coca-Cola International）的一眾親友獲利最多。

國際可口可樂是一家控股公司，收購可口可樂流通在外的股票高達一半以上（超過二十五萬股），之所以決定成立該公司，主要是因為老伍德瑞夫擔心隨著紐約投資人買下公司股份，他將因此漸漸失去對可口可樂的控制權。事實證明，小伍德瑞夫決定按照父親的計畫行事是個明智之舉。到了一九二七年，當時他不過三十七歲，就已是百萬富翁。[40]

對一九二〇年代的可口可樂及其投資人而言，糖價疲軟並非唯一的好消息。此時，可口可樂終於結束與政府間長達十年的咖啡因戰爭，而原本可能要和裝瓶商分道揚鑣、造成極大打擊，也躲過一劫。處於進步時代時，曾擔心該公司的產品不適合經常飲用，如今公司再也不用擔心要如何因應。從此，公司販賣可口可樂時大可宣稱這種飲料什麼場合都適合飲用。

一九二〇年代，可口可樂的行銷工作交由亞特蘭大的達西（D'Arcy）行銷公司處理，負責此業務的李阿奇（Archie Lee）注意到這項轉變，也開始開發一系列新的宣傳材料，鼓吹從早到晚多喝可口可樂。李阿奇喜歡行銷話術，更勝於詳細的科學長篇大論，他知道戰後的美國人有閒錢用來休閒娛樂。當時是爵士時代，是一個出現汽車、電影、舞廳的狂熱年代，也是一個解放的年代，勞動階級與中產階級的美國人都希望藉由廉價的娛樂活動將戰爭拋諸腦後。在這樣一個大眾消費主義的新時代，李阿奇希望美國人將可口可樂當作「心曠神怡那一刻」（the Pause That Refreshes），不管是工作、在家或玩樂時都能常常享受。[41]

但是，就算咆哮的二〇年代（Roaring Twenties）鼓勵大量消費的文化，若是沒有便宜的糖，可口可樂也不可能在一九二〇年代擴張。正是因為利用戰後全球各地的供糖來源，公司才得以掌握一九二〇年代美國新興的銷售機會。

撤除關稅的遊說任務

可口可樂一直了然於心的事，賀喜則要到一九二〇年代尾聲才明白：買糖賺得遠比製糖來得多。這家巧克力公司發現，自家帳目上，古巴的資產問題越來越大，導致股票越來越難賣出。於是，一九二七年賀喜的律師約翰・斯奈德（John Snyder）奉勸這位巧克力大亨把公司一分為三。新創的好時巧克力公司（Hershey Chocolate Corporation）把公司產品賣到店家給消費者，負責賺錢。另一方面，好時地產（Hershey Estates）則接手管理並維護原公司在賓州的運輸網路、房屋及休閒設施；同理，好時公司（Hershey Corporation）則負責原公司在古巴的種植園、鐵路與製糖設施。這幾家公司的會計帳目也分開記帳。[42]

賀喜踏出模仿可口可樂的第一步，開始把搖錢樹和可能妨礙獲利的產業加以切割，這麼一來就能拿出更好看的財務報告給投資人觀看。賀喜晚年仍一心一意為他的烏托邦計畫付出，但現實是他的孤兒院、鐵路及製糖工廠很難吸引股東的興趣。投資人喜歡的是好時巧克力公司，這家企業組織較精簡但獲利更多。

不過，不論是新創的好時巧克力公司或可口可樂，雖然帳面上十分好看，彷彿告訴投資人，自己能不受糖價的高低起伏所影響，但事實則不然。兩者都需要便宜的糖，所以兩家公司不斷竭盡所能讓古巴的糖價維持在低價位。

到了一九二〇年代晚期，兩家公司開始合作。雖然可口可樂向國內也向海外的生產者買糖，但卻越來越常仰賴好時公司供貨。一九二八年，可口可樂向好時購買二百二十萬磅的精糖。當時國會以共和黨為大黨，支持課徵關稅，一九二九年的會期要討論提高古巴原糖和精糖的關稅，於是董事長小伍德瑞夫聯絡好時，表示他想要推出一系列廣告，讓大眾注意到，增加原糖關稅並對精糖實施差別關稅是多麼可怕的事。關鍵在於廣告不具名。小伍德瑞夫建議讓第三方出面，這個第三方看起來要像是代表大眾利益。

他想在抱持同情立場的媒體上刊登卡通及社論，還有反關稅文章，讀者則鎖定一般消費者。宣傳方向由可口可樂與好時擬定，再委託寫手將稿件投稿到人氣媒體。好時同意這個提案，也願意支付一半的宣傳成本。到了一九三二年，可口可樂與好時總共花費超過五萬美元大打反關稅宣傳戰，並與公關公司合作製造投書、社論等各類發表文章，好鼓動消費者支持降低糖類關稅。[43]

最努力確保可口可樂有便宜的糖可買的人，絕對非海斯莫屬，他是可口可樂放蕩不羈的副總裁。海斯在一九三〇年代中期已成為小伍德瑞夫的左右手，未來多年也繼續掌管公司的購糖業務。他於一九三二年加入可口可樂，之前曾成功經營紐約社區信託（New York Community Trust），因而博得某位企業高層評價為「起而行」的美名。他在第一次世界大戰時曾擔任戰爭部長的助理，在一九一〇年代時就證明自己即便擔任公職也是能力不俗。[44]

海斯和他之後的許多可口可樂主管一樣，具備私人企業的商業頭腦，也有公家機關的經歷。可口可樂在一九三〇年代對華府施壓與日俱增，而海斯也因此成為過程中重要的資產。他瀟灑風流、繫著領結、言行舉止有些誇大，想到什麼就會對小伍德瑞夫說，有時候不免有些過頭。

例如，一九五二年，海斯寫信給小伍德瑞夫，抱怨有天閱讀某印度王子有七十個老婆的故事而難以入眠。他說那個故事讓他想到小伍德瑞夫的妻子妮爾，還想到要是同時有七十個嫂子，真不知道會怎麼樣。就算小伍德瑞夫覺得海斯的言行讓人不舒服，他也從未表示，仍舊像對知心好友一般寫信給海斯，終其一生皆是如此。遇到糖的問題時，就像遇到公司面對的許多關鍵問題一樣，小伍德瑞夫會找海斯幫忙，相信他如此長袖善舞，必定能讓議員把可口可樂的利益當作自家的事。[45]

一九三〇年代，美國進入經濟大蕭條，海斯努力說服國會撤除保障國內農民的關稅，他認為糖價就會因此更便宜。一九三六年，他向喬治亞州參議員沃特．喬治（Walter F. George）陳情，表示美國消費者為了保護糖業而花費一億一千六百萬美元，而受益的卻只是「我國農民中的少數」。他說國內種植甜菜與甘蔗的農民永遠只會伸手要東西：「站在國庫的門口要拿到更多、更高額的關稅、福利、補貼和小費，讓全民買單。」

他尤其關心一項加工稅的提案，因為該法案若是通過，農民將會獲得更多的補助，而且可口可樂就要付出很大一筆稅，然而海斯卻把重點放在美國的窮人。以他的話來說，新法一出，食品價格會因為加稅而上漲，受到打擊的將會是貧困的選民。即便進口限額非設不可，政府也不應該再加稅，因為這樣的稅絕對會對家庭主婦，也會對民生、飲食都有不好的影響。海斯也明白指出，喬治如何決定這件事，將可能會影響他是否連任：「不論是從公平或經濟的角度——容我說一句，還要考慮政治因素——都應該反對這項法案。」過了幾天，喬治回信給海斯，表示加工稅法在參議院並沒有過關，並且表明他在未來立法時也不會支持任何「額外津貼」。海斯暫時感到滿意。[46]

看到海斯如此窮追不捨地要求降低關稅，你可能會以為可口可樂在一九三〇年代中期只能勉強度日，但是事實並非如此。該公司在一九二九年華爾街股災（又稱「黑色星期二」）時受創輕微，股價只下跌六％，到了一九三〇年就已回到股市崩盤之前的水準。就連一九三三年撤銷禁酒令，原本很多人以為無酒精飲料的銷售量將會因此大幅減少，但這件事也只是對可口可樂的獲利造成短暫影響。一九三五年，可口可樂在股價達到一股二百美元時，就把一股分割為四股。淨收入在一九二八年僅有一千萬多美元，十年後就暴增到二千五百萬美元。[47]

在大蕭條期間卻不蕭條的事業

這樣的成長來自小伍德瑞夫先前的規劃，他在一九三〇年時擔任可口可樂的總裁已邁入第八年。他於一九二〇年代將可口可樂的業務團隊專業化，成立統計部門，藉由精密的市調來找出適合販售可口可樂的成熟市場。透過這個新部門，小伍德瑞夫得以仔細監控裝瓶商與零售商，並且確保公司商品在全國各地的經銷方式沒有落差。他最堅持的就是裝瓶商一定要遵守可口可樂五美分的價格，知道即使景氣不好，美國最窮的人也還花得起五美分銅板買一瓶飲料。他新雇用一批聰明的公司經理人，由海斯擔任他們的主管。

海斯具有和政府官員打交道、保護可口可樂後端採購需求的經驗，擔任主管後，只要看到老員工有本事開發創新的零售方法幫助銷售，就會將其拔擢到管理階層，哈里遜．瓊斯（Harrison Jones）這樣忠心耿耿的人才就是其中之一。瓊斯是公司的業務副總裁，身材高大，有著一頭紅髮。他最早是在一九一〇年擔任可口可樂的律師，一直一來都一心一意地要把公司的招牌飲料推廣到全國各個角落。

到了一九三〇年代，瓊斯由於擅長組織勵志演說來鼓勵公司的裝瓶商提升銷售量，因而聞名全公司。他想出小伍德瑞夫最愛的一句口號，鼓勵業務員一定要讓可口可樂「想喝，觸手可及」（an arm's length from desire）。瓊斯常常腦力激盪，設法增加可口可樂的銷售量，一九二三年他想出要設計六瓶裝的箱子，方便消費者大量購買。

在大蕭條期間，瓊斯想出的六瓶裝和投幣式自動販賣機一樣，都讓消費者更容易衝動購買，在全國超過五十萬座加油站的效果特別好。在小伍德瑞夫的眼中，加油站是擴展規模的主要目標。這些新市場計畫是由經驗豐富的中階管理階層執行，結果打破公司的銷售紀錄，一九三九年賣出超過五千六百萬加侖的糖漿，和十年前相比增加近三千萬加侖。當數百萬美國人民欲咬牙撐過大蕭條的苦日子時，可口可樂的事業卻蒸蒸日上。[48]

不過，隨著戰爭開打，問題也逐漸浮現。一九三九年開始，歐洲的用糖大戶擔憂將來會鬧出禁運，或是會有其他的因素干擾貿易，而與國際糖農簽署大筆糖價合約，希望能先囤貨。如此一來就造成糖價飆升，結果美國聯邦政府透過緊急應變管理局底下新成立的物價管理局，針對因需求上升帶來的價格通膨下了一帖猛藥，於一九四一年八月規定，稅後原糖價格不得漲破每磅三．五美分。[49]

可口可樂此時的年度用糖量總計超過二億磅，十分歡迎物價管理局在一九四一年八月訂定的價格上限。戰時需求大增，再加上貿易不暢，很有可能促使通貨膨脹一發不可收拾，此時由政府出手避免糖價過度攀升，可口可樂對此抱持十分肯定的態度。有物價管理局限制糖價，看來在不確定的國際市場局勢中，政府似乎幫助可口可樂避免巨額的虧損。[50]

可口可樂雖然讚美政府出手干預價格的德政，卻不喜歡生產管理局（該單位是戰時製造委員會的前身）設下的用糖量限制。該限制於一九四二年一月一日生效，並限制可口可樂等無酒精飲料廠商的用糖量為一九四一年用量的七〇％。可口可樂的主管對此十分擔憂，認為政府控管將會嚴重衝擊國內銷售。[51]

班傑明．奧勒特（Benjamin Oehlert）是可口可樂的主管，也是公司在華府的說客，他決心要規避生產管理局設下的限制，於是在限制生效後幾週內就寫信給小伍德瑞夫，信中建議公司考慮在加拿大、墨西哥、夏威夷、古巴、波多黎各、維京群島，或是美國境外任何一地，製造可口可樂糖漿，再將成品運回美國使用。最終，亞特蘭大總部認為運輸與進口的費用會使得成本難以降低，因而不採納該提議。奧勒特並不因此退縮，他決定去找生產管理局，看看是否能為可口可樂爭取到更好的條件。[52]

奧勒特在政府、民間都待過，由他為可口可樂出面再適合不過了。他於一九三八年加入可口可樂法務團隊，之前他從一九三五年起就擔任國務院的律師。一九三〇年代，小伍德瑞夫要找的人才，就是像他這種有足夠交涉能力，能幫助公司打入新市場的人。

奧勒特畢業於長春藤名校，聰明又有自信，天生就善於談判，這樣的能力不只私人企業激賞，就連公部門也很喜歡，包括林登．詹森（Lyndon B. Johnson）總統，一九六七年就把奧勒特從可口可樂挖角過來，派駐巴基斯坦擔任美國大使。小伍德瑞夫一開始找奧勒特進入公司，是為了讓他負責國外業務相關問題，但是很快就發現奧勒特的能力大可用來與華府官員進行困難的談判。幾年內，他就成為公司與政府接洽的主要負責人。[53]

奧勒特曾任職於國務院，知道自己必須向政府證明，增加可口可樂的用糖額度關乎國家安全。他把第一次世界大戰時可口可樂的宣傳招式拿來重複利用，再次鼓吹可口可樂是全心為戰事奉獻的愛國公民，而且國家因為戰爭而民心困乏，正需要可樂帶來的能量。奧勒特也把公司成千上萬磅的存糖賣給美國軍隊，改善公司形象。這招奏效了，《華盛頓郵報》（*Washington Post*）等多家大報紛紛讚揚可口可樂賣糖給政府，還引述可口可樂所宣稱的：售價低於市價。可樂公民再次出手援助祖國。在美國大眾的眼中，可口可樂犧牲小我，完成大我，幫助美國聯邦政府卻不求回報。[54]

靠行銷帶風向，變身戰時必備的汽水

不過，關起門來，對於自己這些「慈善的」捐獻，可口可樂卻是很努力取得回報，這就得大力仰賴公司內應——艾德加·福利奧（Edgar J. Forio）。他是可口可樂的主管，也深諳華府的遊戲規則。可口可樂與政府的界線再次模糊，原來福利奧除了服務於可口可樂之外，還是戰時製造委員會飲料及菸草部門（Beverage and Tobacco Branch）的顧問。福利奧從政府內部著手，想辦法提升可口可樂在戰時製造委員會額度排序的地位，要從糖果之流的奢侈品地位升級成為戰時必需品。

福利奧曾說明他的主要目的，他在戰後對《可口可樂裝瓶商》刊物表示：「不屈不撓地向政府高層指出，可口可樂這款無酒精飲料在一般民眾生活中，扮演著舉足輕重的角色。這樣的努力因為公民需求基礎報告（Civilian Requirements Bedrock Report）出版而有所回報，該報告表示，此產業的產品至少要保留六五%，才能維持人民士氣。」公民需求基礎報告也視菸草為戰時必需品，建議政府採取行動，確保人民所能獲得的菸品至少要有一九四一年的七一%。顯然可樂與香菸都是美國人民健康快樂的必需品。[55]

除了向華府遊說以外，可口可樂也仰賴行銷人員的才幹帶領風向，讓公共政策偏向可口可樂。可口可樂的廣告團隊於一九四二年製作一系列的出版品，如「全力應戰時期喘口氣之必要」（Importance of the Rest-Pause in Maximum War Effort）、「戰時的汽水」（Soft Drinks in War）等等，將可口可樂塑造為美國工人的必要飲品。

這些宣傳品聲稱，可口可樂只是為美國勞動階級的男男女女補充化學與精神能量。可口可樂用種種科學說法指出無酒精飲料的好處，當時也有人質疑，為杜悠悠眾口，可口可樂找來一群科學家幫自己背書。其中美國外科醫師湯瑪士．帕朗（Thomas Parran）更是慷慨激昂地說道：「這個時代，壓力之大、氣氛之緊張，美國人來一杯汽泡飲料，就有如全英國上下不分階級都要喝一杯茶，或是像巴西人喝咖啡一樣。放鬆過後，再度返回工作崗位上，心情也振奮了、鬥志也更高昂了，而且胃還不會不舒服。不傷荷包，也不上癮。」[56]

最後美國聯邦政府相信可口可樂的宣傳，讓該公司的用糖限額增加到一九四一年消費量的八〇%。物價管理局把可口可樂從飲料及菸草部門轉到糧食科（Food Section），該單位負責掌管必需農作物的生產與消費。

但是，政府給的優惠還不只這樣。美國陸軍說服物價管理局讓可口可樂享有供應貨品給國內及海外軍事設施的用糖額度，其中也包含國內陸軍基地的營站。按照這樣的安排，就等於可口可樂不管賣多少糖漿給美國士兵，都不會對賣給平民百姓的八〇%限額有所影響。要求免予計算的命令來自最高層：杜懷特．艾森豪（Dwight D. Eisenhower）將軍於一九四三年一月二十三日下令，每個月要供應六百萬份設備、水瓶及可口可樂糖漿給軍隊。[57]

可口可樂取得軍隊合約，得以賺進大筆淨利，光是一九四四年就淨賺二千五百萬美元。這不只是因為它獨占軍隊市場，也因為它能以政府控管的價格買進無數的糖，若是物價管理局沒有管制通膨，戰時經濟如此動盪，糖價勢必會比政府設立的上限高出許多。政府管制讓糖價維持低價，隨著戰事展開又簽訂新的軍隊合約，可口可樂因此得以在戰時擴展事業版圖，並且增加用糖量。[58]

百事可樂的難題：不公平的競爭優勢

可口可樂的競爭對手百事可樂憤怒不已。百事可樂並沒有像可口可樂那樣取得軍隊合約，公司裡也有人擔心，百事近年拚命換來獲利，政府獨厚一家的合作方案可能會使這些努力化為烏有。百事可樂於一九二三年宣告破產，於一九三〇年代重出江湖，是紐約市樂福糖果公司（Loft Inc.）的總裁查爾斯・古斯（Charles Guth）個人的一項副業。樂福公司在紐約擁有數家糖果店，古斯在接手百事可樂這個品牌之前，曾在紐約的店面販售可口可樂與百事可樂。

古斯是個急性子的商人，一九一〇年代時曾因為和司機大吵，就向對方開槍。某次他要大量訂購糖漿，但可口可樂拒絕給他折扣，從此他就和可口可樂結下樑子。他覺得可口可樂不把他當一回事，為了報復，他按照一貫好鬥的作風，用五美分賣十二盎司裝的百事可樂，價格和可口可樂一樣，容量卻多出整整一倍。這樣的行銷手法奏效了。到了一九三四年，古斯靠著販賣百事可樂賺了超過四十五萬美元，雖然這個數字加起來不及可口可樂同年銷售額的一％，但是剛起步就能有如此成果，還是讓小伍德瑞夫與可口可樂的法務團隊有些坐立難安。可口可樂深怕會失去市占率，因而想要在百事可樂進一步壯大前將其剷除。[59]

那場戰役是由約翰・西伯里（John Sibley）領軍。一九三四年時，西伯里從赫希手中接下可口可樂的法務部門。一九三六年五月，他在加拿大提出商標侵權訴訟，由於百事可樂在加拿大還是一個較新的競爭對手，他希望這件事會對可口可樂有利。不過，四年後加拿大最高法院判決百事可樂勝訴，小伍德瑞夫再怎麼不願意也只好停戰，看來是趕不走百事可樂了。[60]

這也要歸功於可口可樂的運氣好，到了一九三八年秋天，樂福公司的高層都是一些講理的人。古斯不再是百事可樂的老闆，他在一九三五年離開樂福公司，原本希望能帶著百事可樂一起離開，但是因為四年後輸了一場關鍵性的官司，於是樂福公司仍保有百事可樂的所有權。

百事這家競爭對手現在的主管是沃特・麥可（Walter Mack），他的性格並沒有那麼火爆，慢慢在幕後努力化解與可口可樂的不和。到了一九四一年，他說服小伍德瑞夫不再對百事可樂提告，表示以後所有百事可樂的廣告都不會再強調「可樂」（cola）一詞，以此作為交換條件。沒有了可口可樂芒刺在背，麥可以古斯的成功為基礎再更進一步，才進入公司四年就讓公司獲利變為近三倍。一九四一年，該公司公告的淨利超過九百萬美元。[61]

畢竟百事可樂花費許多力氣，好不容易才從可口可樂手中拿下一點點無酒精飲料的市場，也因此麥可對於政府居然不願給予和可口可樂一樣的軍隊合約，感到十分不滿。他抱怨政府的用糖制度不公，讓可口可樂享有不公平的競爭優勢。一九四四年秋天，麥可寫了一封措辭強烈的信給物價管理局表達不滿，信中表示，有些無酒精飲料公司因為軍隊配給而享有豁免權，銷售量竟然可以達到一九四一年的一六〇％，而其他競爭公司沒有政府合約，就只能受限於一九四一年產量的八〇％。他要求物價管理局不要提供偏好的公司「替代性用糖」或配給額度，並請求物價管理局停止這種助長產業巨頭壟斷性成長的不平等用糖方案。[62]

百事可樂的請求並未獲得採納，直到戰爭結束，可口可樂仍繼續享有全球軍事據點的獨家合約。主要是由於政府的緣故，可口可樂得以將主要競爭對手遠遠拋在腦後，兩家公司的淨收入差距在一九四一年是一千九百九十萬美元，六年後的差距擴大到二千六百三十萬美元。據估計，可口可樂在戰爭期間於軍事基地與營站賣出超過一百億瓶，掌握軍隊裡無酒精飲料九五％的銷售量。一大部分也是因為海外事業的關係，在一九四二年至一九四四年間，該公司的糖漿銷售量從七千四百四十萬加侖增加到九千五百八十萬加侖。[63]

可口可樂的軍事合約為戰後全球擴展播下種子。原先為服務駐歐部隊而設的簡陋裝瓶廠（將於第六章討論），到了承平時期改建為供應大眾市場的裝瓶廠，而這些工廠已經生產的產品，市場也已準備好接收。畢竟，可口可樂已經變成自由解放的象徵。一九四四年至一九四五年間，美國大兵橫掃各個受創城鎮，「可樂公民」也是。對於許多飽受戰火打擊的歐洲人來說，可口可樂就是自由鬥士的動力來源。因此，美國政府給可口可樂的，不只是財務支援與糖市特權，更讓可口可樂公司在新市場享有無價的文化資產。有了政府背書，可樂公民要在國外承諾促進大眾福祉就變得更加容易。對於從未聽過可口可樂品牌的人來說，美國陸軍的認證就是最好的廣告，而且可口可樂不需要出一分錢。

大政府的干預，帶來最穩定的保護

到了第二次世界大戰尾聲，好時公司決定放棄古巴的產糖事業。賀喜於一九四五年逝世，而一九二一年就開始管理賀喜在古巴事業的派西．史戴普斯（Percy A. Staples）接手公司。史戴普斯並沒有要藉由公司福利計畫來改變世界的遠大抱負，他和賀喜不同，他很內向，不喜歡在古巴的賭場交際往來，比較喜歡在深夜獨自計算數字。財務盈虧對史戴普斯來說很重要，而他分析賀喜在古巴的資產時，只看到風險，而沒有看到好處。公司的糖類種植園並未帶來可觀的獲利，真正的搖錢樹是位於賓州的零售事業。於是，史戴普斯在一九四五年把好時公司在古巴的資產（約值三千萬美元）賣給古巴大西洋糖業公司（Cuban Atlantic Sugar Company）。從此好時公司又往可口可樂的商業模式靠近一步。64

史戴普斯這番精簡組織，讓好時公司更能適應二十世紀中葉的全球化市場。戰後並沒有企業想把大批資產綁在同一個國家。國際政治與聯邦貿易政策太過起伏不定，只在某些地方投資很難確保能持續帶來獲利。因此，相較於一條龍的做法，不碰原物料生產事業的風險還比較低。為了降低風險，與多家供應商簽約是較為保險的做法。

可口可樂身為第三方買家，一九四〇年代晚期與整個一九五〇年代穩定的全球糖市使其獲益不少。當時的全球糖市由美國老大哥控管，戰後美國聯邦政府藉由進口配額，規定各生產國每年能對美國輸入多少數量，藉此控制糖市。既然避免價格飆漲，可口可樂就得以穩定增加購糖量，又不會遭到重大財務虧損。這家公司在二十世紀中葉，把超過六億磅的糖送進消費者的肚子裡。由於購買合約規模如此龐大，再小的價格波動也可能會重創可口可樂。只有市場環境局勢明朗，公司事業才能蒸蒸日上，而之所以會有這樣人為控制的穩定環境，全賴聯邦政府干預，讓大買家能夠清楚掌握本來可能混亂難解的貿易局勢。65

回顧十九世紀末，可口可樂一直受益於保護美國煉糖廠的關稅、國家資助熱帶地區的軍事行動，還有國內農民補貼，這些都助長全球糖業生產。以限額控管價格，不過是國家出手協助的最新做法，重要性並不亞於之前政府干預，以維持過度膨脹的物資供應鏈不至於崩壞。可口可樂之所以會面臨獲利危機，正是因為政府先後於一九二〇年、一九七四年取消保護糖價措施（一九七〇年代的危機將於最後一章詳細介紹）。這些時候就可以看出一項基本的道理：競爭不受管制就會導致原物料價格大起大落，與美國企業想要永久成長的模式相互衝突。事實證明，對時髦的可樂公民最有益處的，就是大政府。

第四章

古柯萃取物

——與違禁物質的祕密連結

名字有多重要？對可口可樂來說，可以說是相當重要。二〇一三年，可口可樂的商標價值超過六十七億美元，也難怪可口可樂長久以來努力爭取以此標籤販售旗艦商品的獨家權利，仰賴聯邦政府執行商標法規，避免潛在競爭對手竊取其最重要的資產。[1]

但是，其實可口可樂從未真的擁有「可口可樂」（Coca-Cola）這個名字，至少「可口」（coca）這個部分。畢竟，可口可樂這個名字的前半部源自南美洲凱楚阿人（Quechua people）的古老語言。五千多年前，這群居於祕魯高地的民族，首次用「古柯」（coca）一詞來指稱某種生長於安地斯山脈陡坡的灌木。凱楚阿人發現咀嚼這種植物的葉子後可以維持一天的精神，因此對其越來越依賴。古柯葉含有少量古柯鹼，後來藥學界發現這種生物鹼是三重回收抑制劑，也就是這種物質會阻礙人體儲存用以調節血流量與心情的重要神經傳導物質。所以，安地斯山脈的居民食用古柯葉時，就能長期維持高警覺性，同時也會變得更有精神。

因此，古柯的存在早於可口可樂，而且幾千年來都屬於祕魯人民。這種安地斯山上的作物，名字如何變成可口可樂聲明所有的財產，背後有一個又長又曲折的故事。

有好幾百年，歐洲人一直認為嚼古柯葉是原住民才會做的事，不適合文明社會。雖然第一批古柯葉於一五四四年就進入舊大陸，但是要等到十九世紀中，因為科學有了新發現，這種植物才從殖民地的奇聞軼事轉變為商品。[2]

最主要的突破是在一八五〇年代晚期，德國與義大利科學家同時分離出古柯葉最重要的化學成分：古柯鹼。從一五五四年以來，歐洲人就一直對這些嚼古柯葉的人感到好奇，到了一八〇〇年代中期，他們開始努力想分離出古柯葉的重要成分。當時的歐洲科學家致力於在化學上有所突破，尤其是德國早已發現各種由植物中萃取的藥物，例如：一八一七年發現嗎啡（萃取自鴉片）、一八二〇年發現咖啡因、一八二八年發現尼古丁等，而研究古柯葉也是這一連串科學浪潮的一部分。

從熱帶植物中萃取出基本化學物質的歐洲生化學家越來越多，而發現古柯葉中化學刺激成分的，則是德國哥廷根大學（Göttingen University）博士班學生艾柏特·尼曼（Albert Niemann）與義大利內科醫師保羅·曼特加札（Paolo Mantegazza）。古柯鹼的藥效的確很強，尼曼在他的論文中就寫道，古柯鹼「放在舌頭上時……會產生特別的麻痺感」。尼曼與曼特加札的研究都顯示，古柯葉含有神奇成分，而現代科學可以萃取出這樣的魔力，讓世界共享。[3]

西方世界可以如何使用古柯鹼還不清楚，但是實驗已然展開。我們在第一章就曾看到，科西嘉人馬里安尼有可能是最大力推廣這種祕魯草藥的歐洲人，在尼曼和曼特加札發表古柯鹼研究結果之後幾年，他就推出含有古柯成分的馬里安尼酒。不過，歐美許多其他公司也都紛紛跳上順風車，希望能靠著古柯鹼一夕致富，它們似乎什麼都願意嘗試：古柯鹼香菸、喉糖、葡萄酒和藥酒，統統不足為奇。[4]

馬里安尼靠著酒中的酒精成分來萃取飲料中所需的古柯鹼，而其他的企業則請廠商供應古柯鹼。一八七九年，位於德國達姆施塔特的默克化學公司，首度以商業量產方式從古柯葉中萃取古柯鹼，量販這種白色古柯鹼純結晶的生意很快就做得有聲有色，後來更變成世上最大的咖啡因製造商之一。

來自祕魯的今日之星

早期默克有些客戶是醫生，他們替古柯鹼找出新的外科用途。德國醫師卡爾·科勒（Karl Koller）就是其中一位，他用古柯鹼作為麻醉劑，為病人動眼部手術。科勒有此發現之後，醫界對於古柯鹼有興趣的人就越來越多。《美國藥劑師》（*American Druggist*）是製藥界很受歡迎的刊物，曾於一八八五年六月報導：「古柯葉與古柯鹼無疑是今日之星，過去多年，不論醫界或商界，從來沒有其他藥物引發如此大的騷動。」[5]

古柯的需求大增，帶動投資供應端基礎建設的新風潮。到了一八八七年，默克面臨美歐許多新成立化學公司的競爭。也因為派德（Parke-Davis）、紐約奎寧（New York Quinine）、萬靈科（Mallinckrodt）等類似性質的公司進入市場，使得市面上的古柯鹼數量大增，批發價格也從一八八四年每公克十美元，下跌到兩年後每公克只剩二十五美分。在美國，聯邦政府為鼓勵國內生產，於一八九六年對進口美國的古柯鹼課以極高關稅，而針對國內製造古柯鹼所需的進口古柯葉則降低關稅。美國的化學加工公司不需要擔心國際競爭，於是在一八八〇年代與一八九〇年代大幅擴展古柯鹼的生產。[6]

安地斯山脈一帶的古柯鹼製造商也發展得很好，主要是出於想要把南美政體現代化的當地政治家鼓勵。一八八〇年代期間，祕魯科學家在國內推動建設製造古柯鹼的基礎設施，他們幫助把使用古柯從遭到禁止的本土風俗，轉變為推動現代化的工具。這些祕魯民族主義者相信，生產古柯鹼原料供國際藥廠使用，就可以把先進產業帶入安地斯的偏鄉。[7]

古柯生產熱於十九世紀末更加升溫。馬里安尼曾於一八九六年如此評論這個趨勢：「因為古柯的使用量增加，也因為更有力的原因，導致古柯用量很快就會變得更大，也因此有許多從未見過這種樹的地方種植了無數的古柯樹，這個現象已經有一段時間了。」另一個人的評論也呼應馬里安尼的話，表示這些灌木遍布安地斯山脈的東緣，從麥哲倫海峽到加勒比海的邊界都可看見其蹤跡。據估計，一八九〇年至一九〇二年之間，全球古柯鹼供應增加超過七〇〇%，期間祕魯不論在古柯葉或古柯鹼原料的出口都是世界第一。[8]

然而，即便產量暴增，對古柯的需求一直增加，之後它的產量也能持續滿足需求嗎？這就是可口可樂擔心的事。先前曾提及，潘伯頓的可口可樂很像是溫和版的馬里安尼酒，含有古柯葉萃取物。雖然不知道一八八〇年代潘伯頓的糖漿含有多少古柯成分，但是潘伯頓的事業夥伴羅賓森的曾孫拿到的配方顯示，生產三十六加侖糖漿約使用十磅古柯葉。如果是這樣，到了一九八九年，可口可樂公司就需要五萬九千磅的古柯葉，才能生產該年度賣出的糖漿。

考慮到這樣的需求，可口可樂就必須有穩定的古柯供貨來源，而且還只有某個品種能用。有那麼幾十年，可口可樂的高層堅持只用祕魯的特魯希略（Trujillo）地區生產的葉子，就算後來爪哇與台灣出現新的古柯生產者，可口可樂還是堅持只有這個種類的風味才適合可口可樂萃取物。特魯希略的產量太少，太多買家要購買一定不是好事，這會對可口可樂的財務狀況帶來損害，甚至可能是致命的打擊。潘伯頓在一八八五年就預見這個問題，他認為：「就古柯的問題來說，最慘的可能狀況是，古柯的神奇效用一旦為世人所知，可以就無法讓人人都取得足夠的量。」[9]

到了一九〇〇年，可口可樂還是未能從公司內部解決這個問題。它在祕魯沒有古柯田，因此沒有供應源。公司只能看特魯希略地區生產者的臉色，畢竟這些生產者壟斷可口可樂需要的一項原料。這麼一來，古柯就和可口可樂購買的其他原料有所不同。可口可樂購買咖啡因與糖，是向全球不同的供應商購買，有一部分是靠著供應商之間的競爭來壓低成本。但是，祕魯的古柯供應商獨占可口可樂需要的特魯希略種，因此可以任意對買家開高價，如果新買家需求持續增加，價格一定會上升。可口可樂必須減少和它競爭稀少古柯資源的對手，需要獨享控制權，但又不想藉由投資生產古柯達到這個目標。它需要幫助，也找到幫助，說也奇怪，這個助手竟然是聲勢日漲的反古柯鹼運動。

從民間引爆的告別古柯鹼運動

到了二十世紀初，大量使用生物鹼藥物，如咖啡因、嗎啡、古柯鹼等萃取自植物有機鹼的狀況開始引發眾人憂心。一九〇一年有超過一百八十萬磅的古柯葉進入美國，許多用來製造純化的古柯鹼結晶。在有些人看來，這是全國人民上癮的跡象，將會造成危害。

進步改革人士認為，古柯鹼會讓守法人民變成狂野罪犯，其中許多人同時也質疑咖啡因是否健康。特別是在南方，有越來越多人認為古柯鹼造成黑人犯罪，而這樣的恐懼在北方也越演越烈。例如，《紐約時報》（*New York Times*）在一九〇三年六月報導，吸食古柯鹼的行為在南方黑人間越來越多，並說這種藥快速增加，其惡果也見諸南方各州的大城小鎮。一九〇二年，可口可樂的大本營喬治亞州的議員就大肆渲染這類帶有種族歧視的恐懼，禁止該州經銷古柯鹼，其他州也很快跟進。[10]

眼見大眾越來越擔心古柯鹼可能造成的問題，可口可樂的總裁坎德勒於是在禁令差不多要頒布時，決定完全去除配方中的古柯鹼成分。坎德勒此時約莫五十多歲，已經開始留心有越來越多的報導說他的飲料會造成違法亂紀的問題。坎德勒是亞特蘭大衛理公會監理會教派（Methodist Episcopal Church, South）主教沃倫．坎德勒（Warren Candler）的哥哥，是虔誠的基督徒，也是主日學教師，他排斥行為不正，並教導自己的小孩要有道德。他也用同一套純正道德標準來要求自己的公司，既然有許多人認為某種原料是邪惡的淵藪，他便不會販賣。

只是，雖然坎德勒決定要從可口可樂的祕密配方中去除古柯鹼，但他仍堅持飲料中要有一種去古柯鹼的古柯葉萃取物，才不會改變可口可樂的風味。這個新成分在可口可樂內部稱為第五號商品（Merchandise #5），當中含有少量去古柯鹼成分的古柯葉，再加上可樂果（kola nut）粉末。為了進一步讓可口可樂遠離與古柯鹼產業的可能關聯，可口可樂決定仰仗位於紐澤西州梅伍德的薛佛生物鹼公司，也就是後來的梅伍德化工公司這家咖啡因供應商，來製造這種去古柯鹼萃取物。[11]

這家位於梅伍德的公司是確保可口可樂獲得古柯供應的關鍵，原因就在於它是針對其他製藥產業的大盤商，所以大眾不太知道它的存在。該公司的獲利來源，是銷售中間產品給藥商，而不是銷售品牌產品給零售店面。因此，在直接賣藥給消費者的江湖藥廠逐漸失去公信力時，薛佛生物鹼公司因此能區別自己與他人的不同。進步時代初期，改革人士堅持要讓醫界專家成為醫藥產品的主要提供者。薛佛生物鹼公司是藥物大盤商，不做品牌零售，因此可以宣稱自家的古柯鹼只會用於有牌醫師處方中的產品，隨著公共醫療逐漸專業化，這些有照的醫師就是民眾健康的新一代守護神。[12]

古柯貿易的爭議日多，可口可樂用薛佛生物鹼公司來掩飾自己與古柯的關聯。可口可樂並未建立加工廠來消除古柯葉中的古柯鹼成分，也沒有負責祕魯古柯葉運輸或萃取的實際工作，而是交由薛佛生物鹼公司來處理，自己則是在整個過程中維持第三方買家的角色。

匿名是一大關鍵，特別是在一九〇二年後各地禁令催生聯邦法令，此後反古柯鹼運動聲勢更為浩大。到了一九〇六年，美國農業部化學局規定若產品含有古柯鹼，都必須於外包裝標明。不過，此時聯邦政府仍未嚴格限制古柯的進口與使用，直到通過一九一四年的《哈里森麻醉藥品稅法》（*Harrison Narcotics Tax Act*），才採取多項措施，其中一項是限制古柯鹼僅能用於處方藥。為了執法，該法案設立聯邦麻醉藥品管制局，又於財政部底下設立麻醉藥品處，這些機關是古柯鹼在美國的主管機關。最後，一九二二年的《瓊斯─米勒麻醉藥品進出口法》（*Jones-Miller Narcotic Drugs Import and Export Act*）明令禁止美國進口古柯葉，只有有照的古柯鹼製造商才能進口，因此更進一步地限縮古柯鹼市場。[13]

古柯葉與古柯鹼成分的國際貿易一度暢旺，有多家商業買主，到了一九二〇年代初期卻變成管制商品，只有幾家化學加工業者獨占，而且還得經過挑選。一九二二年通過《瓊斯─米勒麻醉藥品進出口法》之後，美國聯邦政府只准許兩家公司進口古柯葉到美國，一家是位於紐澤西州羅韋（Rahway）的默克，另一家則是剛改名的梅伍德化工。[14]

一家獨大的「可口可樂條款」

美國之所以會限制供應管道，並不是民間改革力量影響聯邦麻醉藥品主管機關，而是因為政府主動造成壟斷以促進管制。說到底，美國聯邦政府要簡化監督古柯進口的工作，管制少數幾家古柯商，遠比追蹤許多小買家在全國各地不同港口買進商品來得容易。簡言之，雖然進步時代反毒品管制的本意為政府擴大職權，限縮企業過度成長，但是往往反而變相鼓勵壟斷。[15]

《哈里森麻醉藥品稅法》與之後各項立法的論戰過程中，可口可樂並未爭取直接進口古柯葉的權利，反而喜歡透過中間人。這樣一來，它就可以避免插手已經成為禁忌的國際管制藥品貿易。但是，為了與之保持距離，可口可樂要想用梅伍德化工用過的古柯葉來生產第五號商品，就必須另外獲得豁免，於是它開始努力向政府遊說。這項任務落在全國零售藥商協會（National Association of Retail Druggists）的律師尤金·布洛克梅爾（Eugene Brokmeyer）身上，全國零售藥商協會代表全美各地五萬多家藥商。結果，《哈里森麻醉藥品稅法》增加第六節，該條文允許使用去古柯鹼的古柯葉，或此類葉子提煉的製劑，或是任何其他不含古柯鹼的古柯葉製劑。由於可口可樂是唯一使用此類萃取物的大公司，因此有些國會議員戲稱此豁免條款為「可口可樂條款」。該條款於一九二二年的《瓊斯—米勒麻醉藥品進出口法》與一九三〇年的《波特法》（*Porter Act*）中亦可見到，也仍存續於今日與古柯鹼相關的所有法規之中。[16]

梅伍德化工也得益於「可口可樂條款」，由於該條款，古柯鹼製程產生的廢棄物副產品得以保有市場。當然，梅伍德化工也繼續販售古柯鹼給藥廠用於醫療或科學目的，並且從中獲利。但是，由於此條款，使其可以合法販賣廢棄古柯葉給可口可樂，這項買賣也變成公司營收中日益重要的一部分。可口可樂等於是一家獨大，也是唯一能買到去古柯鹼的祕魯古柯葉買家。[17]

只是還有一個問題：梅伍德化工的古柯葉並不足以滿足可口可樂日漸增長的需求。到了一九三〇年，可口可樂的第五號商品每年需要約二十萬磅古柯葉，比梅伍德化工醫用古柯鹼買家需要的數量還多。梅伍德化工並沒有聯邦政府許可，無法額外進口可口可樂需要的古柯葉。可口可樂捉襟見肘，公司的古柯葉萃取物存量也快速下降。公司負責製造糖漿的人員預計，去古柯鹼的古柯葉萃取物很快就會不夠，大限是一九三〇年二月一日。該怎麼辦？[18]

海外可能有解決辦法。到了一九二八年，可口可樂與梅伍德化工投資一座實驗性的古柯處理廠，工廠位於祕魯的卡亞俄（Callao），由梅伍德化工管理。這一年，該工廠為可口可樂生產超過四千磅的古柯葉萃取物，同時也產生十八公斤的副產物古柯鹼。因為該工廠的營運不受美國管制，可口可樂負責的主管克勞德．葛塔托斯基（Claude Gortatowsky）知道，這座祕魯工廠可以把古柯鹼販售到美國以外的任何國家，而工廠也的確賣出價值一千美元以上的古柯鹼（約四十一磅，每磅二十八美元）。不久後，國務院開始有意見，說該工廠可能會造成國際市場上古柯鹼氾濫。梅伍德化工與可口可樂深怕政府不再許可供應古柯，到了一九三三年便放棄這座實驗工廠，而且再也沒有捲土重來。[19]

海外生產不可能了，只好求助於華府。事實上，一九三〇年新定的《波特法》也的確發生這樣的效用。根據這個新制定的反麻醉藥品法，於財政部之下設立聯邦麻醉藥品局，並允許梅伍德化工的古柯進口限額中可以包含「特殊葉子」，專門用於生產飲料用的古柯葉萃取物，而所有去古柯鹼製程中產生的古柯鹼，都必須在該局駐紐澤西州工廠的駐廠稽查人員監督下銷毀。對可口可樂來說，這個安排並不理想，因為以前某些成本只存在於梅伍德化工販售古柯鹼的過程中，而現在可口可樂卻得吸收。可口可樂現在要負擔運輸與進口開銷，以及較高的去古柯鹼處理費用。總體來說，用於生產第五號商品的古柯葉，每磅多出約三十五美分的成本。以避免供應短缺而言，這樣的投資金額其實不大。[20]

但是撇除這些技術問題不論，政府再次讓可口可樂得利。《波特法》通過之後，祕魯出口到美國的特殊葉子大為增加，從一九三一年的二十一萬七千一百二十四磅成長到一九四一年超過六十三萬九千磅，是同年醫用進口量的二〇〇%，全數都將用於製造可口可樂萃取物。就梅伍德化工而言，是兩邊都賺錢。[21]

拒絕其餘買家的獨家供應商

進口的問題解決了，剩下的問題就是國內可能有人也想購買梅伍德化工的成品。在紐澤西州把古柯鹼從古柯葉中抽出後，這些古柯鹼將會運送到醫療機構，或是由可口可樂自行銷毀，只要做到這件事，聯邦麻醉藥品主管機關並不會管制剩下的物質要如何分銷。《哈里森麻醉藥品稅法》通過後，沒有法律規定可口可樂以外的買家不得購買梅伍德化工的去古柯鹼古柯葉萃取物。如果出現很多新買家，導致第五號商品的價格上升怎麼辦？

可口可樂那位放蕩不羈的副總裁兼首席政府說客——海斯，在一九三六年時一邊想辦法在美國國會對抗糖稅，一邊同時向老闆小伍德瑞夫表達他對古柯情況的擔憂。他解釋，梅伍德化工的副總裁墨里翁．

哈通（Morion J. Hartung）曾與他接觸，還表示：「萃取物一事，華府面臨許多壓力，不能將可口可樂以外的申請者排除在外。」

特別是其中一家名為尚佳可樂公司（Better Kola Company）的申請廠商〔這是一家位於肯塔基州路易維爾（Louisville）的小公司，固定資產只有九百美元〕，曾多次向聯邦麻醉藥品局陳情尋求協助。梅伍德化工看起來願意與尚佳可樂簽約，但是想先知道可口可樂會不會介意。尚佳可樂提出兩個方案。為了避免古柯萃取物的新買家源源不絕出現，梅伍德化工可以將「少量」的古柯葉萃取物出售給席費林公司（Schieffelin & Company）等中盤商。至於席費林公司要怎麼做，就是它自己的事了；或是該公司也可以為默克處理少量萃取物，再由默克供應給某幾家無酒精飲料公司。[22]

兩套方案不管是哪一個，都對可口可樂沒有好處，因為在可口可樂看來，兩者都會削弱可口可樂的品牌強度。競爭對手能取得特魯希略古柯葉提煉的萃取物，就能大肆宣揚他們的產品和可口可樂使用的原料一樣。至於古柯葉萃取物到底能讓競爭對手的飲料風味產生什麼變化，對於海斯來說則是其次。他的公司之所以一直努力獨占這項外國原料，就是因為原料增加了商標的品牌價值。[23]

聯邦麻醉藥品局並沒有逼迫梅伍德化工與可口可樂的競爭對手做生意，而是選擇迴避。多家飲料公司寫信給該單位，希望能更了解梅伍德化工的運作方式，該機關則是回覆制式信函給全部的公司，包括榮冠果樂、郝夫曼飲料公司（Hoffman Beverage Company）、大熊水公司（Great Bear Water Company），以及全國水果風味公司（National Fruit Flavor Company），信上表示：「去古柯鹼的古柯葉所提煉出之非麻醉性質生物鹼，其進一步處理或萃取事宜，並不在本局的管轄範圍。」如果這些公司想進一步知道是否可能採購，應該聯絡梅伍德與默克這兩家擁有銷售執照的公司。[24]

雖然政府所做的事等於是支持可口可樂壟斷，但可口可樂還是不確定未來如果有其他公司提出簽約事宜，梅伍德化工是否會拒絕。於是，為了幫助梅伍德化工下定決心，可口可樂就提高了可能的風險。一九三六年三月，海斯寫信給哈通，說明梅伍德化工若是接受競爭對手的合約，可能會使可口可樂不得不另覓供應商。他表示，目前與梅伍德化工所簽訂的合約，可口可樂很願意續約，但是如果情況生變，導致現有供貨來源有多個買家，可口可樂僅為其中一家，則可口可樂保留考慮採用其他供貨來源的自由。失去可口可樂的合約非同小可，到了一九三〇年，這份合約對梅伍德化工帶來數十萬美元的營收，如果合約中止將會重創獲利。顯而易見，梅伍德化工不該冒險。此後，梅伍德化工就對其他想購買古柯萃取物的公司敬而遠之。[25]

到了一九三〇年代中期，可口可樂已成為梅伍德化工的主要客戶，重要到哈通還主動找上海斯，詢問是否願意買下位於紐澤西州的化學設施。一九三六年三月，海斯把這項提議告訴公司律師，公司法務部門的回信措辭十分強烈：「將該廠房交託於能人之手，會比自行擁有，更為公司所樂見。」在那之前的五十年，可口可樂不斷避免和直接生產原料有關的各類風險，這次第五號商品也不例外。

約二十五年後，梅伍德化工再度提出併購案，但是可口可樂的副總裁奧勒特又一次拒絕，表示如果接手擁有古柯生產設施，「會違反我們不生產原料的大原則」。該公司與梅伍德化工合作關係悠久，一向很滿意，因為不論是取得原物料、維持獨占、保護配方和製程的機密、管理好與國內外政府的關係，以及安排雙方都同意的價值之表現，梅伍德化工都可圈可點。對奧勒特來說，有了所有權以後，可能會造成麻煩的公關問題，這一點並沒有人樂見。如果有越來越多的民眾注意到可口可樂與國際古柯貿易的關聯，一定會變成外部隱憂。[26]

將品牌與禁運物質劃清界線

這樣的恐懼，到了一九三七年更加升溫，當時聯邦麻醉藥品局局長哈利．安斯林格（Harry Anslinger）建議設立管制單位，來監督第五號商品出口到美國境外的可口可樂工廠。安斯林格任職該局局長已有七年的時間，儼然成為可口可樂的朋友，想與可口可樂共同制定新的貿易法規。他認為，聯邦麻醉藥品政策有可能會禁止第五號商品出口到海外經銷廠，該政策目前懸而未決，而設立新的單位可以保護可口可樂不受政策改變的影響。

前述的法案修正案最後未能過關，但是可口可樂對安斯林格的計畫自始至終也一直十分猶豫，原因在於這項計畫認為，可口可樂公司很可能會被人和其他麻醉藥品公司歸為一類，視為該修正案之受益者。可口可樂一直很努力撇清品牌與「禁運物質」之間的關聯，也不想要涉入可能會使自己和古柯商之間合作曝光的政府計畫。聯邦政府越是關注國際古柯販賣的議題，梅伍德化工能帶給可口可樂的障眼法就越重要，絕對不能放棄。[27]

不過，可口可樂要擔心的問題不只有曝光而已。第二次世界大戰後，海外的新發展也對供應造成隱憂。新設立的聯合國麻醉藥品委員會（United Nations Commission on Narcotic Drugs）對於國際古柯鹼販賣的管制日益嚴格。一九四七年，此機關成立古柯葉研究委員會（Commission of Enquiry on the Coca Leaf），專門研究古柯的出口模式與全球各地的古柯鹼生產情形。可口可樂害怕這會演變成新一波的國際古柯禁令。[28]

不只如此，祕魯政府逐漸要將管理國內古柯生產的工作拿回手中。南美洲極具影響力的醫療改革期刊《醫療改革》（*La Reforma Médica*）編輯暨泛美衛生聯盟（Pan-American Sanitary Union）副主任帕茲·索爾丹（Paz Soldán）從一九三〇年代起，就開始推動一項運動，要終結安地斯一帶古柯貿易長期由國外主導的情況。索爾丹提出，成立由政府經營的新組織，負責向祕魯生產者購買古柯，並管理對國際買家販售的事務。這是一場長期抗戰，但在一九四九年祕魯政府通過第一一四〇六號法令（Decree-Law No. 11406），產生政府古柯壟斷組織 Estanco〔該組織即為後來的全國古柯收購公司（National Coca Enterprise），又稱為 ENACO〕。[29]

可口可樂認為，這些新成立的國家機關與國際反麻醉藥品組織所抱持的目標，都可能動搖可口可樂身為買家的獨大地位。奧勒特對此十分警覺，並在一九四八年二月於公司備忘錄中寫著，此時距離 Estanco 的消息正式宣布，也才過了幾個月。他不喜歡各國政府與聯合國針對麻醉藥品再次關注，也預測祕魯與世界各地禁止古柯葉種植和採收，是完全有可能的事，不久後就可能會發生。奧勒特還表示：「無論古柯萃取物之實質功效為何，如此發展將導致嚴重後果，可能造成可口可樂公司一蹶不振。」[30]這麼煩惱是否值得？畢竟，古柯葉對於可口可樂的風味有多重要？所有證據都顯示，並不是非常重要。的確如此，為可口可樂製造去古柯鹼的古柯葉萃取物過程，聯邦麻醉藥品局局長安斯林格知之甚詳，他表示：「製造的古柯萃取物數量如此有限，而販售與出口的可口可樂萃取物數量如此龐大，兩者相比，顯然前者對最終風味的影響微乎其微，之所以會持續使用，搞不好只是因為要讓該公司能在名字中保留已花費數百萬元行銷的 Coca 一字。」[31]

安斯林格說得沒錯，可口可樂看重古柯葉，並不是因為古柯葉讓可口可樂有什麼特殊風味，而是因為古柯葉是重要的材料。以曾為該公司著書立傳的作者佛德瑞克・艾倫（Frederick Allen）的話來說，古柯葉是「配方受人狂熱崇拜之處」。一九四八年，奧勒特曾說明公司處境，表示如果可口可樂不再使用古柯成分，所造成的心理衝擊將會導致嚴重後果。[32]

可口可樂無法捨棄古柯成分，接下來二十年公司還會實驗新的方法來獲得這個特殊成分。一九四八年，奧勒特提出可能解決方案，包括讓公司加強生物科技研發。他建議每年投入適當金額，視必須情況嘗試研發出一種古柯作物，葉子裡有公司想要的風味，卻又不帶有古柯鹼等麻醉物質。對奧勒特來說，這項投資十分重要，即使花費可觀也完全合理。[33]

找出禁忌成分的替代品

可口可樂想找出方案來代替祕魯供應的原料，並不是第一次。一九一〇年，可口可樂就想過用爪哇生產的古柯葉，結果卻發現這些葉子有怪味。接著，在一九三七年初，海斯寫信給小伍德瑞夫大力推薦巴西的古柯葉，說未來要是碰上短缺，就可能是救命符，並且表示「明瞭自己只有一項符合需求的來源，或是還有其他可用的選擇，將會帶來好處」。但是，巴西的古柯葉也一樣短缺，看來似乎沒有其他地方的古柯葉比得上祕魯特魯希略生產的葉子。[34]

化學也無法解決這個問題。一九五〇年代，曾嘗試分離出不含古柯鹼的古柯成分，結果卻徒勞無功。這些計畫都由梅伍德化工在完全保密的情況下進行，詳細的內容不得而知。一九五九年，海斯僅呈報「幾年前，在我們請託下，由梅伍德化工進行實驗，試圖找出這項禁忌成分的替代品，但是並不成功，一方面是因為成品品質未達標準，另一方面則是因為就算達到標準，我們仍然可能由於改變配方而遭致一直想避免的困境」，也就是生產第五號商品所需的原料中含有古柯鹼。即便如此，海斯還是堅持可口可樂要繼續資助梅伍德化工的運作：「我是外行人，但是個人以為，就算成功機率不到一半，也應該讓這些科學家繼續研究。」[35]

雖然可口可樂想盡辦法要找到不含古柯鹼的古柯灌木，但是直到一九五〇年代晚期以前，公司最後其實都能透過祕魯供應商滿足其採購需求。聯邦麻醉藥品局繼續保護可口可樂對祕魯的貿易，而因為新買家無法進入受管制的市場，可口可樂的這個特殊成分也就一直維持低價。

不過，可口可樂也從未放棄種植不含古柯鹼的古柯。一九六〇年代，可口可樂開始與斯泰潘化學公司洽談（梅伍德化工現在歸斯泰潘化學公司所有），想要再次開始搜尋自然界中不含古柯鹼的古柯。可口可樂也在一九六二年秋天，開始與聯邦麻醉藥品局討論這個可能性。

可口可樂的提案很驚人：在美國國土上祕密開發古柯田。海斯此時已六十多歲了，仍然在公司做事，他為小伍德瑞夫擔任軍師已邁入第三十個年頭，他在一九六二年十月回覆麻醉藥品局局長亨利．佐丹奴（Henry Giordano），表示維京群島可能是該計畫的合適地點。藉由比較美國維京群島的古柯作物與祕魯的古柯作物，可口可樂可能會更了解哪一些土壤、緯度、溼度、溫度、肥沃度的組合，有助於生長出風味強烈的葉子，如生物鹼含量低更佳。[36]

這樣的提議有可能幫助美國推動反麻醉藥品的計畫，因此聯邦麻醉藥品局很感興趣。該局的約翰．馬艾（John Maher）對此計畫表示支持，並解釋若能改變古柯植物的生物鹼成分，此案值得關注，如果成功，絕對有功於科學。[37]佐丹奴局長也加入其中，到了一九六三年春天，可口可樂開始與聯邦政府交涉，希望能推動這個計畫。同年四月，海斯聯絡佐丹奴，說明維京群島不適合種植古柯。他主張要更妥善解決緯度不夠高的問題，夏威夷比維京群島更好，並要求以考艾島（Kauai）作為未來的實驗地點。[38]

這次可口可樂同樣不想要親自管理任何與原料製造有關的事務，特別是古柯葉，於是找來多個政府與民間的夥伴，參與這項位於夏威夷的投資。這次投資稱為「阿拉基亞計畫」（Alakea project），當時的研究合約經由夏威夷大學、聯邦麻醉藥品局、可口可樂及斯泰潘化學公司四方協商，當中明定不將可口可樂列為計畫關係人。

威廉．托倫杰（William Tollenger）是聯邦麻醉藥品局檀香山分局的麻醉藥品專員，他表示將由夏威夷大學熱帶農業系主導這項研究。而且，所有的研究資金都會直接來自斯泰潘化學公司的梅伍德化工部門，這樣一來，可口可樂的名字大概就不會和古柯葉有所關聯了。這樣隱藏關係，美國聯邦政府也有自己的理由。一九六三年並沒有聯邦法律禁止在美國國土種植古柯葉，而聯邦麻醉藥品局害怕阿拉基亞計畫會造成模仿風潮。佐丹奴局長甚至認為，如果這個計畫在夏威夷成功，美國聯邦政府就應該專門訂定新法，禁止在美國種植古柯，除非種植目的與研究有關。[39]

在美國種植古柯的祕密計畫

位於檀香山的夏威夷大學高層並不喜歡草案中的保密條款。合約條款規定不可以列出與可口可樂的關聯，該校校長湯瑪士．漢彌爾頓（Thomas H. Hamilton）針對這一點，堅持校方恕難從命。漢彌爾頓寫信給奧勒特表示：「羅森堡（Rosenberg）主任告訴我，閣下不希望在計畫中出現可口可樂的名字。校方自然不會主動提供此項資訊，但是另一方面，若有人問起，我不得不回答。本校為公立學校，不能有隱匿之事！」漢彌爾頓還說：「這樣的補助款項必定要經過討論，但是我們不會透露更多的細節。」他並建議將計畫名稱由阿拉基亞改成古柯的學名，才不致「引起好奇」。就這樣來來回回數次。[40]

該大學不願合作，讓可口可樂高層很憂心。副總裁奧勒特是該公司駐華府的大使，深受小伍德瑞夫信任，曾於第二次世界大戰期間為可口可樂爭取到免除用糖限額，他於一九六四年一月寫信給佐丹奴，點明他的擔憂：「此合約提案與說明信中的幾點事項令我們十分關切，尤其擔憂校方不願同意不會發表任何實驗或實驗結果。」他向佐丹奴尋求建議，想知道應該怎麼說或怎麼做，才能說服該校，由於狀況特殊，校方應願意進行研究並承諾不公開。佐丹奴回應，若要聯邦麻醉藥品局支持阿拉基亞計畫，夏威夷大學就要同意保密條款。他說這事關國家安全：「如世人得知有此計畫存在，可能會造成非法種植古柯葉，並因此出現許多古柯鹼。此外，根據條約與美國進行反毒合作的國家，也可能誤會美國批准此研究案的本意。」[41]

奧勒特提出國內古柯鹼生產將會一發不可收拾，而美國外交關係亦將惡化，以此為理由向漢彌爾頓施壓，要求他不要說出可口可樂其實是主事者之一。奧勒特表示，遵守保密原則符合公眾利益，國內、國際皆然，他也言明，這項計畫要推動，就一定要取得漢彌爾頓同意，不能在計畫文件或公開聲明中提到可口可樂。[42]

這步棋下對了。一九六四年二月，漢彌爾頓寫信給奧勒特，闡明他可以不公開已列為機密的計畫，「而此案由於佐丹奴局長指出如此做法符合公共利益，因此我似乎有充分的理由這麼做。」[43]

奧勒特雖然欣喜不已，但仍重申若要可口可樂支持這項計畫，就一定要對該公司的角色完全保密，他說：「我們覺得，若此協議以斯泰潘化學公司旗下梅伍德化工部門的名義執行，如有人問起與計畫贊助者相關之問題，該公司的名號即足以回應。可口可樂居間促成各方簽訂協議一事，我們認為，除了各相關方及麻醉藥品局以外，與其他人並無任何關係。」[44]

到了一九六四年五月，夏威夷大學、斯泰潘化學公司與可口可樂已擬定各方都滿意的保密條款。這個版本的合約明定：「該研究計畫如要出版或公開，都必須事先取得本協議各參與方的同意，否則一律禁止。」其中有一節列出計畫資金來源，以斯泰潘化學公司為主要出資者，出資十萬五千一百美元，自一九六四年起分四年付清。同年十二月，聯邦麻醉藥品專員托倫杰的報告指出，夏威夷古柯計畫開始進行。[45]

根據協議條文，可口可樂並不購買用於在夏威夷種植古柯的土地，也不提供監督計畫的人力。上述人力、物力皆來自夏威夷大學，由其提供科學人才及公有的實驗中心。這一系列實地研究有些地點位於該校的里昂林園（Lyon Arboretum），這裡原本是一座很老舊的牧場，一九一八年起由夏威夷糖類種植者協會（Hawaiian Sugar Planters Association）著手修復；其他實驗的地點包括佛斯特植物園（Foster Botanical Garden，由檀香山市所擁有），以及該校位於考艾島的實驗站。最後，由學校高層將四地的古柯葉送往斯泰潘化學公司處理。[46]

一九六五年四月二十一日至五月三日之間，夏威夷大學的農業經濟學家回報，在該校所擁有的各種植地點生存的古柯樹叢，超過一百零一株。照此情勢看來，可口可樂似乎即將要掌握一項可靠又便宜的國內古柯葉供應源，而且其種植與配送全由聯邦麻醉藥品局管轄，全然不必擔心開發中國家的政治局勢有各種突發狀況。[47]

但是，大自然很快插手。在夏威夷種植古柯之後，十年內可口可樂就發現有種神祕的真菌正逐漸摧毀在考艾島上種植的所有古柯。之後發現這種真菌是尖鐮胞菌 EN-4 型（Fusarium oxysporum EN-4），真菌將毒素注入古柯根部，破壞植物細胞，藉此攻擊古柯灌木，導致作物枯萎。尖鐮胞菌 EN-4 型之所以特別具有破壞力，是因為它能在土壤裡存活許多年，使得夏威夷大學的農經學家無法再種植任何新作物。可口可樂的祕密古柯田就此成為泡影。[48]

可口可樂默默放棄這個位於夏威夷的計畫，而斯泰潘化學公司約十萬美元的資本投資也變成損失的研究成本。不過，由於美國聯邦與地方政府對此計畫的協助，將損失減到最小。用來執行計畫的公有土地價值降低，可口可樂與梅伍德化工都不需擔心。各個實驗地點因為真菌病情肆虐，只能休耕，而這兩家公司因為土地並不歸它們所有，因此沒有義務將其復原。兩家公司就這麼撒手不管。[49]

結果，阿拉基亞計畫的失敗並未影響可口可樂取得古柯葉的能力，雖然本來擔心聯合國或 ENACO 的干預會讓可口可樂失去安地斯的供貨商，但是這件事從未成真。ENACO 到頭來還是尊重斯泰潘化學公司與當地盤商的合約，並未要求增加可口可樂的古柯葉價格。聯合國與可口可樂還有斯泰潘化學公司，也一直努力不讓反麻醉藥品計畫影響這兩家公司原有的貿易。

不過，這個結果得來不易。兩家公司都派遣許多代表參加聯合國在一九六一年為制定《麻醉藥品單一公約》（*Single Convention on Narcotic Drugs*）所召開的會議，此公約的目的在於限制國際管制藥品販運。斯泰潘化學公司的主管哈通與海斯都在場，兩位都大力遊說，希望能保住豁免權。為了得到保護，可口可樂與斯泰潘化學公司心甘情願支持聯合國補助的消滅古柯計畫，要打擊南美洲的非法生產者。

一九六六年，斯泰潘化學公司的副總裁唐納德．法蘭西斯（Donald H. Francis）表示全心支持：「無獨有偶，我們的商業利益與聯合國、美國政府的社會利益竟然一致，都認為應有效控制古柯，並消除濫用與非法製造古柯鹼的情形。」法蘭西斯也讚揚ENACO，表示雖然斯泰潘化學公司不歡迎該機關在一九五〇年代的干預，但是他的公司已學會如何與之合作，並了解其需求。[50]

阿拉基亞計畫失敗後，斯泰潘化學公司繼續在政府監督下，為可口可樂向祕魯的供應商採購古柯葉。到了一九八〇年代，斯泰潘化學公司是美國唯一一家有執照可以加工古柯葉的公司，因此一切都掌握在它的手上，而它製造的去古柯鹼古柯葉萃取物全都進入可口可樂的飲料中。競爭對手一直想要取得斯泰潘化學公司的貨源，卻都徒勞無功。一九六四年，海斯稱讚斯泰潘化學公司不斷努力「踢開」想來買古柯葉萃取物的飲料業競爭者。在海斯看來，可口可樂與斯泰潘化學公司的獨家合作關係，「讓想要搭便車的人白忙一場」。看來，可口可樂身為買家的獨大地位已經鞏固。[51]

得不到一%回饋的真正輸家

真正的輸家是祕魯種植古柯的農民，他們不僅貧窮，很多時候還身陷危機之中，必須與南美洲的毒販合作。安地斯一帶的古柯農民命運幾乎不掌握在自己手中。合法的國際古柯貿易根本就不存在，而古柯農民面對的買家又有強大的武器可以把價格壓得奇低無比：可口可樂的合約背後有祕魯與美國政府當靠山，而販毒集團則是靠著機關槍和手榴彈來取得所需的古柯。有一項研究顯示，一九八五年至一九八八年之間，販賣古柯與古柯鹼的所有收益，只有不到一%回饋到祕魯、哥倫比亞、玻利維亞的窮苦農民身上。[52]

祕魯農民想要的是在開放市場上販賣自家產品的自由，這裡似乎有無限的可能，有很多產品都有潛在的市場價值，從古柯茶到糖果、麵粉，都可以為種植者賺錢。但是，想要讓這些產品進入市場，反麻醉藥品政策勢必得有所改變。

到了一九九〇年代，許多運動人士與非營利組織開始反對將古柯葉貿易非法化。祕魯科學家與政治運動家都呼籲由政府委託研究，藉此重新思考是否應限制合法古柯銷售。在玻利維亞，古柯農民埃沃．莫拉萊斯（Evo Morales，目前玻利維亞總統）經營古柯農民的工會，工會開始抨擊政府支持的消滅古柯計畫。這些運動人士全都大力主張，這種原產於安地斯山的神聖作物，應重新評估其價值，並且深信除罪化是創造國際新需求的關鍵。他們主張，古柯復興將會為國內貧窮的農民帶來可觀的報酬。[53]

然而，直到二〇一四年，改變仍然不大。一九六一年，聯合國決議限制古柯葉交易，該決議至今依然有效，這件事讓安地斯一帶窮苦農民的狀況雪上加霜，但對可口可樂來說卻是好事。可口可樂公司繼續壟斷合法的古柯出口，價格也維持在低價。可口可樂也許對祕魯的古柯沒有法定擁有權，但卻有次佳的權利：獨家取得權。

表面上看起來，這樣一種被視為禁忌的農產品，可口可樂居然一直緊抓不放，實在奇怪，畢竟這項原料對祕密配方的貢獻實在不大。當然，可口可樂大可偷偷去除古柯萃取物而不引起大眾注意。畢竟，也沒什麼人知道可口可樂背後與古柯的關聯。公司內部有些人也同意這個看法。一九八五年，可口可樂推出稱為「新可樂」（New Coke）的飲料，一心想奪回過去數年被百事可樂搶走的市占率。可口可樂相信，推出口味更甜的新一代可樂，可以刺激銷售，幫助可口可樂除去主要競爭對手。不只如此，新可樂還可以解決可口可樂的另一個問題：讓公司不再依賴古柯葉萃取物。當時，雷諾．雷根（Ronald Reagan）總統向毒品宣戰的政策越演越烈，將來似乎會影響可口可樂公司與祕魯古柯農之間的關係，既然可口可樂想要改變祕密配方，公司高層就想著，乾脆直接拿掉第五號商品。[54]

說得直白一點，新可樂奇慘無比。雖然大張旗鼓行銷，但是消費者的抱怨卻排山倒海而來。大家都想要「原本的」可口可樂。超過四萬名的可口可樂忠實顧客打電話到該公司的客服專線，抗議公司更換產品。他們喊道：「我們要真的可口可樂，那才是可口可樂。」最後，公司別無選擇，只能聽話地很快換回原本添加微量古柯成分的配方，現在稱為「可口可樂經典款」（Coca-Cola Classic）。55

就算在「新可樂」事件之前，該公司曾考慮試驗新配方，一九八五年後它已決定全心保存可口可樂經典款的風味。看來，要拿掉一項禁忌成分，這種改變配方的做法並不如有些人想得那麼簡單。可口可樂不斷吸收大量的祕魯古柯葉來製作機密的第五號商品，但是這樣的貿易幾乎沒有人知道，而這才是可口可樂真正的祕密原料，是該公司獨一無二、又看不見的合作夥伴關係，讓一切成為可能。

第五章

挑戰自然的化學實驗

——不耗費任何成本的失敗

可口可樂在第二次世界大戰後，試圖隔離出不含古柯鹼的古柯灌木。這並不是該公司第一次嘗試改造自然，以滿足供貨需求。早在一九三〇年代，由於擔心其他供貨的管道即將出現短缺，公司內部出現各種具創意的討論，商討把重要成分（特別是咖啡因）交給實驗室合成的可能。公司創立還不到五十年，就已經開始打破自然環境所加諸的限制，將會在全球化學鉅子的企業實驗室中尋求救贖。

直到一九二〇年代末，可口可樂的咖啡因原料大部分仍然向孟山都化工購入，但是有一件事卻逐漸浮上檯面：孟山都用來生產咖啡因的原物料（也就是茶渣），無法因應未來的需求。在進步時代，與反咖啡因健康改革人士的鬥爭，使得可口可樂的銷售成績在咆哮的二〇年代暴增，公司需要更多的咖啡因。因此，孟山都化工提議，在供貨中加入一種實驗室生產的新咖啡因。

自一九〇七年起，美國化學公司就開始實驗如何從可可鹼提煉咖啡因；可可鹼是一種存在於可可豆裡的興奮劑，而可可豆則來自於熱帶的可可樹果實。在提煉過程中必須加入各種碳氫化合物，進而改變可可鹼的分子結構。梅伍德化工自一九一一年就開始使用可可鹼來生產咖啡因，主要仰賴荷蘭與德國的廠商供貨，因為他們擁有大量來自國內巧克力產業的可可廢渣庫存。可可廢渣實質上是一種巧克力公司丟棄的有機物質，因為這些公司想要的只有可可豆中含量豐富的可可脂與可可塊。

到了一九二〇年代，孟山都化工也開始從可可廢渣中提煉咖啡因，該公司由於必須購置新的基礎設施，因而投入大筆資金，在一九二五年斥資超過二十萬美元，興建一座位於維吉尼亞州諾福克（Norfolk）的可可鹼萃取廠。該工廠十分令人嘆為觀止，內部包括放置可可豆的大倉庫、研磨原物料的磨豆廠，以及一系列的萃取與蒸餾設備，讓孟山都得以分離出可可豆的各種化學成分。整座工廠沿著諾福克拉法葉河（Lafayette River）河岸，綿延逾二十二畝的廣大面積。該公司相當樂意做出這樣的投資，因為相信想要購買其產品的買家，在未來幾年將會越來越多。[1]

人工與天然咖啡因的兩難

一如往常，可口可樂讓他人來做高風險的投資，並且經過審慎評估後，才會決定是否採取新的購買政策。公司的總裁小伍德瑞夫一開始十分猶豫是否要購買可可鹼製造而成的咖啡因，因為他認為大眾會覺得這種成分並非天然，還會抨擊公司在飲料中摻入合成的化學物質。

誠如第三章所述，該公司此時才剛和美國農業部化學局為了可口可樂的純正與否打了一仗，並以咖啡因是可口可樂的「天然」成分為說詞，作為主要辯護論點。可口可樂的辯護律師聲稱，公司使用的咖啡因與咖啡或茶中的咖啡因如出一轍。因此，小伍德瑞夫擔心，如果公司現在改用新形式的咖啡因，而且還是一種從實驗室裡製造出來的咖啡因，可口可樂可能又會身陷另一波來自純淨食品與藥物狂熱運動者的新攻擊之中。

孟山都的創辦人昆尼努力向小伍德瑞夫保證，使用可可鹼製成的咖啡因，絕對不會危害可口可樂的商譽。昆尼還引用許多知名科學家的報告，解釋道：「一聽到『合成咖啡因』這個詞彙，每位化學分析師首先想到的，都是用化學物質徹底合成所製成的東西。」如果小伍德瑞夫選擇在產品中使用可可鹼製成的咖啡因，他保證可以適切地做出肯定聲明，表示可口可樂使用的原料是天然的，而非做出否認宣告，說可口可樂中並未使用合成產品。他在信末以朋友般的語氣收尾。

小伍德瑞夫有理由信任昆尼，畢竟可口可樂與孟山是一起成長的。自從一九〇一年起，可口可樂就一直是孟山都的客戶，在一九〇三年與一九〇五年買下這家位於聖路易公司的全部庫存糖精，還持續購入大批人工甜味劑和咖啡因，幫助孟山都度過草創時期。昆尼知道可口可樂成就了孟山都，所以絕對不會破壞這種能讓公司持續成長茁壯的關係。[2]

原物料下跌帶來獲利倍增

當昆尼向小伍德瑞夫保證新咖啡因絕對不會為可口可樂帶來任何問題時，他的承諾可說是分量十足。於是，小伍德瑞夫答應購買這項新產品，可口可樂也因此在購買使用可可廢渣加工製成的咖啡因上，成為未來幾年全世界最大的單一買家。有了茶渣與可可廢渣這兩種天然供貨來源，可口可樂就成功地以空前低價購入咖啡因，從第一次世界大戰前每磅超過三美元，降到一九三三年每磅一．六五美元。

在一九三〇年代與一九四〇年代剛開始的前幾年，可口可樂悠遊於物價下跌的市場之中，並且持續囤積咖啡因，其購入價格低於二十世紀初。直到第二次世界大戰爆發，都一直維持在每磅一．五八美元至二美元的價格。廉價的原物料加入同樣價值五美分的產品中，意謂著淨利更多了：從一九三四年的一千四百萬美元，成長到一九三九年的二千九百萬美元。[3]

身為忠實顧客的可口可樂，取得孟山都的特殊待遇，是只有摯友才會給的優惠方案。此時，埃德加．昆尼（Edgar Queeny）已取代父親成為孟山都化學公司（於一九三三年改名）的領導者，並且與小伍德瑞夫建立更密切的關係。他常和小伍德瑞夫一起打獵、釣魚，並且時常寫信給對方，訴說彼此的家庭近況，像是「你提議十二月時到阿肯色州獵鴨，我覺得非常棒」、「再次感謝你送我們鮭魚」。他們有很多共通點，兩人都在進步時代的南方地區成年；兩人都接手自己父親所經營的生意；兩人都喜歡在樹林中閒晃。這是一段很特別的關係，而它也帶來某些生意上的優惠，就是咖啡因的便宜價格。例如，一九四二年初，可口可樂從孟山都買進咖啡因的價格是一・六一美元，而百事可樂拿到的報價卻是二・一八美元。[4]

給予可口可樂特殊優惠，讓孟山都損失了不少錢。這家位於聖路易的公司在工廠上投資數十萬美元，一九三五年時粗估就耗費五十萬美元，同時對於如何從咖啡因生意中獲得更多報酬，孟山都也感到十分有壓力。孟山都期待可口可樂伸出援手，於是在一九三五年的夏天，小昆尼寫信給小伍德瑞夫，向他表明孟山都在過去的投資中只獲得微薄利潤：「你在吸墨紙上稍微計算一下，就知道我們目前給的這個價格是真的無利可圖。」考量到孟山都巨額投資的基礎設施對可口可樂的成長有多麼關鍵，小昆尼相信小伍德瑞夫會願意援助長久以來的生意夥伴更多金錢。[5]

可是，雖然小伍德瑞夫的確把小昆尼當成好友，不過他對孟山都化學公司的忠誠也卻僅限於此。到了第二次世界大戰爆發時，可口可樂公司已經是世界上最大的咖啡因買家，每年使用九十萬磅以上的咖啡因。孟山都雖然是可口可樂的主要供應商，在一九三九年與一九四〇年分別供應三十萬磅和三十六萬磅的咖啡因，不過小伍德瑞夫也會依靠孟山都的競爭對手來滿足需求。可口可樂會向紐澤西州的梅伍德化工購買，也會向國外廠商，像是總部位於巴西的奧基馬（Orquima）購買。一九四二年秋天，可口可樂在咖啡因購買帳冊上列出六家主要的供應商。[6]

第二次世界大戰期間，可口可樂別無選擇，只能向孟山都的競爭對手求助。就如同第一次世界大戰時一樣，可口可樂的貨源出現危機，公司必須考慮使用新方法，取得飲料產品的主要成分。可口可樂的驚人銷售成長有一大弊病，就是戰前幾乎沒有咖啡因庫存，因此珍珠港遭到偷襲後，無可避免地出現的數年市場供貨短缺現象，對公司影響甚大。[7]

雪上加霜的孟山都

橫跨大西洋的運輸遭受諸多限制，切斷茶葉與可可廢渣的進口，為可口可樂的主要咖啡因供應商帶來重大危機。孟山都大部分的可可廢渣來自於荷蘭的巧克力製造商，只有少量出自英國；茶葉廢渣主要也是從歐洲供應商而來。一九四一年十二月，孟山都寫信給可口可樂的採辦負責人賀拉斯．嘉納（Horace Garner），解釋因為原物料短缺，孟山都只能提供合約上一半的數量。十一個月後，戰時製造委員會的飲料及菸草部門報告，國內的咖啡因製造商「真的是在『刮乾抹淨最後一點庫存』，因為他們的咖啡因原物料來源就快要沒了」。[8]

孟山都還面臨另一項資源短缺：人力資源。位於諾福克的可可鹼萃取廠需要一百二十位以上的員工來運作，但是美國政府卻將經驗老到的員工徵召到海外服役。一九四一年至一九四四年間，公司因為軍隊徵召而損失二十六名員工。結果，孟山都轉而「雇用少數族群」，甚至到了一九四四年，雇用多達十三位女性在工廠工作；而在一九四一年時，女性員工也才不過兩位。但是，即使如此，公司還是難以與海軍基地爭奪人力。可口可樂或許不需要大量員工來經營戰時的糖漿工廠，但是孟山都卻需要更多員工（其中包括女性），才能擴大咖啡因生產。[9]

隨著供貨與勞工短缺的情形日益嚴重，咖啡因的價格也翻漲了四倍，但是這一次可口可樂願意以任何價碼購買。一九四二年十二月，公司的咖啡因庫存只能供應二十六天的生產。面對咖啡因貨源已全數用罄的危機，可口可樂想要以每磅七美元的價格來購買這樣產品中的主要興奮劑，也就是一九四二年初購入價格的四倍。但是，孟山都與梅伍德真的沒有貨源可以滿足老主顧們，因為大部分的生產都要保留給政府，供美軍使用。[10]

因應戰時的解決之道

可口可樂需要徹底的解決辦法，而公司高階主管海斯提供一個方法：准許使用由煤焦油中的化合物所合成的替代物。煤焦油是煉煤過程中產生的副產物，為一種黑色的黏稠液體。想到可可鹼製成咖啡因的成功經驗，海斯抱著希望，認為現代的化學技術可以再次解決咖啡因取得上的棘手問題。當時，有許多化學公司已經開始實驗以煉煤副產物來合成咖啡因，但是沒有任何一家公司證明這種做法可以省錢。

一九四二年秋天，海斯找來美國氰胺公司（American Cyanamid Company）、杜邦（DuPont）與默克位於紐約的子公司，討論建造一座合成咖啡因處理廠的可能性，但是這次談話卻讓他大失所望。三家公司都想打消海斯的念頭，表示要打造並經營這樣的工廠需要相當可觀的資金投入。海斯難過地做出結論：「要把這種工廠快速完成，並且具有適當規模……可能性幾乎是零。」[11]

小伍德瑞夫只好接受剩下的唯一選項：再次降低可口可樂中的咖啡因含量。到了戰爭尾聲，一份可口可樂只含有約十六毫克的咖啡因，比戰前含量少了六成，而且幾乎是今天十二盎司容量的一半。然而，這種咖啡因的減量做法只持續到一九四五年。之後，越洋貿易開放，讓孟山都與梅伍德得以重新和海外的茶葉及可可廢渣供應商訂立國際購買協議。訂價馬上下跌到每磅約五美元，但是之後再也沒有繼續跌價，主要是因為對於這些原物料的需求已經增加了。[12]

市場的情況在戰後改變了。巧克力與茶葉公司開始處理自己的廢棄物，而非賣給別人，因為它們發現自己也能透過將廢棄物變成黃金而大賺一筆。位於肯塔基州的唐肯海因斯（Duncan Hines）公司生產現成的巧克力蛋糕粉，而瑞士的雀巢（Nestlé）則賣起熱巧克力粉，兩者都利用可可廢渣；茶葉公司也開始販售內含破碎茶葉的茶包。早在一九〇八年，一些小廠商就已經在販賣沖泡茶包，但是在戰後大品牌才進入市場。到了一九五二年，立頓（Lipton）已為其「四邊」（Flo-Thru）茶包申請專利；又過了一年，世界上最大茶葉經銷商之一的特立（Tetley）也開始在英國販售茶包。這些廢棄物曾被視為賣給化學處理公司的廉價商品，現在搖身一變成為有品牌、有利潤的消費性商品。可口可樂及其生意夥伴無法控制消費者品味的改變，但是供貨問題卻再次對可口可樂未來的獲利產生嚴重威脅。[13]

形塑商業成長策略

到了第二次世界大戰尾聲，可口可樂已經不再是一九一〇年代時，面臨咖啡因與糖供貨短缺的那家公司，現在擁有大量資金來因應所面臨的問題：它光是在一九四五年，就有二千五百一十萬美元的淨利。理論上來說，可口可樂就能在咖啡因的生產設施上，投入史無前例的巨額投資；針對這個問題，也可以比過去花費更多金錢來解決。

不過，已經走過五十九個年頭，可口可樂也有了自己的發展史，高階主管開始會記住這些日子以來建立的生意經，也就是那些曾在公司前半個世紀成長期帶來豐碩成果的生意手段。在一九一〇年代，公司曾經平安度過許多風暴，在笨手笨腳、錯誤百出中找到解決之道，以一種埋頭苦幹的心態深入問題，但是時常缺乏數據資料用來做出安全無虞的商業決策；現在，可口可樂能回顧過往，以前車之鑑規劃謹慎的政策。公司再也不是在不知不覺中受益於可口可樂資本主義：它已經開始有意識地形塑新的商業成長策略。[14]

一九四五年，經營公司的是強而有力又經驗豐富的領導者——小伍德瑞夫，他仍是公認的老闆。小伍德瑞夫於一九三九年曾經短暫將總裁的位置交給亞瑟．阿克林（Arthur Acklin），阿克林曾任職於美國國稅局，因此幫助可口可樂在一九三〇年代減少所得稅。然而，小伍德瑞夫從未完全拋開對公司的掌控，在戰爭期間一直都擔任董事長。當阿克林懇求卸下這個因戰後而變得充滿壓力的位置時，小伍德瑞夫變成過渡時期的總裁。一九四六年，小伍德瑞夫指派新的最高領導者，但是自己仍留在董事長的位置上。他也持續享受忠心耿耿的主管對他的支持，如海斯與奧勒特等充滿公司共同回憶的人們。任何對可口可樂有一點認識的人，都知道小伍德瑞夫和他的同黨仍然掌控大局。[15]

小伍德瑞夫與公司長久以來的忠誠人士檢視可口可樂過去的歷史，發現與其在公司內部自行解決問題，不如將問題委外解決，讓其他公司來實驗尚未測試的風險，而不是事必躬親。而且，他們都知道可口可樂很會說服其他公司執行它所吩咐的事。到了第二次世界大戰尾聲時，可口可樂已經與許多供應商培養數十年的商業夥伴關係，他們全都渴望留住可口可樂龐大的訂單。

重新開發合成咖啡因

除了購買能力以外，小伍德瑞夫還是許多供應商的私人好友，因此他知道只要需要幫助，就能隨時找到人幫忙。以孟山都為例，小伍德瑞夫就有小昆尼這個朋友，他能鼓勵小昆尼投資生產實驗性質的合成咖啡因，而可口可樂最後到底會不會買下孟山都製作的成品，卻從來沒有寫在白紙黑字上，但是小昆尼認為小伍德瑞夫一定不會讓他陷入困境。

一九四五年，孟山都重拾努力，重新開發合成咖啡因的生產設施。這家位於聖路易的公司希望創造一種生產系統，不會受到大自然、政府或國際經濟的變化莫測所影響，而它也相信可口可樂一定會對這樣一個穩定的供應來源感到欣喜若狂。根據孟山都的說法，新工廠將會遵循大自然的合成方式，使用的是各種來源的基本原料，例如木炭或焦煤、空氣、水、鹽與石灰。[16]

因此，孟山都開始一項昂貴的實驗。公司斥資一百五十萬美元建造一座位於聖路易的合成咖啡因工廠，於一九四八年冬天開始運作，並且把這樣成就稱為「另一次化學戰勝自然的勝利」。這項咖啡因生產計畫並非單一計畫，而是包含在更龐大公司策略中的一部分，目的是要生產化學產品，以取代稀少、多變、昂貴的天然產品。

正如孟山都的國際品牌經理所說，公司相信現代的大量生產體系，需要隨時能夠取得、供應可靠且高純度的原物料。如果這種策略能夠勝過自然，就必須一直做下去，因為產業需求將會超越自然未經事先規劃的生產方式。孟山都的全力投入，成為戰後數年多家新式化學製造企業的先驅，生產的消費性商品包括非皂鹼合成肥皂、合成橡膠及無機除草劑。合成咖啡因只不過是眾多商品之一，這些產品被設計成讓該公司可以「獨立」於國外供應商之外，並且不受大自然限制。[17]

合成產品的誘人之處

當然，可口可樂也同意孟山都的看法，知道不再依靠國際的茶葉與可可廢渣公司，可以降低可能威脅公司獲利的不測，特別是顧慮到戰後的海外政治變化，以及最近突發的環境災害。在政治方面，海斯於一九四八年一月寫道：「印度與巴基斯坦的分離，造成東南亞的社會和經濟情況陷入混亂，妨礙茶葉貿易。」在環境方面，象牙海岸，也就是可可樹種植的主要地區，在一九三六年至一九四九年間受到一種稱為腫枝病的樹疾肆虐，重創可可樹園，使得海斯所說的「即使尚未危急，也可稱為嚴重的供應不足現象」更是雪上加霜，農民損失慘重。

在現今的迦納，要復原可可樹園的費用總計高達二百八十萬美元以上。直到英國國會提供大筆補助款項，移除染病農園的得病樹株之後，農園才得以恢復。一如往常，自然災害重創最深的就是靠土地生活的人，他們常常因為植物疾病而失去一切；因為可口可樂並未正式承諾或投資這些農園，所以只要另覓其他供應來源即可。[18]

考量到這些現實情況，孟山都的合成產品應該會相當吸引可口可樂，但是小伍德瑞夫及其高層顧問仍然抱持保留態度。一九四八年四月，海斯寫給公司首席化學分析師西斯的信中，坦承可口可樂的高層仍在做決定，而公關部門目前暫不對外回應關於不使用這項原料的說法。無論可口可樂是否採用孟山都的產品，海斯都不希望這家化學公司中止生產。他希望合成咖啡因成為孟山都全部客戶都接受的產品，好讓用來製成非合成咖啡因的原物料價格大跌。

畢竟，化學公司之間的競爭對可口可樂來說是好事，倘若競爭對手認為孟山都擁有可付諸實現的合成產品，他們就會減價以吸引合約；如果這項合成產品終究還是宣告失敗，可口可樂也不會有損失。為這項實驗買單的是孟山都，而不是可口可樂。[19]

可口可樂最擔心的，是用來製造新合成產品的原物料，消費者能不能接受孟山都的咖啡因有一部分是合成自煤所衍生的尿素？畢竟尿素是一種富含氮，常見於人類尿液中的分子。可口可樂認為顧客無法接受。退休多年後，孟山都的科學研究人員威廉．諾爾斯（William S. Knowles）曾針對此一爭議做出報告。他表示，這種原料聽起來太像尿液了。如果有風聲傳出可口可樂使用一種可以在人類尿液中找到的分子，可口可樂就真的完了。因此，孟山都設立一項政策，禁止任何公開聲明提到合成咖啡因的初始原料或中介原料，希望藉此吸引可口可樂購買該產品。合成咖啡因的標籤上只寫著「無水咖啡因」，完全沒有提到合成來源。[20]

不管標籤上寫的是什麼名稱，可口可樂的高層相信，顧客會發現合成咖啡因與尿素之間的關聯。事實上，公司認為，如果可口可樂確實想要與這個以化石燃料為基礎的合成市場進行切割的話，揭露孟山都的生產細節可能反而會有利無弊。海斯相信，如此一來，可口可樂就會有更多的競爭優勢，可以對抗使用無水煤衍生物的競爭對手。[21]

孟山都的主動出擊

既然可口可樂遲遲不肯核准新合約，孟山都只好展開攻勢，證明可口可樂的國外供應商早在一九四〇年代末期，就開始偷偷運送大量以煤副產物製成的合成原料到可口可樂的糖漿工廠。為了證明這一點，孟山都開發出一套方法，使用最先進的碳十四年代測定技術，檢測咖啡因是來自化石燃料或天然植物萃取而成。這項新技術讓孟山都更確定，可口可樂來白海外的咖啡因有一部分其實是源自於煤炭，而非茶葉或可可廢渣。[22]

孟山都希望藉由披露這件事，迫使可口可樂接受國內供應商的合成原料，但是卻適得其反，在可口可樂公司內部掀起更嚴密的保衛運動，要確保未來的咖啡因供貨一定要符合「天然規格」。正如海斯所說，孟山都的探究逼得可口可樂在一九五〇年代時大幅擴大並加強品管分析，在全美三間卓越的實驗室裡，增加碳十四年代測定的設施。只要公司測出咖啡因樣本是來自於化石燃料，就會採取嚴厲的補救與預防措施，對付惹麻煩的供應商。[23]

繼碳十四年代測定技術的發現後，可口可樂再也不能對於採用人工還是天然原料一事，採取模稜兩可的態度。公司將賭注押在分子的純度上，並努力追求，因為它知道尖端新科技可以揭露分子世界的真相，不能再像以前那樣把消費者蒙在鼓裡。在威拉得·利比（Willard Libby）於一九四〇年代中開發碳十四年代測定技術之前，產品可以利用化學技術建構得看起來、嘗起來、聞起來都與天然食品沒有兩樣，而且無人能夠察覺；而今科學家可以看見可口可樂碳分子的細部，揭露合成物質模仿天然產物的事實。可口可樂雖然曾在一九五〇年代前考慮使用孟山都的無水咖啡因，但是現在卻把這個想法拋到九霄雲外。[24]

適得其反的結果

孟山都是這一場戰爭的輸家。可口可樂決定不使用該公司的無水原料，造成孟山都在一九五〇年代末期的重大財務損失。少了可口可樂這家全世界消耗咖啡因最多的客戶，孟山都根本無法讓投資回本。甚至，在一九三六年至一九五七年間，美國還讓進口咖啡因的關稅減半，使得國外供應商可以提供美國客戶極具競爭力的價格，而這樣的低價卻只能剛好打平美國廠商的生產成本而已。於是，可口可樂與西歐的新供應商簽約，以它無人能及的購買力來刺激全球化經濟的競爭。

結果，到了一九五〇年代末期，國際價格下跌到每磅只有二．五美元，而且因為新供應來源的出現，價格似乎還會在一九六〇年代時降得更低。由於可口可樂減少與孟山都之間的合約，這家化學公司無法因應負擔可可鹼工廠的經營成本。一九五六年，孟山都關閉位於維吉尼亞州諾福克的可可加工廠；到了一九五〇年代末，該公司的咖啡因銷售量只剩一九五五年的一半。[25]

孟山都的董事長小昆尼當然很不好過。一九五五年，他曾寫信給小伍德瑞夫，表示可口可樂拒絕購買孟山都大量庫存的咖啡因，這件事讓他心煩意亂。孟山都花費將近三百萬美元來興建諾福克工廠，這還不包括發電廠、道路及其他附屬設施。而這一切的建設，全部都是在可口可樂會繼續購買其產品的前提下完成的。他也訴諸兩人多年的友誼，表示：「有關於咖啡因，以及我們與可口可樂公司的合作關係，我不僅僅有物質方面的利益，還有情誼方面的考量。」他補充說道：「如果我無法讓你明白孟山都對可口可樂合約的需求……就表示我對孟山都的責任和我的友誼都太疏忽了。」[26]

小伍德瑞夫坦承自己毫不知情，他回信給小昆尼表示，自己並不清楚他在信中提到的情況細節。他答應會集合直接負責採購這項原料的人員，好好談談這個情形。然而，他在信末卻又表示自己的影響力不大，因為新總裁威廉・羅賓森（William E. Robinson）才剛上任，因此咖啡因的購買最終將由羅賓森負責決定。小伍德瑞夫向小昆尼保證：「同時，我希望你知道我很感謝你的私人情誼。」[27]

雖然小伍德瑞夫的字裡行間寫滿好話，但是他知道的其實遠比透露給小昆尼的還多。一九五四年五月，也就是距離這次魚雁往返發生不到一年之前，可口可樂的副總裁海斯寄給小伍德瑞夫一封信，全面綜述可口可樂公司的咖啡因採購。他解釋：公司在戰後已經進入「一場激烈持久的運動」，要找到新的供給來源，並且與許多新供應商簽約，也就是英國和其他西歐各國的國外廠商。公司一直都很清楚，自己能藉由促成海外新合約來影響國內市場，同時公司也相信：「持續性的採購正是我們用來不斷壓低價格的一項武器。」海斯向小伍德瑞夫保證，可以想見孟山都和其他國內廠商會因為這樣的安排而不開心，但是價格還在下跌，這對可口可樂來說就是一件好事。[28]

最終，小伍德瑞夫做出經濟上的選擇，批准與孟山都的競爭對手簽訂新咖啡因合約。在商言商，可口可樂還是想要獲得低價。一九四三年至一九五四年間，可口可樂花費四千六百四十萬美元購買咖啡因。可口可樂每年的咖啡因消耗量增加一倍，到了一九五五年，每年更是使用超過一百萬磅的咖啡因。如果可以向海外取得便宜咖啡因，當然勢在必行。買賣行為並不摻雜私人關係，公司交了海外的新朋友，留給孟山都一堆再也用不到的笨重機器。可口可樂信心滿滿地邁向未來，相信自己有能力以自身的購買力來控制全球貿易體系，它的手中掌握著全世界上百家企業的命運。[29]

堅持精簡的組織架構

二十世紀中期，這家奇怪的企業、這隻巨大的怪物，其寶貴的購買合約是如此重要，在在影響國際商品的市場價格，但是同時它卻沒有投資任何支持其成長的萃取工業、化學處理廠及廣大的裝瓶廠。一九四五年，可口可樂在美國的糖漿工廠，員工不到一千零六十位。事實上，在亞特蘭大糖漿工廠裡，只有七名員工被列在生產部門中。那一年，全球領可口可樂薪水的人加起來不到七千人。當然，有數百家獨立裝瓶廠商付薪水給員工，但是這些薪資成本從未出現在可口可樂的帳冊上。[30]

如此富有的企業，在製造與銷售上的開銷卻這麼低，把外部產業納入公司內的誘惑想必很大，但是公司的高層卻抵擋住這樣的誘因。經過半世紀的成長後，他們學到寶貴的一課：如果回過頭整合商品生產工業的所有權與管理權，將會十分冒險，充滿不可預期的陷阱可能會摧毀公司的利潤。在二十世紀下半葉，可口可樂將會利用它精簡的組織架構，將觸手伸入世界上其他尚未開發地區的新市場。

然而，透過授予經銷權與外包來擴展事業，會讓當地社區承擔很重的成本，這些成本不只出現在孟山都、梅伍德、好時或當地裝瓶商等公司的資產負債表而已。這些成本是由大眾買單，這些成本對可口可樂的顧客來說將越來越顯而易見。可口可樂可以疏遠一、兩家供應商，甚至強迫對方自行吸收鉅額投資損失，但是如果失去消費者的支持，它就賺不了錢。可口可樂需要世界，但問題是：這個世界需要可口可樂嗎？

PART II

1950～?

帝國的代價

到了二十世紀中葉，可口可樂的生意越做越大。一九五〇年，年度糖漿銷售總計超過一億三千萬加侖，是五十年前銷售量的三百五十倍，而公司也在一百多個國家成為提神清爽的公認象徵。同年，《時代》雜誌的封面是一個微笑的可口可樂標誌，正以其註冊商標的可樂玻璃瓶，灌餵它的碳酸飲料給全世界。圖片的含義十分清楚：可口可樂是一個無人可敵的全球品牌，在全球各地擁有主導權。[1]

結果，可口可樂擁有大筆資金，在一九五〇年的毛利為一億一千八百萬美元，而二十年前這個數字只有大約二千六百萬美元，因此可口可樂的主管想要好好善用這些資金。[2]

可口可樂的高層出現新面孔。幫助公司度過草創初期的元老正迅速變老，諸如海斯與小伍德瑞夫。當然，小伍德瑞夫還會繼續執掌公司好幾年，即使他在一九五五年正式退休，依然無疑是公司的老闆，但是新的領導者卻開始漸漸取得掌控權。他們來自長春藤盟校（Ivy League）的各大商學院，這些學校自從一九二〇年代起便開始在美國建立聲望。這些人充滿具感染力的企圖心，想要征服世界，並且相信一家管理良好的企業做得到任何事。顯而易見，可口可樂過去的成功，使得他們能在新的企業和新產品線進行實驗，於是他們就開始著手進行。

他們想要的不僅於此。他們檢視世界地圖，看到無限的未開發地區，上百個國家和數以百萬計的人民，都在等待他們傳遞福音。只要他們有管道，這些人就喝得到可口可樂。可口可樂的領導者願意投身這場聖戰，讓他們的產品就如同小伍德瑞夫所說的「想喝，觸手可及」。有了幾百家經銷商的幫助，他們就能夠把世界塗成一片紅色，讓可口可樂成為人類史上知名度最高的品牌。

可口可樂宣稱，稱霸全球對世界是好事一樁。這樣不只能讓購買者煥然一新，也能創造整條生產線上的工作、貿易及利潤給許許多多的人。在某方面的確沒錯，許多人的確因為販賣可口可樂而賺錢：海外零售商與裝瓶商在一九五〇年占可口可樂公司事業的三分之一，並在同年一共獲利一億五千萬美元。[3]

但是，這些事業將會付出極大的代價。隨著可口可樂將觸手伸入遙遠的市場，公司在當地社區消耗許多珍貴的自然與經濟資本。年復一年，可口可樂不斷要求更多的原料、土地、機器和廉價勞工，來讓它的生產體系維持運作。可口可樂創造的一切，已經多到自己無法應付，多到個別的供應商無法自行支撐。公司需要幫助，於是轉向大眾，要大眾吸收這些無止盡的成長所帶來的成本。但可口可樂不知道的是——人們是否願意承擔？

第六章

藍色金礦的枯竭

——用岌岌可危的水源製造的飲料

我和大學室友又溼又冷地走在孔巴托（Coimbatore）的暗巷中；孔巴托是南印度泰米爾納德邦（Tamil Nadu）的第三大城。我認識這位朋友很久了，他的家人都來自印度，而他參加這次冒險，充當我在這個陌生國度的翻譯。我們才剛結束一趟在帕拉克卡德（Palakkad）周邊茂密叢林的艱苦跋涉；帕拉克卡德是一個位於鄰邦喀拉拉邦（Kerala）的小鎮。我們在找一間可口可樂的裝瓶廠，它位於普拉奇馬達（Plachimada）這個與世隔絕的小村落，工廠已於二〇〇四年被當局關閉。村民聲稱，這間工廠吸乾井水、汙染河流。我們想要親自看看。

那天晚上，好不容易撐過一趟三輪嘟嘟車之旅，途中甚至還從一個水滿為患的水壩涉水而過。我們與普拉奇馬達的村民碰面，他們告訴我們，可口可樂工廠嚴重導致當地的水資源枯竭，並且將未經處理的廢水排入溪流裡。其中一位村民曾在該裝瓶廠擔任兼職技師，他提及自可口可樂到當地設廠後，村裡就出現神祕的皮膚病與胃部疾病。數小時後，我們回到孔巴托的飯店，此時已經聽過許多可口可樂種種不良行徑的傳聞，而許多疑問仍然無解。

我們走進黑暗之中，飢腸轆轆、口乾舌燥地尋找食物與水。走在一條燈光微弱的小巷中，才找到一家為深夜顧客開設的餐廳。店門口有一個閃爍的冰箱，裡面裝著冰涼的可口可樂。我想克制誘惑，不要拿起那罐有著耀眼紅色標籤的塑膠瓶。畢竟，我還在消化那些嚴厲指控可口可樂不道德行徑的話語。但是，我的旅伴建議我喝可樂，因為他比我更熟悉印度的水質，畢竟我喝自來水可能會生病。這種情況真奇怪，似乎我已經受困在我原本打算來這裡好好調查一番的歷史之中。

積極從事海外擴張

要解釋當晚為什麼可口可樂在泰米爾納德邦會是我唯一的選擇，就必須回溯到第二次世界大戰後的那幾年，因為當時可口可樂正在努力擴展全球版圖。到了一九五〇年，可口可樂有三分之一的利潤來自海外銷售；不過二十年後，公司的淨收入就有逾半數以上來自海外市場。

在二十世紀初，公司首批送到國外的糖漿，是運往加拿大，接著很快地又開始與古巴、牙買加及德國的當地經銷商做起生意；一九二七年，可口可樂販售糖漿給十一個國家的裝瓶商，其中包括遙遠的菲律賓；一年前，因為海外擴展的前景似乎無止盡，所以公司成立可口可樂海外事業部，負責針對國際行銷開發一套全面計畫。新部門很小，位於百老匯的紐約辦公室只有五個人，但是他們充滿將可口可樂帶進遠方土地的希望。[1]

可口可樂海外事業部積極對海外的投資人與政治人物獻殷勤。總部位於紐約，也就是美國的國際外交活躍地帶，可口可樂的出口團隊得以時常與來自全球各地的外國特使來往。例如，該部門最棒的推銷員之一恰克·史旺（Chuck Swan）便常來到美國海關大樓和商會，拜訪各國外交大使。史旺與他的同事會和這些外國人啜飲美酒、共進晚餐，將可口可樂推銷成能為許多小型企業帶來財富的黃金飲料。[2]

他們表示，可口可樂是當地展開國際經濟活動的入門，這個說法不無道理。畢竟，可口可樂的海外裝瓶廠商必須購買玻璃瓶、貨車、淨水系統，還有其他來自當地製造商的設備，甚至還得買糖。那是因為一九二〇年代末期，海外事業部批准海外銷售要使用一種新的脫水無糖濃縮物；也就是這些國外裝瓶廠商和美國本土的裝瓶廠商不同，他們必須使用當地供應的糖。可口可樂認為，這個安排會對各個國家的經濟成長帶來貢獻。[3]

不過，可口可樂雖然在公司的文件裡大肆吹噓，表示無糖濃縮物的政策是為了促進地方商業所設計，但事實上這項政策的最大受益者其實是母公司，得以大幅縮減運輸成本，讓亞特蘭大不必購買甜味劑，也不用再擔心糖價的大幅波動。可口可樂終於找到辦法，把採購糖的責任向外轉移，對海外事業部來說，這是一筆相當愉快的交易。

這些大使相信他們的說法，認為可口可樂是一大財源，因此就把這個想法帶給家鄉的投資人。到了一九三〇年，海外事業部已經在二十八個國家談成六十四份裝瓶合約。可口可樂把濃縮物賣到千里之遙的地方，像是緬甸、哥倫比亞及南非。很快地，公司就十分清楚海外事業部需要更大的辦公室。於是，一九三〇年三月，小伍德瑞夫重組該部門，將它變更成名為可口可樂出口公司（Coca-Cola Export Corporation）的子公司。有了更多預算與更多員工，這家新公司就加快了可口可樂海外擴張的腳步。[4]

因應軍需送上前線

可口可樂出口公司的大突破，是發生在與美國政府之間的合約簽訂，雙方協議在第二次世界大戰期間，把無酒精飲料運往前線。不令人意外地，為了確保簽訂這些軍事採購合約，公司自然費了好一番工夫。在第三章曾說到，小伍德瑞夫動員一項龐大的遊說計畫，要說服政府可口可樂是國內人民的戰時必需品。他還表示，為了在險惡的戰場上生存，每名士兵都需要喝無酒精飲料。他的任務很簡單：要看到所有穿著軍服的人，都能以五美分買到一瓶可口可樂，不論他們身處何方，也不計較耗費的成本。

一九四二年，他委託製作名為「暫時放輕鬆，戰時不倒翁」的宣傳手冊，強調無酒精飲料如何有效提升士兵的士氣。宣傳手冊上列出科學證明，強調可口可樂提振精神的特性。有了這份宣傳手冊，兩位可口可樂高層暨頂尖遊說人員奧勒特與福利奧，到戰時製造委員會進行協商，希望政府重新考慮可口可樂的配給限制，讓可口可樂不再被視為可有可無的甜食，而是必需的食品。

除了這份宣傳手冊以外，團隊還帶來來自軍事基地、海外士兵及國內人民的信件與通聯紀錄，全都證實可口可樂在他們的生命中有多麼重要。這些訴求奏效了，於是在一九四二年冬天，戰時製造委員會准許公司，只要是販售到軍事基地的產品，全部不受糖的配給限制。這讓可口可樂得以自由簽訂與陸軍和海軍的大量採購合約，範圍遍及全球。可樂公民成功說服政府其販售的產品是大眾必需品，並且走上戰場。[5]

可口可樂能夠成功讓戰時製造委員會批准此事，其中一個主因是軍官們如此希望。例如，艾森豪將軍就相信可口可樂讓他的軍隊心情開懷，因此他特別與戰爭部交涉，要求運送三百萬瓶可口可樂，及完整的裝瓶、清洗和封蓋設備到前線，以滿足每天二十萬瓶的需求量。世界各地美軍基地的軍需官，全部呼應艾森豪將軍的說法。

例如，荷屬圭亞那美軍基地的陸軍中校軍需官約翰・奈（John P. Neu）在一九四二年一月，便申請一份「優先等級需求」，要求把關鍵的可口可樂裝瓶設備運送到他所在的基地。奈的請願十分急切。他寫道：「對於這些來到遙遠之地駐軍的部隊人員，可口可樂對其身心健康來說極為重要。」他認為，解除可口可樂的危機實在是至關重要，因此「無論採取什麼必要行動都合情合理」。他請求盡快運送一輛價值八百三十二美元的雪佛蘭貨車、六台冷飲機、數百個可口可樂瓶，還有一間冷藏室。最後他表示，如果無法完成他的請求，基地部隊人員的和睦與士氣將會受到嚴重影響。

加勒比海防衛指揮部的陸軍准將H・C・英格爾斯（H. C. Ingles）也呼應奈的請求，並且補充表示，可口可樂有一個額外好處，就是能減少人員飲用低級廉價的酒精飲料。還有其他數十封來自前線的信，也都提出類似請求。[6]

最終，戰時製造委員會批准許多這類的請求，美國政府不惜成本把可口可樂運送給軍隊。軍隊花錢購置管線、幫浦、冰箱及貨車，把可口可樂配送到北非與歐洲各地，軍隊飛機和船艦載著飲料機與可口可樂瓶深入戰區。此外，軍隊還提供人力。雖然在全球各地的軍事交易商店與美軍基地中，共有約二百四十八名可口可樂員工負責監督裝瓶過程，但是這些「技術觀察員」常常會利用到陸軍和海軍人員的工程技能。

到了戰爭結束時，美國軍隊已經幫忙組裝大約六十四個海外的裝瓶設備，其中有許多員工都是美國大兵。政府的支持為可口可樂打了一劑強心針；再次提醒，這種支持是百事可樂和其他無酒精飲料競爭對手並未享受到的優待，這就是可口可樂能在之後數年主導市場占有率的原因。[7]

有了軍隊幫忙鋪路，可口可樂的海外銷售呈現爆發性成長。一九四一年至一九四五年間，公司販售一百億瓶以上的無酒精飲料給美國士兵。進軍國際的新時代於是展開。[8]

積極尋找國際裝瓶合作夥伴

可口可樂成功進軍全球，不只要感謝美國政府，也受惠於富有的外國菁英人士，因為他們砸下重金，在軍事基地外建立可口可樂裝瓶事業。在戰爭期間與戰爭剛結束的那幾年，可口可樂出口公司開始積極尋找國際裝瓶的合作夥伴。

主導這項任務的是可口可樂出口公司的大塊頭董事長詹姆斯・法利（James Farley）。法利的身材威武、禿頭，身高一百八十八公分、體重超過九十公斤，總是知道如何讓人對他言聽計從。他在一九四一年加入可口可樂前，曾為政府工作，有過一段精彩的政治生涯。他曾擔任民主黨全國委員會的主席，還是羅斯福在一九三二年與一九三六年的總統競選負責人。由於法利對於羅斯福要在一九四〇年爭取第三度連任感到不悅，於是決定把自己的才能用在私人企業上，而可口可樂對於能得到他所帶來的政治影響力則樂見其成。可口可樂立刻派遣法利到海外展開一趟旋風之旅，會見許多特使與商人，這些人都很想和這位與華府政治權力關係緊密的人士來往。不管法利到哪裡敲門，對方總會開門歡迎。[9]

在尋找裝瓶合作業者的途中，法利與可口可樂出口公司會找上流社會的可靠人士，也就是那些已經在其他生意中累積大量財富的人。他們希望這些有錢有名的人成為可口可樂在國外市場的門面。《時代》雜誌在一九五〇年的一則封面故事中，將公司扛下這些金融巨頭的功成名就，並且選定國際裝瓶業者的過程比喻為「童話故事中的國王為女兒選婿」。該報導解釋，成功的人選「必須有金錢能支持新娘，讓她繼續過她習慣的生活方式（也就是要有足夠的資本熬過任何可能的競爭，並且資助任何可能的擴張）」。[10]

《時代》雜誌巧妙地說明，國際裝瓶事業並非灰故娘的故事。販賣可口可樂的確可以創造就業機會，然而大多數時候，真正依靠無酒精飲料而致富的人，是那些早已在地方上成為商業鉅子的家族。

例如，保羅．伊格納西奧（Paulo P. Ignacio），他在一九四〇年代晚期尋求經銷權，想要在巴西的里約普雷托（Rio Preto）興建一座可口可樂裝瓶工廠。伊格納西奧是百萬富翁，他和父親早就一起開創後來十分成功的紡織品與混凝土事業。畢業於康乃爾大學（Cornell University）的伊格納西奧是光鮮亮麗的專業人士，正是可口可樂希望能在外國代表公司的那種門面。

馬哈拉加．辛格（Maharaja Y. Singh）也是，他是知名的錫克教上師與印度外國大使，與可口可樂簽訂許多裝瓶合約，在新德里、孟買及加爾各答都有裝瓶工廠。可口可樂公司信任辛格就像信任伊格納西奧一樣，因為它相信辛格既有財務資本能讓工廠維持運作，也有社會資本可以吸引新的消費者嘗試公司產品。此外，辛格和當時印度總理賈瓦哈拉爾．尼赫魯（Jawaharlal Nehru）是好朋友，與印度國內政治關係密切。可口可樂相當清楚，有了政府高層的人脈，危機時刻便有援手。[11]

與外國菁英形成夥伴關係，這樣的政治關係可說是再重要不過了。接下來數年中，可口可樂富有的國際裝瓶廠商證實自己在取得國外珍貴水資源上確實不可或缺。身為在這些國家裡經營裝瓶事業的本國公民，辛格與伊格納西奧這些人得以操弄熟悉的政治管道，確保當地政府提供協助、促進擴張。

向公家組織尋求補助

可口可樂裝瓶廠商時常獲得資產購置方面的所得稅減免，以及從地下水層汲水的權利。關鍵在於，利用當地的商業論點來得到他們想要得到的。身為數百名員工的雇主，以及地區經濟活動的源頭，國際裝瓶業者聲稱自己有權獲得公共補助。隨著銷售持續進行，可口可樂不再只是進口自國外的非必需食品；可口可樂成為「在這個國家販售，且屬於這個國家」的產品，為許多家庭事業帶來財富。[12]

這正是可樂公民在戰後尋求美國聯邦資助海外裝瓶事業時，傳遞給美國援外機關的訊息。到了一九四〇年代晚期，美國政府啟動一項歐洲復興計畫（European Recovery Program，ERP），該援外計畫旨在幫助遭受戰爭蹂躪的歐洲回復經濟榮景。歐洲復興計畫一般稱為馬歇爾計畫（Marshall Plan），用來紀念哈利．杜魯門（Harry S. Truman）的國務卿喬治．馬歇爾（George C. Marshall）。該計畫可說是美國史無前例的援外投資行動，讓第一次世界大戰後國會撥款作為歐洲金援的一億美元顯得相形見絀。

一九四八年，政府投入逾五十億美元在歐洲復興計畫中。為了管理這些預算，美國國會便設立經濟合作總署（Economic Cooperation Administration，ECA）這個獨立機關，並由一些美國最成功的商人領導。從一開始，某參議員就表示，這個組織的營運方式就像「商業運作」。國會特別指明，經濟合作總署的領頭不能是聯邦政府官僚，必須是在私人企業具備豐富經驗的人。

他們推選保羅．霍夫曼（Paul G. Hoffman）擔任署長，他是史都德貝克（Studebaker）公司的著名領導者，曾在一九三〇年代與一九四〇年代讓這家瀕臨破產的汽車巨頭起死回生。霍夫曼相信自由企業的力量能復甦海外經濟，於是尋求與美國企業建立夥伴關係，開始實際的海外重建計畫。[13]

自然而然地，可口可樂試圖挖掘這個親商機關所提供的資金。從一九四八年開始，可口可樂出口公司就開始與經濟合作總署交涉，請求援外資金來支持海外的國際裝瓶商。那一年，可口可樂要求七百萬美元以上，用在西歐與北非的裝瓶事業投資。可口可樂再次強調它為了成為良好全球公民所付出的努力，而將請求合理化，說明在這項計畫中，每個相關國家當地的獨立裝瓶事業，都會在財務與管理方面大力參與，其中一位放款顧問則在可口可樂申請書的右邊欄位寫下：「很好！」公司解釋，可口可樂的生產仰賴當地或國際的供應來源，方能在國際貿易中取得成功、繁榮及發展。政府當然看得出來，資助裝瓶計畫對這些海外國家有著明顯深遠的報酬吧？[14]

然而，經濟合作總署的投資主管卻對可口可樂公司的要求有些疑義。在他們看來，這樣的金援是用來生產一項非必要性產品，因而不會改善受援助國利用出口營利的能力，而後者的目標才是經濟合作總署放款政策的核心。因此，經濟合作總署食品與農業部門的主管丹尼斯．費茲傑羅（Dennis A. Fitzgerald）客氣但直接地回絕可口可樂公司的要求，他表示美國援外的目標若要達成，最好的方法是將經濟合作總署授權企業使用的資金，限制在該國的基本需求上。經濟合作總署並不相信可樂公民說自己的產業是在為大眾服務。[15]

毫不意外地，可口可樂並不在意，再次提出要求，可是經濟合作總署的回覆還是一樣。一位放款職員甚至強烈反對將經濟合作總署的資金，用在申請中的這項投資。他認為可口可樂出口公司的計畫無法幫助這些國家在經濟上自給自足，而且可能還會造成反效果。這位職員對於可口可樂的說法毫不動心；可口可樂聲稱，其裝瓶事業意謂著「刺激就業、刺激迎合國內市場的數項產業」。他責備道：

> 可口可樂公司謊稱這項計畫不會影響特定國家的外匯情況，並因此要求撤回取得特定國家投資批准的規定。事實上，我們甚至可以說，這項計畫到頭來會傷害這些國家的外匯情況，因為這項計畫需要把資源應用在產品的製造與銷售，但該產品並不能稱得上是民生必需品，也不是被設計要銷往海外的。[16]

正如經濟合作總署所理解的，可口可樂的裝瓶事業計畫耗盡當地社會的重要資源，把乾淨新鮮的水轉變成商品，最終卻讓數千英里外的母公司獲利。簡言之，這些計畫稱不上是發展型計畫，無法改善當地社會的基礎建設。事實上，正好相反：這些計畫仰賴當地的基礎建設才得以存在。

公司在經濟合作總署的申請文件中承認，可口可樂出口公司曾對有潛力的當地社會進行過深入調查，確保當地具備特定的必要基礎設施；換句話說，就是水質、當地電力供給、建築物、當地器械與設備及分銷管道，都能滿足公司的需要。經濟合作總署總結它對可口可樂資助機制的立場，認為資助可口可樂的計畫恐怕無法受到認可，因為總署的援外做法在本質上是要確保私人投資重大振興計畫，但是當前的這項產品本質上卻完全不具必要性，甚至可以說是奢侈品。[17]

質疑補助標準的聲浪

美國國會裡有些人質疑經濟合作總署拒絕可口可樂的行為，認為其他奢侈品也得到馬歇爾計畫的補助，特別是菸草。一九四九年二月，即經濟合作總署拒絕可口可樂的申請數個月後，康乃迪克州共和黨參議員約翰·洛奇〔John D. Lodge，是麻州共和黨參議員亨利·洛奇（Henry C. Lodge）的孫子〕，在一場有關於延伸歐洲復興計畫的聽證會上提起這個議題。他主張，經濟合作總署已撥款（聽說是九億美元）將美國菸草運往歐洲國家，若是如此，為何可口可樂必須遭受差別待遇？

專業經濟專家暨經濟合作總署的助理署長理查·畢斯爾（Richard Bissell）當場回答洛奇：「我想，正解其實很簡單。如果你詢問英國的緊縮政策提倡者，他會表示他非常遺憾英國人長久以來已經養成抽菸的習慣，再加上英國又無法生產菸草。然後他還會說，他並不想要再鼓勵另一種像這樣的習慣。」不過，畢斯爾承認，人們可以做自己想做的事；如果有國家想要接受可口可樂與萬寶路（Marlboro），那也是他們自己的選擇。他只是覺得這種投資，不應該受到美國政府或有負債的鼓勵。[18]

經濟合作總署的署長霍夫曼同意畢斯爾的評估。霍夫曼在汽車產業裡有二十年的經驗，他很熟悉資本密集的產業發展狀況，因此同樣主張美國支援歐洲的目標應該是「幫助他們知道要如何幫助自己」，這可以藉由提供金援給加入大規模基礎設施建造計畫的企業來達成。倘若某家公司想要經濟合作總署的援助，霍夫曼堅持該公司必須明確展現如何使國家維持有生產力的產業成長，直到遙遠的未來。

於是，在霍夫曼的監督下，經濟合作總署從不輕易給予補助和貸款援助，只提供金援給能把大自然的豐富資源，轉換成用途廣泛產品的公司。這些公司包含義大利的一家鐵路公司與一家採石場、一家研發出治療肺結核藥物的法國化學公司，以及一家專門製造礦工用燈的英國工程公司。和這些申請者放在一起，可口可樂就是不適合爭取資金援助。[19]

依舊拒絕資助的國際合作總署

經濟合作總署拒絕援助可口可樂裝瓶廠創下先例，之後因一九五四年的《共同安全法》（*Mutual Security Act*）而成立的繼承機構：國際合作總署（International Cooperation Administration，ICA），也繼續維持。此時，歐洲已經在復興中，於是國際合作總署便將援外計畫集中在東南亞，因為這個地區自從戰爭結束後，共產主義的政治黨派獲得很多優勢。

一九四九年，毛澤東帶領共產黨執政中國；一年後，受到約瑟夫．史達林（Joseph Stalin）擁護的金日成入侵南韓，希望能成立統一的朝鮮人民共和國；印度也是隱憂之一，因為在一九五二年該國的共產黨派贏得一連串的選舉。美國國會有許多人認為必須想辦法阻止這場紅潮，因此投票通過撥款數十億美元的資金（光是一九五五年就提撥近三十億美元）進行援外計畫。一九五〇年代，可口可樂試圖利用逐漸增長的反共浪潮來達到自己的目的，它再次申請聯邦資金，並且表示可口可樂能夠作為一種資本主義武器，對抗蘇聯集團邪惡的獨裁主義。[20]

一九五七年，可口可樂向國際合作總署提出補助申請，要用來建造位於印度的一座濃縮物工廠與十五座裝瓶工廠。印度政府對於這些投資不太感興趣，特別是濃縮物工廠，因為印度政府認為這座工廠帶給可口可樂的利益，遠大於帶給印度人民的利益。國際合作總署估計，在二十五萬美元的初次投資中，回到亞特蘭大的年獲利總計大約是六萬二千五百美元。可口可樂宣稱：「這樣的利潤相當合理，因為這是歷時多年研究的產物，而要研究無酒精飲料的製造、行銷並進行全球廣告，其實都要資金。」[21]

國際合作總署的投資負責人查爾斯・華登（Charles Warden）並不同意可口可樂的算法。他對可口可樂的援助申請做出直接的回覆，說明資助可口可樂「對於印度政府目前外匯短缺的現況來說，是一個十分不當的做法。我認為，不管是對可口可樂公司或印度人民而言，此事都不該得到金援支持」。他接著說道：「我們很難合理化這些人需要的某些貸款項目，倘若他們想要進行某些較不具必要性的商品投資，而看起來也的確如此，我覺得要把投資合理化以符合《共同安全法》的目標，實屬困難。」[22]

因此，一九五〇年代中期，聯邦政府的援外機關認為，可口可樂的海外裝瓶計畫並不值得獲取政府資助的金錢，因為這些計畫無法對發展中社會的基礎需求做出重大貢獻。可口可樂倚賴外國所提供的資源與公共水源基礎建設，其程度遠大於這些社會需要這些裝瓶計畫提供的投資。美國聯邦政府認為，資助可口可樂的裝瓶事業將會帶給這家美國公司優勢，但卻對其他希望利用必要資源作為發展用途的國外競爭對手極不公平。

對一家連續數個財政季度都表現欠佳的公司來說，這實在是一個壞消息。到了一九五〇年代，小伍德瑞夫苦於找不到人接任可口可樂總裁的職務。他在一九四六年任命威廉·何柏思（William J. Hobbs），卻很快就發現指派的這位總裁能力不足。何柏思於一九四二年加入可口可樂的法律團隊，在那之前曾在復興金融公司（Reconstruction Finance Corporation）擔任放款人員，因此他對無酒精飲料事業幾乎毫無經驗。在任職於復興金融公司前，何柏思曾受訓成為《華盛頓郵報》的廣告人。因此，他對可口可樂的日常業務了解不深，這件事讓許多具有多年經驗的高階主管十分惱怒，如海斯與奧勒特，因此他們都在一九四八年提早退休（一九五二年何柏思卸任後，他們才再度回到公司）。

一九五〇年，公司的淨利下滑，可口可樂的年終獲利報告比起前一年少了六百萬美元，這是公司截至目前為止最嚴重的利潤倒退。可口可樂在何柏思的領導下萎靡不振，公司內部有許多人認為，這是因為何柏思沒有膽識推動公司亟需的品牌再造行動。小伍德瑞夫仍然擔任董事長，也是公司一切事務的最終決策者，但是他卻對解決這個問題顯得毫無作為。唯恐破壞可口可樂那些經過時間考驗的策略，他最終選擇維持保守，而不願改變現狀。[23]

急起直追的百事可樂

可口可樂在這些年的沉寂，使得百事可樂得以在無酒精飲料市場上取得進展。可口可樂的淨收入從一九四九年的三千七百八十萬美元，滑落到五年後的二千五百九十萬美元；同一時間，百事可樂的淨收入則是從二百一十萬美元大幅增長到六百二十萬美元。此時，這家可口可樂的對手公司，領導者是艾爾．斯蒂爾（Al Steele），他在何柏思毫無生氣的任期階段離開可口可樂。斯蒂爾是一個精力過人的銷售員，也是一位天賦異稟的管理者。他想大幅修改百事可樂的供應經濟學派經營方式，並重新讓行銷形象復甦。斯蒂爾與何柏思截然不同，他喜歡重新改造公司，採取積極手段獲得競爭優勢，以對抗可口可樂。他甚至還更改百事可樂的配方、減少糖量，試圖削減前端成本。

在廣告方面，他推動一項積極的電視廣告行動，其中還有一支廣告是以剛登上大銀幕演出、年輕又俊俏的詹姆斯．狄恩（James Dean）為主角；斯蒂爾也在廣播節目上以琅琅上口的旋律轟炸消費者，大肆宣傳百事可樂是十二盎司只要五美分的飲料：「一枚銅板，兩倍容量；百事可樂，你的可樂。」另一方面，可口可樂幾乎沒有做什麼來提升在這些媒體管道的曝光度。就算面臨獲利停滯，這家公司仍然安於現狀。直到一九六〇年，公司的淨收入才終於超越一九四九年的高點。[24]

然而，到了一九五〇年代末，可口可樂終於開始走出財務衰退危機，一部分要歸功於在阿拉巴馬州土生土長的李．塔利（Lee Talley）的強大領導力；他在一九五八年成為可口可樂總裁。塔利於一九二三年成為可口可樂員工，同年也是小伍德瑞夫擔任公司總裁的那一年；也就是當小伍德瑞夫任命塔利就任公司的最高職務時，他已經是年資三十五年的老手了，可口可樂早在他的血管裡流動。五十六歲的他很了解公司歷史，也很受到其他在職已久的高階主管所喜愛。不過，雖然他很敬重可口可樂的過去，也很了解公司的傳統，他可不會不知變通。

一九五五年，塔利獲得小伍德瑞夫的批准，開發更大的可口可樂容量，開啟超大瓶可口可樂的時代，之後將會在二十世紀時帶來驚人的利潤成長。他成為總裁後，一樣展現出開創性的卓越能力。最值得注目的是，他為公司推動新生產線，諸如咖啡與果汁，並於一九六〇年買下Tenco（一家咖啡批發公司）與美粒果（Minute Maid）。在海外，光是一九六〇年，他就必須負責管理超過四十家裝瓶廠的經銷權。等到一九六二年他卸任時，已經讓可口可樂的淨利提高到四千六百七十萬美元的驚人數字，這是公司史上的最高紀錄。[25]

與麥當勞一同成長

塔利的成功有一部分不能歸功於他本身，而要感謝一家正在嶄露頭角的速食巨人：麥當勞。理察．麥當勞（Richard McDonald）和莫里斯．麥當勞（Maurice McDonald）兩兄弟在一九三七年創立麥當勞，這家創立於加州的公司在雷．克羅克（Ray Kroc）這位具有遠見的領導者帶領之下，到一九五〇年代末已經成為美國的象徵；克羅克於一九五四年開始接管麥當勞。麥當勞是一九五〇年代善加利用艾森豪總統高速公路擴張計畫的幾家速食連鎖店之一，其他還包括塔可鐘（Taco Bell，一九四六年）、漢堡王（Burger King，一九五四年）及肯德基（Kentucky Fried Chicken，一九五二年）。

這個計畫使得麥當勞很快在全國各地創立門市，一九六〇年共有兩百五十家店，十年之後更是高達約三千家。在很多方面來說，麥當勞都沿用可口可樂的資本主義模式，讓全國各地的小型投資者負責為品牌擴張買單。麥當勞公司獲利的最大來源是，買下主要州際公路周邊的土地，然後等到漲價時再把土地租給經銷商。地區餐廳的所有者最終要負責建築物、營運及供貨的成本。

一九五〇年代在麥當勞擔任主管的一位員工，曾簡單總結這種光鮮亮麗的商業模式，嘲諷意味十足：「我們其實基本上並不是在經營餐飲業；而是在從事房地產業。我們之所以會販售十五美分的漢堡，原因只有一個，因為這些漢堡最能幫助我們的房客賺錢繳交租金。」[26]

麥當勞的加盟店為可口可樂提供可利用的新商機。克羅克非常喜歡可口可樂，於是便讓這家公司成為麥當勞無酒精飲料的唯一供應商。麥當勞成長，可口可樂的飲料機銷售也得以跟著成長。等到二十世紀末，麥當勞將成為可口可樂的最大買家。再一次地，可口可樂不用做什麼基礎建設，就可以達成銷售成長。這家亞特蘭大的公司只要依靠地區裝瓶商來負責供應後混合糖漿給這些速食餐廳（誠如其名，後混合糖漿就是在販售前再混合即可的糖漿）。當然，付錢買水製作飲料成品的，是麥當勞在各地的加盟店。

從飲料機取水並不是什麼新鮮事，可口可樂在整個二十世紀都是這麼要求其飲料機的合作夥伴；然而，藥局裡的飲料機在一九五〇年代消失了，於是麥當勞及其他速食餐廳就變成可口可樂拓寬水源的新井。這些餐廳就像是沿著美國高速公路分布的綠洲一般，能解可口可樂征服全國的渴望。

援外政策資金鬆綁

但是，如果說到了一九五〇年代末，可口可樂很高興能在國內找到新水源，它同時也很努力地挖掘國外尚未開發的湧泉。幸好，美國政府總算願意協助可口可樂在國際上找尋藍色金礦。

總裁塔利的任期在一九六二年畫下句點時，正好遇上美國援外計畫的戲劇化轉變。一九六一年春天，約翰·甘迺迪（John F. Kennedy）總統召集一個顧問小組，成員皆是成功知名的美國商界人士，甘迺迪找他們來討論更新、更有效的援外方式。小伍德瑞夫也受邀前來參與考慮政府未來的計畫，特別是在「投資援助（和）私人參與國際發展，包括投資機會調查」的層面，由美國國務院主事，設立一個專案小組來「檢視我們十五年來的援外計畫經驗，並且妥善藉由這些經驗，改進我們的發展情況」。[27]

在援外政策的眾多改變中，美國國務院的外國經濟援助小組（Task Force on Foreign Economic Assistance）希望將私人產業變成美國海外開發計畫中更重要的夥伴。該小組認為：「我們能夠獲得的資源與技能絕大部分都在私人企業。如果我們想要真正讓全國投入協助低度開發國家的經濟與社會現代化，就必須找到並使用更為有效的手法，獲取這些私人資源的支持。」由於私人產業提供政府欠缺的資源，援外機關必須提供特別的誘因、保護或財務協助，以便動員美國企業，使其朝向海外發展。

的確，提供資金援助對援外機關來說並不新鮮，但是美國國務院認為，必須擴大資金範圍，之前的放款合約限制應該移除。公司的律師西伯里，也就是小伍德瑞夫在甘迺迪商業小組的代理人，十分認同政府的立場。他在會後寫信給小組負責人亨利．拉伯伊斯（Henry Labouisse）表示：「我的結論是，如果想要分配並根據當地需求來應用資金與信貸，只有透過法人的形式才能達到最大效用。」[28]

有了可口可樂的支持，美國國會立法通過美國國務院的許多建議，在一九六一年通過《對外援助法》（*Foreign Assistance Act*）。該法案後來在一九六三年因議院修正案而進一步加強，開啟政府支持私人企業向外發展的新時期。國際經濟政策協會（International Economic Policy Association）這家位於華府的顧問公司，其立法委員會（Legislative Committee）的主席克拉倫斯．邁爾斯（Clarence Miles）曾寫信給小伍德瑞夫，解釋此一立法的重要性：「一系列的議院修正案已經在本質上改變援助計畫的要旨。倘若參議院核准，未來政府對政府進行資金補助的情形將會越來越少。取而代之的是，國際開發署（Agency for International Development，AID）將會給予私人企業鼓勵與保護。」[29]

誠如邁爾斯所言，在修正後的《對外援助法》之下，新設立的官僚機構（如國際開發署）會將政府援助資金，從公家機關轉移到從事海外經營之私人企業的口袋裡。有一位可口可樂的高階主管在一九六七年時，如此評論聯邦放款機關的新方向：「如果將政府的龐大補助視為刺激經濟的投資是合理的，但若是想讓效果持續，避免沙堡再度被沖回海中，唯一的解答就是自由企業。」可口可樂想要透過有效的海外投資，讓開發中國家脫離發展情況落後，甚至相當原始的經濟情勢。起初，這些計畫並沒有大量資金來資助大規模的海外計畫，但是到了一九七〇年代，可口可樂將會取得這筆新的聯邦資金，來資助其全球擴張。[30]

跨出可樂本行，邁向多角化經營

一九六〇年代，可口可樂公司發生許多轉變。來自喬治亞州的哈佛畢業生奧斯丁接任總裁，而在他的領導下，公司開始在無酒精飲料產業以外，史無前例地進行一連串主要產業的投資。一九六二年，奧斯丁從塔利手中接管公司，當時公司的營運情況良好，毛利總計超過二億七千九百萬美元。奧斯丁從一九五〇年起就在公司擔任不少職位，包括總裁特助與可口可樂出口公司的主管，因此他是一路看著公司的現金準備在戰後數年日漸增長。一九六二年，可口可樂已經完全不同於一八九〇年代老坎德勒所管理的那家公司。公司總部滿地鈔票，而奧斯丁打算好好利用。[31]

當時，美國商界很流行多角化經營。富有公司的商業主管認為，將累積資本投資在核心事業以外的創新企業，就能增加更多利潤。這些公司認為，不要把資本統一投資在單一生產線的發展上，而是將賭注分散在許多不同的企業中，才能把風險最小化。[32]

奧斯丁認同此項觀點，認為可口可樂發展太狹隘並非好事。於是，一九七〇年，奧斯丁買下水利化工（Aqua-Chem），這是一家專門開發水質過濾、水循環回收系統及海水淡化科技的公司。他對媒體解釋此併購案：「可口可樂公司已經進入水的產業。水是我們商品的來源，而國內的水質卻每況愈下……對可口可樂而言，利用資源支撐一家頂尖的反汙染公司，是理所當然的做法。」奧斯丁在與《華爾街日報》（*Wall Street Journal*）對談時補充，公司新的水資源計畫是針對以下事實做出回應：「全世界的供水情況越來越糟了，不是量變少，而是品質變差。」[33]

到了一九七一年，可口可樂約有五三%的獲利來自於海外銷售，而且這個數字還在增加中。可口可樂格外想要進入東南亞與非洲的新市場，但卻面臨嚴峻阻礙，因為開發中國家的裝瓶設施相當差，公共用水也很有限，想要在印度或奈及利亞等地淨化水質就需要大筆投資。如果可口可樂想要將其飲料產品帶到這些地方，就需要依靠新的子公司之過濾水源設備。[34]

買下水利化工的舉動，完全背離可口可樂既定的公司政策，可口可樂現在總算可以直接得知開採與處理水資源的相關成本了。

一開始，買下水利化工似乎是個很聰明的投資。除了能在世界各地的乾旱地區為公司提供乾淨的水以外，水利化工似乎還是可口可樂進軍國際的寶貴資產，因為它讓可口可樂看起來像一家為民服務的公民企業，致力於為當地社會解決真正的問題。

例如，在中東地區，水利化工在一九七〇年代晚期參與一系列高調的水資源計畫，包括一項由沙烏地阿拉伯政府資助，耗費一百五十億美元的計畫，用來建造在一九八〇年代前完工的二十座海水淡化廠。這個舉動可望改善與阿拉伯國家的關係，畢竟在公司企圖於以色列建立一座裝瓶廠後，這些國家便一直聯手抵制可口可樂。可樂公民在智利也獲得類似的成功，因為可口可樂利用水利化工的機械，在瓦爾帕萊索（Valparaiso）的一場大地震摧毀城鎮導水系統後，便為該城提供淡化的水資源。[35]

然而，雖然水利化工證明自己對於提升公司的海外公開形象大有用處，但它最終還是無法讓可口可樂賺錢。水利化工的經常費用相當驚人，它在全球各地的港口城市擁有造價數百萬美元的海水淡化廠，包括祕魯的伊洛（Ilo）、墨西哥的提華納（Tijuana）、義大利的塔蘭托（Taranto），以及沙烏地阿拉伯的吉達（Jeddah）。這些設施的營業費用逐漸耗盡營收，造成可口可樂只要有水利化工在，就無法享受糖漿事業所帶來的毛利。

因此，在一九八一年，距離買下這家公司約莫十年後，可口可樂的新任董事長羅伯特．古茲維塔（Roberto Goizueta）將水利化工賣給蘇伊士里昂水務（Suez Lyonnaise des Eaux），並且解釋道：「一家公司最浪費時間的做法，就是試圖做好一項根本不曾做過的生意。」在接受《華爾街日報》專訪時，他說賣掉這家公司反映可口可樂最近剛建立的策略，就是專注在消費性產品，而不是工業市場。分析家並不相信這個說法，他們指出水利化工每年只有大約七%至八%的微薄獲利才是主因；《華爾街日報》指明：「這遠遠不及可口可樂公司平均超過二〇%的獲利。」[36]

大舉進入裝瓶事業

所以，古茲維塔應該已經從水利化工的經驗中學到寶貴教訓：參與大規模的水資源設施計畫非常花錢、充滿資本風險，還會威脅公司的獲利能力。為了可口可樂的獲利著想，最好不要購買重型機械。不過，被現金淹沒而洋洋得意的古茲維塔，實在難以抗拒把外包產業納入公司的誘惑，並且相信如果公司越做越多，就能賺越多的錢。就像奧斯丁一樣，正當可口可樂的獲利年復一年大幅成長之際，古茲維塔的地位也在公司內一步步獲得提升。他從祖國古巴的可口可樂裝瓶廠擔任化學工程師開始，當時是一九五四年；在一九六二年加入亞特蘭大的總部團隊，擔任技術研發副總裁，並且迅速成為高階主管眼中的明日之星。等到一九八一年成為公司的董事長時，他已經見證公司的毛利從一九五四年約一億三千七百萬美元，成長到二十五億八千萬美元。[37]

古茲維塔是工程師出身，卻在全世界最富有的公司之一擔任領導職務。他有操作公司機器的實作經驗，曾在裝瓶廠與公司的實驗室任職，而這些經驗在處理可口可樂的技術層面時，無疑使他信心十足。沒錯，他曾眼見水利化工的失敗，但是這並不表示他不想打造更好的生產與裝瓶網路。這個男人熱愛解決工程問題，深信系統永遠可以改得更好。

於是，古茲維塔在一九八六年批准成立可口可樂企業（Coca-Cola Enterprises，ＣＣＥ），這是一家由可口可樂公司所管理的超大裝瓶公司。如此一來，他與公司歷史悠久的做事方針就做出重大切割，近一世紀以來，可口可樂的資本主義是建立在分散式的裝瓶加盟體系。沒有人知道這種新的分銷安排能不能支撐可口可樂接下來數年的成長，但是古茲維塔卻自信滿滿，相信可口可樂企業會讓公司創造出更精簡流暢的裝瓶網路，並由亞特蘭大的總公司加以管理。

可口可樂企業的財務總管，是古茲維塔的左右手、可口可樂見識廣博的財務長道格拉斯·艾維斯特（Douglas Ivester）。喬治亞大學畢業的艾維斯特，本職是會計師，在一九七九年加入可口可樂前，曾為全球會計事務所 Ernst & Ernst〔譯注：於一九八九年與 Arthur Young & Company 合併成為後來的安永（Ernst & Young）〕工作。他是當時被古茲維塔帶進公司的眾多財務奇才之一，因為古茲維塔深信，受過訓練的財務管理人員將是可口可樂未來成功的關鍵。艾維斯特宛如超級電腦，很有數字概念，能夠看出公司營業費用的多餘之處。想辦法為公司創造更多的獲利，是他最大的滿足。[38]

艾維斯特為可口可樂企業提供資本的計畫非常明智，並且能幫助母公司避開風險。嚴格說來，可口可樂只握有這家裝瓶公司四九%的持股，另外五一%則由私人投資者掌控。雖然可口可樂並非大股東，但卻控制董事會，可以命令可口可樂企業每年要購買多少糖漿，即使購買量並未反映消費者的產品需求量亦然。如此一來，可口可樂就能刻意抬高銷售量，讓公司的投資組合看起來更好。這一招的巧妙之處在於，因為公司只有四九%的股份，所以可口可樂企業的任何虧損，都無須記錄在可口可樂公司的帳冊上。這個方法相當高明，可以讓可口可樂更能控制自己的裝瓶體系，同時又能降低公司的財務風險。接下來數年間，可口可樂企業將會買下上百間的獨立裝瓶廠，迅速成為可口可樂在世界各地的單一分銷商。[39]

一九八〇年代，可口可樂大舉進入裝瓶產業，此時對於降低裝瓶成本有了更重大、更迫切的需求。

海外私人投資公司的金援

現在正是時候。一九六〇年代尚未成熟、資金有限的援外計畫，過了二十年後有了大筆預算能幫助大公司。到了一九七〇年代晚期，美國國際開發署與海外私人投資公司（Overseas Private Investment Corporation，OPIC，是一個新成立的聯邦援外機關，於一九七一年開始運作），為許多跨國企業資助數百萬美元。可口可樂是它們的關鍵商業夥伴之一。在一九七八年與一九七九年，海外私人投資公司批准可口可樂出口公司的保險申請，在一項農業擴張計畫資助一百七十萬美元，目的在於增加史瓦濟蘭的糖產量；而另一份申請則是資助一個四百五十萬美元的旱地開墾計畫，幫助可口可樂出口公司取得埃及的柑橘類水果，用來生產美粒果產品（下一章會再詳談關於美粒果的部分）。一九七九年，公司也獲得超過一百萬美元的保險金，在韓國建造一座濃縮物工廠。到了一九八〇年代，裝瓶廠也出現在獲得資助的名單上：一九八二年，位於海地詹姆斯鎮（Jamestown）的可口可樂裝瓶公司，獲得海外私人投資公司的援助；六年後，公司得到一千九百萬美元以上的海外私人投資公司保險金，用來在史瓦濟蘭興建裝瓶與行銷設施。[40]

接下來這些年，可口可樂為自己從美國政府得到的援助辯護，宣稱公司所提供的不只是工作與經濟榮景。可口可樂解釋，在缺乏先進水資源基礎設施的社會中，它也提供水，不只是無酒精飲料，還有一項公司的新產品：瓶裝水。

拯救世界的瓶裝水事業？

一九八〇年代中期，美國開始出現一種觀念：瓶裝水很適合用來取代品質不好的公共供水系統。美國國內的公共水源供應逐漸衰敗，地方政府努力提供財務資源，用以支付公共建設工程的修繕費用。到了一九八六年，全國各地的市政府債務總計超過一千六百四十億美元。政府就是沒有足夠的錢可以支付亟需改善的給水基礎建設。[41]

美國聯邦政府幾乎沒有提供任何協助。華府不一樣了，雷根政府致力於消除政府對美國企業的規範，政府只提供微薄資金給市政公共建設工程，讓各市政府自生自滅。

可口可樂大力讚揚這種據說是利商的大環境。總裁暨營運長唐納德．基歐（Donald Keough）如此讚揚雷根，說他藉由降低公司所得稅、支持私人產業，進而釋放「這個國家自由企業體系的力量」。古茲維塔回應基歐的看法，把一九八〇年代稱為「去管制的時代」，預測將會出現政府越來越小的趨勢，大家也會發現過度管制產生的扼殺結果。[42]

政府撒手不管，使得可口可樂相信自己有機會「承擔起新的責任」。公司開始推動救濟計畫，大肆宣傳可口可樂裝瓶廠過濾系統的優越性。宣傳表示：設備最好、能夠解決大眾用水需求的，是私人產業，而不是政府。例如，在一九八三年，密西根州大急流城（Grand Rapids）爆發大腸桿菌汙染，造成數以千計的居民湧入密西根州的可口可樂裝瓶公司尋求用水。

據《可口可樂裝瓶廠》報導指出，該廠告訴記者：「公司的三段式水處理系統……勝過任何市政府的淨化水網路。」該刊物也提及，裝瓶廠的救濟計畫促成人們對可口可樂產品的需求量創下新高，因為媒體報導公司捐水，不僅宣傳公司好意，也強化人們對該裝瓶廠產品的信心，進而影響大眾的購買意願。[43]

這不是可口可樂第一次嘗試這樣的行銷手法。例如，在一九六〇年，一家煉油廠的汙染物外洩，流入紐奧良的水源，當地的可口可樂裝瓶廠帶著一隊水槽車到六十英里外的泉水，以每小時四千加侖的速度抽水，接著運回城市。該裝瓶廠在電台與平面媒體上大肆宣傳，聲稱可口可樂具有取代城市供水的價值。其中一則廣告更是大聲疾呼：「現在紐奧良的水喝起來怪怪的？就喝可口可樂吧！水喝起來沒有怪味，因為可口可樂只使用水槽車汲取深泉水井所運來的水，以及鄰近可口可樂裝瓶廠的供水源。」[44]

到了一九八〇年代，可口可樂也使用類似的救濟計畫推銷自己的品牌。可口可樂把自己定位成不僅僅是無酒精飲料公司，而是社區發展的必要推手，不只提供公共服務的改善，更取代政府提供的物品。可口可樂主張，為了解決越來越多的基礎建設問題，美國人應該對私人產業抱持信心，就像可口可樂公司，其驚人的淨利在一九八〇年有四億二千二百萬美元，證明它具有將自然資源轉變為珍貴產品的卓越能力。[45]

美國人民對市政管理者失去信心，所以就飲用更多的可口可樂。一九六五年至一九八二年間，美國人的平均自來水用量從兩百六十九公升，降到僅一百七十八公升；隨著一九八〇年代過去，越來越多消費者轉向無酒精飲料公司尋求用水。到了一九八六年，可口可樂可以歡欣鼓舞地說：「現在，美國民眾喝無酒精飲料的數量超過任何其他液體，甚至比自來水還多。」百事可樂全球飲料（Worldwide Beverages）當時的總裁暨執行長羅傑．安理克（Roger Enrico）稱讚這個情形，並在同一年說道：「你們選擇無酒精飲料，現在喝汽水比倒一杯水或其他飲料更常見，因為無酒精飲料已經變成美國人生活的一部分。」[46]

可口可樂了解到，民眾真的會購買由受信任的品牌販售，並且重新包裝的公共自來水；這件事在一九七〇年代，可口可樂大概會認為不可能。高階主管C．A．希林洛（C. A. Shillinglaw）在一九七一年提出進軍裝瓶自來水的業務，說道：「美國大眾供水的未來品質將會持續惡化，因此為瓶裝水帶來越來越大的品質優勢。」根據希林洛的說法，關鍵在於開發一個「飲用水的全國商標」，此飲用水不一定要來自同一個水源，他建議使用「工廠淨化水」。[47]

可是，公司內部的批評聲浪認為這行不通。畢竟，人們可以不花一毛錢就從家裡的水龍頭取水，為什麼會想要花錢買水？

到了一九八〇年代末，按照先前的經驗，這種想法似乎沒有那麼可笑了。可口可樂位於城鎮的裝瓶廠，如阿拉巴馬州的佩爾迪（Perdido）、密蘇里州的春田市（Springfield），以及紐澤西州的帕特森（Paterson），都在城市供水危機發生時瘋狂組織大受歡迎的瓶裝水救濟活動。瓶裝水越來越不新奇，甚至變成消費者在需求時期預期會出現的產品。[48]

瓶裝水的暴利

不過，可口可樂對於投資新產業還是很小心。其實，首先初步嘗試瓶裝水事業的是百事可樂，而不是可口可樂；百事可樂於一九九四年推出Aquafina這個品牌。不像當時其他受歡迎的礦泉水公司，像是波蘭泉（Poland Spring）或沛綠雅（Perrier），它們的產品來自特殊泉水，百事可樂決定使用淨化的當地自來水來做Aquafina，充分利用公司遍佈各地的裝瓶網路與低成本的公共自來水。[49]

一如往常，可口可樂在旁等待並觀察著，先讓別家公司冒險。可口可樂認為，要做百事可樂所做的這件事，可能會傷害到公司與裝瓶廠商之間的特殊夥伴關係。可口可樂藉由販賣糖漿給裝瓶夥伴賺錢，雖然成立了可口可樂企業，但是在一九九四年時，可口可樂的體系中仍有許多獨立裝瓶商。時任公司總裁的艾維斯特猜想，如果公司開始販售瓶裝水，裝瓶商沒理由把利潤送回母公司，因為地方分銷商就有取得當地水資源的完美管道，又要如何避免他們自行經營瓶裝水生意？

為了解決這個問題，詭計多端、老謀深算的艾維斯特想出一個絕佳的解決辦法。正如同康斯坦士·賀斯（Constance Hays）的解釋：「艾維斯特決定在水中加入一些礦物鹽，包括氯化鉀。這些礦物質是一種濃縮物，因此裝瓶商必須向可口可樂購買。」遵循這種商業模式，可口可樂就能保存經銷體系，全國各地的裝瓶商依然要繼續依賴母公司。到了一九九九年春天，可口可樂已經開始販售自己的淨化水品牌 Dasani。[50]

銷售數字表現相當亮眼。北極星協會（Polaris Institute）這個位於加拿大渥太華的公民倡議團體，該協會的會長湯尼·克拉克（Tony Clarke）在他關於瓶裝水的著作中揭露，二〇〇〇年代晚期，可口可樂每公升購買市政府供水的費用，以及其販售每公升 Dasani 瓶裝水的費用，兩者之間差異甚鉅。根據克拉克的說法，二〇〇七年，可口可樂購買喬治亞州瑪麗埃塔（Marietta）的市政府供水時，一加侖只支付約〇·〇〇二美分，但是一加侖的 Dasani 卻要價四·三五美元。換句話說，在該城市，一加侖的 Dasani 瓶裝水比一加侖的當地市政府自來水貴了超過二十萬倍。[51]

在這個方程式裡，有很多錢被用在行銷活動上，企圖減緩消費者使用自來水的行為。例如，在一九九八年，可口可樂開始大力推廣減少橄欖園（Olive Garden）經銷店的「自來水發生率」。這個推廣活動名為「向 H2O 說掰掰」，負責教導橄欖園的員工銷售技巧，引導顧客不飲用自來水，而是飲用「可以賺錢的飲料」。百事可樂也毀謗公共供水。二〇〇〇年，百事可樂的副董事長羅伯特·莫里森（Robert Morrison）將自來水稱為無酒精飲料產業的「最大敵人」，聲稱公共水源的品質只能用來灌溉與煮菜。[52]

迅速擴張的海外裝瓶廠

二十世紀末期，正當可口可樂試圖尋求美國聯邦政府援助建設海外裝瓶廠時，亦將使用在橄欖園的說詞，搬到聯邦政府面前。可口可樂辯稱，各國政府辜負人民，它們就是無法建造安全而乾淨的供水系統。無酒精飲料公司能在國內做到的事情，也可以在國外做到，而可口可樂可以將新鮮、乾淨的瓶裝水送到世界各地數以百萬的口渴人民手上。

政府相信可口可樂的說辭；一九九〇年代，政府與可口可樂的聯邦援助夥伴關係開始萌芽。到了一九九二年，海外私人投資公司得到親商的比爾．柯林頓（Bill Clinton）政府支持，柯林頓政府亟欲將此援助機關，變成美國企業在新興市場上的有力工具。六年後，海外私人投資公司的預算就從一億美元增加到四十億美元。[53]

可口可樂的高階主管想利用這個擴大中的聯邦百寶箱，他們迅速行動，成為聯邦機關慷慨解囊下的受益者。一九九〇年，可口可樂取得海外私人投資公司的援助金，在史瓦濟蘭、俄羅斯、土耳其、巴貝多、牙買加、埃及、迦納與奈及利亞建造裝瓶廠。這些都是大筆的合約。例如，海外私人投資公司同意提供高達二億三千三百萬美元的保險金，資助可口可樂在俄羅斯的計畫；四千八百六十萬美元資助在奈及利亞的計畫，而這些補助幾乎沒有任何附帶條件。

事實上，援助機關允許可口可樂「自我監控」與聯邦發展政策的約定，包括援外計畫對美國經濟、當地國家發展及環境的影響。海外私人投資公司很有信心，資助可口可樂在像是奈及利亞等開發中國家的裝瓶企業，可以對美國與當地國家的工作機會做出重大貢獻，並且幫助散播強大科技與知識到世界上最貧窮的國家之一。[54]

可口可樂的高階主管奈威·伊斯德爾（Neville Isdell）於一九九〇年代，負責監督公司在東歐、北歐、蘇聯、非洲及中東的所有公司營運，他對海外私人投資公司的安排覺得真是再好不過。多年來，伊斯德爾一直覺得可口可樂在開發中世界露面不夠多，特別是非洲。他對這塊大陸所知甚多，因為這位北愛爾蘭僑民從小就在北羅德西亞（Northern Rhodesia）長大，曾在尚比亞和南非的許多家可口可樂裝瓶廠中服務。現在，伊斯德爾可以想見公司與政府形成獨特的公私部門夥伴關係，能將可口可樂帶給更多的非洲人，他認為這對可口可樂和當地經濟都是一大好事。[55]

伊斯德爾熱切相信可口可樂的公眾服務任務。當他還是開普敦大學（Cape Town University）的年輕學生時，原本的目標是社會工作者，並對自己在南非看到的種族不平等待遇感觸很深。他在大學參與當地集會，反對種族隔離政策，並且研究開普敦（Cape Town）郊區貧窮黑人城鎮的虐童議題。當他決定成為可口可樂員工時，並未捨棄這種熱心服務的心態。他堅定相信資本主義是「外國援助最強而有力的形式」，也相信政府提供減稅來鼓勵企業投資貧窮國家，能夠發揮最大幫助。海外私人投資公司代表伊斯德爾的理想，形成一種公私部門的合作關係，不只是提高企業獲利，還能為數以百萬計的人民帶來幸福。[56]

一切看起來都十分美好，對可口可樂來說就是如此。但是，仔細看看海外私人投資公司的合約內容，就會發現其中對於開發承諾的部分實在無比空虛。例如，隱藏在海外私人投資公司的奈及利亞裝瓶合約中就有條附註，說明這項計畫的「原始官方文件並未提供改善開發性建設的資訊」。海外私人投資公司提及，可口可樂主要的基礎建設貢獻，其實只是提供當地國家可飲用的瓶裝水。海外私人投資公司給予的四千八百萬美元對可口可樂的銷售幫助很大，但是對於奈及利亞粗劣的公共給水基礎建設品質卻沒有改善。

公共資助與針對改進的需求之間的差距十分驚人，可口可樂接受海外私人投資公司的資金那一年，只有五八％的奈及利亞人口能取得改善的水源；世界衛生組織（ＷＨＯ）將這種水源定義為，不受人類排泄物和其他有毒物汙染的水源。換句話說，這個國家需要的不只是一座裝瓶廠；它需要用來建造大規模公共給水基礎建設的龐大投資。[57]

將更好的水源，送到各個貧窮的角落

持平而論，可口可樂並非所有計畫都是純粹服務自己。例如，二〇〇五年十一月，可口可樂和美國國際開發署推動水資源與發展聯盟（Water and Development Alliance，WADA），目的在於將更好的水帶到全球各地的貧窮社會。根據美國國際開發署的說法，水資源與發展聯盟展現美國政府和私人產業合作的潛力，雙方都能對令人憂心的全球問題做出長遠影響。結合美國國際開發署的發展專業與可口可樂公司的資源、能力及投入，它們正在為整個開發中世界的水資源議題做出正面貢獻。到了二〇一二年，雙方的合作已經在二十三個國家推動水資源建設。[58]

美國國際開發署及其他的政府夥伴，投入五〇％的錢在水資源與發展聯盟的水資源計畫，可口可樂公司的兩個慈善機構可口可樂基金會（Coca-Cola Foundation）和可口可樂非洲基金會（Coca-Cola Africa Foundation）則提供大部分的私人產業支援。它們的成就包括下列幾項：

◎在莫三比克將市政供水系統延伸到半都市的社區。
◎在迦納的首都阿克拉（Accra）建設「分散式的水源處理中心」。
◎在南非改善並修復各個市鎮損壞的多條自來水管。
◎在奈及利亞提供貧窮社區攜帶式的水源處理產品。
◎在菲律賓為城市的水資源管理者提供技術服務。
◎在宏都拉斯資助綠科技投資，並且在可口可樂裝瓶廠進行環境訓練。

總體來說，可口可樂在二〇一二年自豪地表示，水資源與發展聯盟已經協助把乾淨的飲用水帶給超過五十萬人，確保五萬五千人以上能夠取得基本的公共衛生設施，並且保護超過四十萬公頃的重要集水區。[59]

在水資源與發展聯盟推動運作的同時，可口可樂也在國際機關與非營利組織的協助下，推動其他一系列的供水計畫。像是在二〇〇八年，公司開始與美國自然保護組織（Nature Conservancy）合作，於全球各地的貧困地區進行多種發展計畫。四年後，這兩個組織已經能自誇在全球各地實施超過兩百五十個相關計畫；同樣地，與世界自然基金會（World Wildlife Fund）共同形成的新聯盟也開花結果，特別是在亞洲，雙方協助復育長江與湄公河流域的溼地；非洲也變成可口可樂慈善事業的主要焦點。可口可樂的非洲水潤行動計畫（Replenish Africa Initiative，RAIN）於二〇一一年開始啟動，這項為期六年，斥資三千萬美元的計畫，得到世界衛生組織與許多非營利組織的幫助，開始在非洲大陸發展大規模的公共飲用水基礎建設。[60]

二〇一三年，可口可樂主導一項大膽計畫，在非洲的貧困地區設置一種取名為EKOCENTER的組合貨櫃屋，搭載最先進的「彈弓」（Slingshot）水處理科技（之所以會取名為彈弓，是因為要表達一項小小的科技就有能力解決巨大的問題，像是聖經裡大衛拿著彈弓擊敗巨人歌利亞一樣）。賽格威（Segway）電力驅動車的發明者狄恩．卡門（Dean Kamen）早在二〇〇四年就引進彈弓，但是他需要一個辦法來讓產品進入世界各地的貧窮地區。考量到全球分布廣泛，可口可樂似乎就是傳播這個小型水處理系統的理想企業；這種系統的尺寸並不比飯店的迷你冰箱大上多少。

第一座EKOCENTER在二〇一三年八月於南非的海德堡啟用，是一個二十英尺寬的太陽能貨櫃屋。公司計畫在二〇一五年前啟用超過一千五百個類似的貨櫃屋，與非洲、亞洲及世界上其他地區的女性企業家合作，借貸微型貸款給她們來經營中心。可口可樂再次強調，這項事業的目的在於授予當地居民力量、創造新的就業機會。當然，除了提供乾淨水源與疫苗，這些中心也販售冰涼的可口可樂。[61]

勝券在握的可口可樂

可口可樂因為這些供水計畫而備受讚譽，它也的確應該得到盛讚，因為這些計畫改善供水情況，並且迫使許多公司開始考慮推動企業水資源管理的相關計畫。但真相是，可口可樂的這些計畫並沒有花費公司多少成本。以二〇一〇年來說，可口可樂五年來貢獻給水資源與發展聯盟的資金總共約一千五百萬美元，對於一家光是這一年的淨利就超過一百一十八億美元的公司而言，簡直就是九牛一毛。只要想想多數地區提供給可口可樂當地珍貴的水資源，這麼一點捐獻恐怕比較適合說成取得這些資源的部分費用，而非利他的善心施捨。[62]

可口可樂或許可以宣稱，它在海外私人投資公司與美國國際開發署所支持的海外裝瓶計畫中，投資的規模雖然不大，卻為外國政府帶來可觀的稅收，但是可口可樂也從外國政治領袖得到許多所得稅減免額，這些錢原本可以用在更多的慈善事業。例如，可口可樂奈及利亞有限公司在一九九〇年除了獲得海外私人投資公司提供的四千五百六十萬美元款項之外，還享有奈及利亞政府給予的「五年免稅」優惠。[63]

同樣地，墨西哥的例子也很有啟發意義。二〇〇〇年代，墨西哥政府開心地給予可口可樂很吸引人的減稅優惠，因為可口可樂要進軍墨西哥。在聖克里斯托瓦爾卓斯卡薩斯（San Cristobal de Las Casas）附近的查姆拉（Chamula）小鎮，可口可樂在二〇〇〇年代初遭到當地運動人士攻擊，他們聲稱可口可樂耗盡當地的水資源，卻沒有付出代價。根據鎮民的說法，墨西哥總統比森特・福克斯（Vicente Fox，可口可樂墨西哥總部的前執行長）負責監督聯邦政府發放許可，讓一座位於墨西哥中部的可口可樂裝瓶廠，汲取威德貝（Huitepec）地下水層數千加侖的水源。這些水源沒有計量，而查姆拉有關當局也並未收到補償。[64]

澳洲也發生差不多的狀況。中央政府駁回市政府不得讓可口可樂從當地地下水層取水的決定之後，可口可樂就在二〇〇〇年代初期取水，但是幾乎沒有支付任何金錢。澳洲土地與環境法院允許可口可樂阿馬提爾公司（Coca-Cola Amatil，為可口可樂在亞洲的第五大裝瓶商與分銷商），從地下蓄水庫汲取數百萬公升的水。高士福（Gosford）市議會很難接受，因為議會拒絕可口可樂在當地面臨百年來的嚴重乾旱時，仍然計畫增加開採的水量，而法院卻只將開採費用訂定為象徵性的二百美元。[65]

水資源戰爭開打！

在這些戰爭中（世界各地有許多這樣的戰爭），可口可樂對上當地政府往往是勝多於敗。但是，在位於印度南方喀拉拉邦的普拉奇馬達，也就是我在二〇一〇年十一月造訪的這座小村莊，可口可樂就沒有那麼成功了。二〇〇二年，當地的運動人士在這裡組織一個反可口可樂委員會（Coca-Cola Virudha Samara Samithi），督促村落統治組織關閉印度可口可樂私人公司（Hindustan Coca-Cola Beverages Pvt. Ltd., HCBPL）的裝瓶工廠。印度可口可樂私人公司的生產設施被指控破壞地下水層，並將汙染物排放到當地溪流與田野。到了二〇〇三年四月，當地政府撤銷印度可口可樂私人公司的執照，迫使可口可樂到喀拉拉邦高等法院提出異議。在二〇〇四年二月，繼證明局部定點汙染源的科學研究出現後，喀拉拉邦政府對印度可口可樂私人公司發出禁令，勒令工廠停止營運至該年六月中。然而，二〇〇五年四月，喀拉拉邦高等法院撤銷命令，讓印度可口可樂私人公司恢復在普拉奇馬達的裝瓶事業。

即使如此，反可口可樂的勢力仍然持續抗爭，於是在一年後喀拉拉邦政府再度介入。法院基於一些詳細說明可口可樂與百事可樂產品中殺蟲劑高濃度的新報告，於二〇〇六年八月九日禁止可口可樂與百事可樂在喀拉拉邦販售產品。不過，可口可樂再次挑戰，表明邦政府沒有權限這麼做。這場訴訟來來回回，但是到了二〇一四年普拉奇馬達的工廠仍維持關閉狀態，而可口可樂依然否認其裝瓶夥伴導致當地水資源枯竭。[66]

很少有地區能像普拉奇馬達那樣，成功抵擋可口可樂的入侵。例如，在拉賈斯坦邦（Rajasthan）這個我曾於二〇一〇年到訪的北印度沙漠之邦，可口可樂的裝瓶事業使得當地原本就稀少的水資源更加匱乏，並不像位於叢林中央的普拉奇馬達，拉賈斯坦邦大部分地區的年降雨量不到二十三英寸。但是，印度可口可樂私人公司還是獲准在卡拉德拉（Kaladera）興建工廠；卡拉德拉是一個農村，數英里外就是人口高度密集的齋浦爾（Jaipur）。當地政府十分歡迎這項投資，還提供位於工業園區的土地，相信可口可樂工廠會為當地帶來亟需的就業機會。

到了二〇〇四年，該工廠對枯竭的蓄水層需索過多，鄰近地區的農民注意到井水的水面高度因而下降，於是爆發抗爭，成為全球頭條新聞。面對密西根大學（University of Michigan）學生會的壓力，威脅可口可樂公司再不想辦法解決問題，就要在校園裡禁止販售可口可樂，可口可樂只好在二〇〇六年同意讓第三方調查該工廠。兩年後，可口可樂所認可的環境調查機構，也就是總部位於新德里的能源與資源研究所（Energy and Resources Institute，TERI），發表一份報告，內容清楚指出：「該廠在此地區的營運將會持續導致鄰近社區的水質惡化、資源枯竭。」村民與運動人士在報告發布後持續抗爭，但是印度可口可樂私人公司拒絕關閉該廠。我在二〇一〇年秋天造訪該裝瓶廠時，工廠還在營運。[67]

藍色金礦的枯竭

這就是可口可樂資本主義的厲害之處。因為可口可樂沒有實質擁有許多經銷商，而且十分依賴外國當地中間商，就能宣稱自己是當地經濟的重要元素，是一家鼓勵許多區域交易的公司，因此值得享有地方公共資源與自然資本。一旦讓可口可樂進駐當地後就難以驅逐，即使它在當地造成嚴重的環境問題，因為毀了可口可樂就等於毀了就業機會。在貧困的地區中，很少有政治人物會願意承擔丟掉工作的風險，保護自然資本免受過度開發之害。到頭來，還是「有錢能使鬼推磨」。

但是，無論是在非洲、澳洲、印度或墨西哥，可口可樂在二〇〇〇年代早期的擴張，都揭露一個令人哀傷的真相：可口可樂取用水源的這些地區，都是最不能犧牲珍貴水資源的地方。可口可樂也不打算停止無止盡的成長。在二〇一二年的永續發展報告（Sustainability Report）中，該公司明白指出打算長期使用更多的水，而非減少用水。報告中表示，公司還會繼續成長。針對那些擔心可口可樂的環保努力有可能會無法獲利的股東，永續發展報告清楚聲明：「提升用水效率並不代表產品會因而減少。反之，我們打算降低用水比例（亦即每公升產品的用水量），同時又讓生意成長。」另一份公司刊物也宣稱：「我們會成為負責任的水資源管理者，就算是同時提高產量也一樣。」[68]

如果公司打算販售更多的可樂，勢必需要更多的水，於是可口可樂便開始著手發掘世上僅剩的藍色金礦。二〇〇四年，公司投資超過一百五十萬美元創造一份電子地圖，顯示全世界的水資源緊迫情形，目標是要打造一種用顏色標示出不同程度的寶藏圖，協助可口可樂看出地球上水資源豐富與稀少的地區。當可口可樂的研究團隊終於用數據做出影像後，結果十分令人不安。北非、澳洲及中東的大部分地區都顯示紅色，代表水資源緊迫情形「極高」，地圖上同樣顯示中國、印度、墨西哥與美國西南部有很大一部分處於類似的緊迫情況。簡單來說，可口可樂的資料庫顯示，這個世界上有許多人口密集的地區，正面臨前所未有的缺水危機。[69]

儘管研究人員發現這種狀況，可口可樂還是持續在全世界各地的乾旱地區經營裝瓶事業。我們之所以會知道這件事，是因為現在有了可口可樂在二〇〇四年做出的那份地圖。可口可樂將這份地圖與相關資料庫於二〇一一年捐給世界資源研究所（World Resource Institute）的水資源計畫。現在任何人都可以上網研讀這些地理資訊系統（GIS）的資料，網址為 aqueduct.wri.org。

表一列出部分可口可樂於二〇一二年仍在運作中的裝瓶廠，這些裝瓶廠都位於地圖上標示為嚴重缺水風險「很高」或「極高」的地區，其中有一些裝瓶廠每年還從地下抽取三億公升以上的水。[70]

對全球水資源的危害

如果可口可樂當初做出這份二〇〇四年的地圖，是為了評估是否應該關閉位於全世界水資源特別稀少地區的工廠，它顯然並未依據手邊的資訊做出行動。生意還是照做，即使所有資訊顯示在世界上某些特定地區擴大汲水行為，將會讓缺水情形嚴重惡化。可口可樂宣稱，其用水能變得更有效率，也表示藉由降低用水比例，就會變成優秀的水資源管理者。它也辯稱，透過復林計畫、流域管理，以及建造、分送設計用來收集雨水的桶子（這種做法稱為「雨水收集」），就能幫忙「補充」水資源。換句話說，針對降雨不足的地方，可口可樂承諾「製雨」。[71]

然而，儘管可口可樂承諾回饋，卻總是傳遞擴張的訊息。長久看來，可口可樂只會需要更多的水，不可能更少。不令人意外地，各國政府不斷鼓勵可口可樂擴張，相信它的成長對當地有益，於是給予可口可樂減稅、土地及特別津貼，鼓勵可口可樂成長，即使可口可樂公司需索大量的珍貴生態資源。可口可樂致力於在未來數年繼續在地球上最乾旱的地區擴張銷售，完全是為了追求更高的利潤。

地區	緊迫情形
沙烏地阿拉伯的利雅德（Riyadh）	極高
印度拉賈斯坦邦的卡拉德拉（kaladera）	高
衣索匹亞的德雷達瓦（Dire Dawa）	極高
阿拉伯聯合大公國的艾因（Al Ain）	極高
亞塞拜然的巴庫（Baku）	極高
伊朗的馬什哈德（Mashhad）	極高
巴林的麥納瑪（Manama）	極高
約旦的安曼（Amman）	極高

表一　部分可口可樂在 2012 年仍有運作的裝瓶廠及其水資源緊迫情形

資料來源：水資源風險評估資料來自世界資源研究所的水資源風險全球地圖（Aqueduct Water Risk Atlas）；資料由可口可樂公司提供。

有些人相信，這意謂著更多工作與經濟繁榮，只是問題依然存在：這些地區得到的有比付出來得多嗎？可口可樂投資在公共水資源計畫的數百萬美元，只能解決許多國家面臨的數十億元基礎建設問題之一小部分。

光是在美國，環保署就估計到了二〇二〇年，在已分配給改善公共供水系統的經費，與預期花費在發展並維護的費用兩者之間，將有五千億美元的大缺口。對海外的開發中國家來說，這個價格顯然更高。考量到這些龐大的需求，將公共資源應用在修理公共水管，而非購買瓶裝水，似乎對於全球這些缺水地區的人民來說更有幫助。如果不這麼做的話，可口可樂恐怕會變成這些國家的人民唯一能拿來解渴的東西。正如我所發現，有些地方已是如此。[72]

第七章

毀滅森林的咖啡園

——失去的鳥類、昆蟲與沃壤

對可口可樂公司來說，銷售咖啡因永遠是一種協商。為了讓公司的商業命脈充斥著這種極為重要的藥劑，它需要來自消費者與供應商雙方的支持。可口可樂請求老主顧做的並不是一件小事，是要利用他們的身體作為大量咖啡因的儲藏庫。二十世紀下半葉，美國人喝下前所未見的藥劑分量，於是問題就產生了：這樣狂飲的方式是否會造成生理的傷害？假如可口可樂想要增加銷售量，就必須說服大眾，公司有科學證據支持，灌下超大量的汽水並不會讓人後悔莫及。

對可口可樂來說，和供應商合作也需要面面俱到。公司必須向商業夥伴保證，加強擴大咖啡因生產的話，財源便會滾滾而來，儘管事實上這種成長對生產業者來說，通常不會帶來多少經濟效益。可口可樂鼓勵長期的供應商投資擴張昂貴的農場與工廠，同時卻在尋覓新的供貨來源。其中的訣竅是盡可能拉人加入這場遊戲，而不至於因為利潤必然會被增加的市場競爭所壓縮，引發忠實夥伴反感。

二十世紀下半葉，可口可樂的協商技巧面臨考驗，隨著咖啡因生產與消耗雙方的隱性生態、經濟和生物成本，將可能導致公司商品鏈的斷裂，公司正面臨重大的問題。考量到逐漸縮減的生產毛利，孟山都和其他咖啡因供應商，是否會繼續滿足可口可樂公司對更多咖啡因的需求？熱帶農場是否會繼續生產可口可樂所需有效藥劑的原料？最重要的是，消費者是否會同意在體內消化越來越多的咖啡因？假如可口可樂公司想要達成目的，就必須說服消費者和商業夥伴，咖啡因對身體與企業體都大有好處。

低咖啡因飲料的崛起

到了一九五〇年代，反咖啡因運動正在熱烈展開。可口可樂公司從一九一〇年代和政府化學人員哈維．衛利（Harvey Wiley）的早期交手開始，便極力想要壓制這項運動。在一九三〇年代至一九四〇年代期間，食品藥物管理局接到大量的來信。這些具有健康意識的美國人在信中表達關切，想知道咖啡因的攝取和神經過敏及失眠之間的關聯性。許多人表示，他們已經受夠這種藥劑，其他人則呼籲政府要採取行動。可口可樂這位咖啡因罪犯再度成為消費者評論的靶心。

不過，對可口可樂來說，剛開始似乎呈現惱人的趨勢，但很快就轉變成對這位無酒精飲料巨人有利的處境了。對咖啡因逐漸增長的恐懼打造出各式不含刺激物飲料的小眾市場，許多公司大力行銷新的無咖啡因飲料，當作一般咖啡品牌的健康替代品。正當去咖啡因市場在一九五〇年代大為擴展之際，隨著全球各地咖啡加工廠的荒廢，使得咖啡因的貨源變得相當充足。可口可樂公司擁有充足的咖啡因新來源，因為在渴望限制刺激物取得的消費者文化驅使下，卻諷刺地促成相同藥劑的空前生產量。

低咖啡因咖啡已存在一段時間。一九〇六年，一位名叫路德威希・羅塞魯斯（Ludwig Roselius）的德國商人，為一種用蒸氣處理生咖啡豆，同時可以萃取咖啡因的方法申請專利。羅塞魯斯利用這種去咖啡因技術，開始生產第一種去咖啡因的調合咖啡，稱為 Kaffee HAG，並且作為商業銷售的品牌。接下來十年裡，羅塞魯斯在法國以 Sanka（這是一個有創意的法文結合字，意指「不含咖啡因」）的品牌名稱銷售 Kaffee HAG，在美國則是以 Dekafa 的品牌，不過後來在美國的品牌名稱也改成 Sanka。[1]

在一九一〇年代及一九二〇年代，消費者對低咖啡因產品的需求很有限，一部分是因為無咖啡因飲料的價格昂貴。在一九〇〇年至一九二〇年間，把咖啡豆加工為低咖啡因咖啡需要花費大量資金，因而迫使經銷商將產品的價格訂在每磅超過一美元，比起零售商販售一般咖啡的價格多出四倍以上。即使賦予低咖啡因的訴求，卻很少有消費者願意支付高價，來購買一項去除主要成分的產品。更糟的是，大部分的無咖啡因飲料喝起來的味道都不是很好。[2]

不過，低咖啡因咖啡的價格終究下跌了，因為大企業大手筆投資咖啡加工廠。在一九三〇年代，例如家樂氏公司（Kellogg Company）與通用食品等食品業巨頭，買下國外的去咖啡因生產業者，投入重金改善並簡化去咖啡因系統。通用食品是麥斯威爾咖啡（Maxwell House Coffee）的主要經銷商，在紐澤西州霍博肯（Hoboken）開發一座去咖啡因工廠，並在一九三二年取得羅塞魯斯的 Sanka 低咖啡因品牌。一九三七年，通用食品又從家樂氏手中買下 Kaffee HAG，成為美國低咖啡因咖啡的唯一製造商。[3]

通用食品達到規模經濟之後，在一九三九年就把去咖啡因產品價格下降將近七〇%。在接受《紐約時報》訪問時，公司的採購經理表示：「大約十年前 Sanka 咖啡的零售價是一美元，現在的價格只剩三分之一左右。」到了經濟大蕭條末期，消費者購買一磅低咖啡因咖啡的價格只比一般咖啡高出幾美分；而在一九三九年，一般咖啡平均每磅要價二十二美分。[4]

通用食品在擴展低咖啡因咖啡事業時，也製造出大量的副產品：咖啡因。一九四四年，該公司供應三十萬磅以上的咖啡因給商業買家，幾乎是美國國內總生產量的二〇%，比起梅伍德化工也只少了五萬磅。不過，可口可樂並非通用食品的原始客戶之一。多年來，可口可樂公司聲稱，霍博肯咖啡廠生產的咖啡因品質不及其他廠商。問題就在於，通用食品無法除去咖啡副產品，以及用來從生咖啡豆萃取咖啡因的溶劑。製成原料中有時候會發現雜質，因此通用食品的咖啡因並不適合用來製造可口可樂的產品。[5]

但是，到了一九五〇年代的最後幾年，通用食品努力達到可口可樂的純淨標準。這時通用食品的生意興隆，公司樂意冒險投資以賺取更多的財富。這家企業在一九五五年《財星》（*Fortune*）五百大企業中名列第三十一名，營收高達七億八千萬美元。咖啡是公司該年最大的部門，不過通用食品在其他包裝食品產品線上也出現銷售佳績，品牌包括 Jell-O、Swans Down Instant Cake Mixes、Minute Rice，以及

Post Toasties 早餐麥片等。

在資金充裕的情況下，公司總裁查爾斯．摩提默（Charles G. Mortimer）把營收再投資，貸款打造最先進的工廠與設備。一九五九年，公司的長期債務增加到四千四百萬美元。咖啡是主要的投資焦點，正因為該部門為公司帶來這麼多的營收。在一九五五年至一九六五年間，通用食品擴大霍博肯工廠的產能，在佛羅里達州傑克遜維爾（Jacksonville）、德州休士頓、魁北克拉薩爾（LaSalle），以及日本的伊丹市都打造去咖啡因的設施。[6]

這些投資都值回票價。到了一九五九年，通用食品的去咖啡因系統已臻至完美，能使可口可樂的化學人員感到滿意，並且生產每磅要價二．一美元的咖啡因，這是可口可樂自一九四二年以來見過最好的價格。公司的副總裁海斯欣喜不已：「這種價格當然是我們的最低價格，和其他廠商交易時會很有幫助。」結果通用食品成為可口可樂的主要咖啡因供應商，每年供應三十五萬磅的咖啡因，大約是該公司年度總需求量的四九％。[7]

在低咖啡因咖啡風潮興起前，孟山都是可口可樂的主要咖啡因供應商，現在卻大勢已去。位於聖路易的化學公司投入大筆資金，研發合成咖啡因加工廠，一心深信可口可樂公司會重擬合約，但是這個夢想卻未曾實現。孟山都不敵通用食品或其他外國競爭對手的價格，由於戰後時期的關稅障礙瓦解了，現在那些外國廠商能提供低廉的咖啡因給可口可樂。孟山都最後放棄，並且退出咖啡因事業，吞下相關製造投資成本。[8]

投機種植致使生產過剩

另一方面，可口可樂不斷成長茁壯。在咖啡因方面，可口可樂於一九六二年高興地提出報告，表示公司目前的微小困擾，是防止庫存龐大到無法管理。海斯甚至寫信給通用食品的業務員艾拉・方德華特（Ira Vandewater），向他說明合約的價格太低了，他又補充道：「我們之間合作關係的坦誠度是這樣的：在一九五四年，我覺得價格太高時會毫不遲疑地告訴你，現在我相信情況正好相反。」[9]

但是，通用食品並不太擔心咖啡因銷售的利潤。現在該公司能提供低廉的價格，因為它正樂於記錄咖啡部門的獲利，無論是來自一般咖啡品牌，例如麥斯威爾即溶咖啡、麥斯威爾咖啡，以及Yuban，或是來自低咖啡因品牌Sanka。其中有部分是因為南美洲的農作物產量豐富，導致原料的成本下降。

在一個為人熟知的農業故事裡，一九五三年發生一場驚人的霜害後，巴西的種植業者隨即大肆擴大咖啡種植。當時的商品價格頗高，不過等到咖啡樹在四年後成熟，便造成嚴重的供過於求。這就是投資多年生植物會發生的問題。與每年都需要重新栽種的甘蔗不同，咖啡樹在二十年內都能生產咖啡豆。

結果一年的投機種植卻造成往後的生產過剩。到了一九五七年，新作物開始長出果實，大批的咖啡豆湧進國際市場，導致價格直線下跌。咖啡生產國家的種植工人付出勞力，只拿到微不足道的薪資，而美國公司卻將更低廉的原料哄抬價格，藉此大發利市。[10]

到了這個時候，美國每人平均的咖啡消費量超過每天三杯，僅次於一九四六年所創下的最高紀錄。在這個步調快速的汽車年代，美國人迷上便宜的即溶咖啡。根據當時的說法是，這是可溶解的包裝研磨咖啡豆，只要在熱水裡攪拌即可。美國軍方率先完成即溶咖啡的冷凍乾燥技術，供應咖啡因給在第二次世界大戰中疲於作戰的前線部隊。

不過，到了戰後，通用食品等各大公司開始銷售即溶咖啡給那些出門在外的忙碌消費者；他們想要享受喝一杯咖啡的便利，卻能省去磨煮咖啡豆的麻煩。即溶咖啡成為美國人偏好的飲用咖啡方式，而且就此變成長久沿襲的習慣。

到了一九六〇年，美國人消費的各國進口咖啡豆已經呈倍數成長，約莫占了世界各地生產的四〇%咖啡豆產量，而且大部分都是由通用食品加工分銷。低咖啡因咖啡在這個成長的市場中占據相當比例，其中的全美各地低咖啡因咖啡領導品牌 Sanka，於一九五七年美國所有即溶咖啡的銷售中位居第四。在通用食品新興的低咖啡因事業版圖裡，含咖啡因咖啡的銷售只是一種額外附加的副產品。11

進軍咖啡產業

在這個美國咖啡烘焙業者眼中的興盛時期，可口可樂開始考慮跨足這項產業，因為其中似乎能獲得豐厚的利益，可口可樂相信自己擁有市場行銷能力與資金來源，足以成為咖啡產業的主導者之一。

這是公司策略的一項重大改變，由一九五八年接掌領導權的公司總裁塔利主導。塔利的身材矮胖，以一口令人卸下心防的阿拉巴馬口音聞名；他是作風積極的商人，對可口可樂的未來懷抱著遠大夢想。他在一九二八年加入這家公司，並於一九四三年至一九五八年間擔任可口可樂出口公司的高階主管，當時可口可樂正在緩慢流失市場占有率，輸給百事可樂這個討厭的對手。

正如上一章所提，塔利相信百事可樂的戰後成績來自於它願意配合變動的市場情況，他覺得相較之下可口可樂變得自滿而停滯不前，不願因為投入新產業而承擔損失利益的風險。過去七十五年來，可口可樂只銷售一種產品，而塔利希望公司能多方擴展。[12]

到了一九六〇年，可口可樂的新總裁展現他的野心，斥資七千二百五十萬美元，取得美粒果這家全世界最大的冷凍柳橙濃縮汁製造商，以及第二大即溶咖啡加工業者。這是一次重大的合併，可口可樂必須面對之前從未管理的龐大產業。不單是因為美粒果在佛羅里達州擁有或租下二萬英畝以上的柑橘果園，是全世界最大的柑橘種植加工業者，可口可樂同時也透過其子公司Tenco，大手筆投資咖啡加工廠。

一九五二年，經銷新英格蘭、中大西洋、東南部及西岸市場的十家地區咖啡加工商組成Tenco，以便提供資金，在紐澤西州林登（Linden）興建即溶咖啡加工廠與去除咖啡因的設備。Tenco十位創始成員之一，Albert Ehlers公司的亞伯．艾勒斯（Albert Ehlers）說明經濟情況：「我們之中沒有人負擔得起把一百萬美元投注在這種廠房上，沒有人知道何時會出現全新的製程而讓這個新領域被淘汰。但是，在攜手合作之下，我們各自持有這家新公司十分之一的股份，我們相信我們已經研發出高品質的製程，並且獲得高品質的合適設備。」

接下來的歲月裡，Tenco在加州舊金山、加拿大亞積士（Ajax），以及德國漢堡等地經營包裝與加工廠。它也是批發商，為這個企業集團的十家公司成員所負責行銷的私人品牌，進行咖啡加工和包裝。這些品牌包括位於田納西州納什維爾的Fleetwood，以及位於維吉尼亞州里奇蒙的Old Mansion等。到了一九六一年，Tenco成為全世界第三大的咖啡批發商。[13]

當然，收購Tenco和美粒果最令人動心之處是，現在可口可樂擁有自家內部的咖啡因供應來源。到了一九六〇年，Tenco為了生產低咖啡因咖啡而從咖啡中萃取的咖啡因，直接流入可口可樂的飲料裡。可口可樂做了一直以來極力避免的事：成為自家原料的供應者。[14]

可口可樂的某些高階主管認為這背離標準操作方法，於是質疑美粒果的合併與Tenco的收購是否審慎。畢竟正如分析師所指出的，和可口可樂相比，美粒果的負債龐大，而且有早期徵兆顯示銷售的營收不會太多。一九六一年七月，可口可樂公司美粒果部門的現任主管奧勒特公開表示，Tenco的盈餘報告十分令人失望。他說明：「我們收購Tenco的唯一理由……是我們確信可以提升公司的穩定度、價值及收益能力。」假如Tenco繼續表現疲軟的銷售成績，可口可樂將無意保留這家子公司作為內部咖啡因的供應者。[15]

不過，奧斯丁在一九六二年接任塔利的位置，成為公司總裁。他不顧這些警訊，認為可口可樂未來擴展到咖啡產業的前景看好。他不但相信多角化的方式能刺激可口可樂的新成長，也是一名願意承擔風險的強勢領導者。一九六四年，他秉持著塔利對擴展的一貫作風，進行收購鄧肯食品（Duncan Foods）。這家公司位於德州休士頓，負責加工分銷數個廣受歡迎的咖啡品牌，包括 Maryland Club、Admiration 及 Bright and Early 等。現在鄧肯（Duncan）和美粒果都屬於新的食品部門，由鄧肯食品的前所有人查爾斯·鄧肯（Charles Duncan）負責管理。[16]

從銷售失利到棄守咖啡市場

在一九六〇年代的這段時期，可口可樂在咖啡銷售獲利方面遇到困難。Tenco 企業集團裡的成員，例如 Cain's Coffee Company、William S. Scull，John H. Wilkins Company 等，在現代已經沒有多少消費者認得了；在當時，這個集團沒有行銷資本或品牌強度，無法和一些大廠相互抗衡，例如業界的領導品牌，通用食品與雀巢生產的麥斯威爾咖啡及 Taster's Choice。

可口可樂在銷售自家咖啡廠的烘焙咖啡方面並沒有扮演直接角色，而只像是它的小型地區性咖啡事業夥伴的批發商。正如 Tenco 的總裁艾德·亞波恩（Ed Aborn）表示，這家公司只是自有品牌的供應商，因此無法對抗那些全國品牌強勢的促銷活動。可口可樂的最大優勢是，能利用商品價格與販售給消費者的品牌產品之間的差距來獲利。但是，對 Tenco 來說並沒有這種力量，買家並不願支付高價購買可口可樂的咖啡。[17]

可口可樂的鄧肯品牌狀況也不見得比較好，這些品牌只在有限的地區性市場受到歡迎，根本不能和麥斯威爾咖啡受喜愛的程度相比。可口可樂現在知道面對全國性的龐然大物，要以小搏大的感受了。在這個產業裡，成為第一家建立全國認可品牌的公司是致勝關鍵，可口可樂從一開始便想要迎頭趕上，不過卻追趕得很辛苦。

雪上加霜的是，到了一九七〇年代，全球咖啡價格的波動讓可口可樂食品部門的高階主管頭痛不已。從一九六二年開始，主要的咖啡豆生產與消費國家聯手組成國際咖啡組織（International Coffee Organization，ICO），負責制定每年進出口配額。在一九七〇年代初期，該組織運用配額來降低市場波動，不過在一九七五年，巴西又出現一場突如其來的霜害，迫使國際咖啡組織暫停配額限制，直到一九七八年為止。

同時，短缺現象導致進口咖啡豆的價格扶搖直上，大幅縮減批發價格與商品成本之間的差距，並且嚴重減少Tenco的收益。可口可樂公司眼看著在咖啡產業獲取豐厚利益的希望渺茫，於是在一九八一年出售Tenco。經過近二十年的市場實驗，公司的財務長山姆．阿尤布（Sam Ayoub）表示：「我們不想生產無法銷售的咖啡。」[18]一七年後，可口可樂也拋售鄧肯咖啡品牌。

即使是最先誘使可口可樂涉足咖啡產業的關鍵原料——咖啡因，也不足以讓它繼續待在低咖啡因產業裡。事實上，儘管一九七〇年代的巴西霜害造成短缺，但是到了一九八〇年代，由於低咖啡因產業蓬勃成長，可口可樂的主要刺激物其實是供應過剩。Sanka在一九六〇年代獲利豐厚，促使通用食品於一九八五年推出三種全新的低咖啡因品牌：Brim Decaffeinated、麥斯威爾低咖啡因咖啡，以及 Yuban Decaffeinated。雀巢也推出許多新品牌，包括 Taster's Choice 低咖啡因咖啡與雀巢低咖啡因咖啡。

一九六二年至一九八四年間，低咖啡因咖啡的每人平均消耗量成長四倍。同一時期，一般咖啡消耗量下降四〇%以上，從每天超過三杯降至不到兩杯。根據某位業界發言人表示，低咖啡因是一九八四年的咖啡產業成長最快的部門，結果就是讓無酒精飲料公司能取得更多的咖啡因。[19]

輝瑞投入研發合成咖啡因

在咖啡產業以外，還有新的咖啡因生產者幫助降低價格。一九六〇年代中期，當時公認全世界最大的藥品製造公司之一輝瑞大藥廠（Pfizer Inc.），主要以製造暢銷的處方箋藥品與抗生素聞名。該公司完成孟山都未竟之志，研發出一種可銷售的合成咖啡因，原料來源並非取自茶葉、咖啡豆或其他植物（裡面究竟添加哪些化學成分不得而知，不過由化石燃料萃取出來的尿素可能是基本成分）。

該藥廠於一九四七年開始投資咖啡因生產設施，買下可口可樂邊緣咖啡因供應廠之一的 Citro Chemical，而且在接下來的兩年內，輝瑞就以天然原料製造咖啡因，來源包括泡過的茶葉。一九四九年，該公司擴大營運，把康乃迪克州格羅頓（Groton）的一家合成加工廠納入旗下。輝瑞和孟山都一樣，在一九五〇年代都面臨來自通用食品與外來競爭者的壓力，不過輝瑞卻依然繼續投入改良合成的製程。到了一九六五年，該公司終於能向股東欣喜地報告，已經順利將合成產品銷售給無酒精飲料公司，以及頭痛藥品的生產商。[20]

可口可樂公司在一九六〇年代是否與輝瑞簽訂購買合約，依舊不得而知。直到今天為止，咖啡因製造仍是一項令人高度困惑的產業。雖然紀錄對外公開，但是無法清楚指出可口可樂於何時核准使用合成咖啡因。時至今日，該公司終於承認咖啡因原料來自咖啡豆、茶葉，或是適當來源的合成物」。然而，可口可樂依然對於過去擔心的天然來源感到極為敏感，於是自動在公開聲明中表示，咖啡因是一種「天然產生的物質」，存在於超過六十個種類的植物裡。[21]

無論可口可樂公司在一九七〇年代或之後，是否改用合成物，輝瑞涉足咖啡因市場的影響，絕對為可口可樂公司帶來好處。到了一九七〇年，輝瑞能夠以每磅只要二．一四美元的價格銷售咖啡因，比通用食品在十二年前左右的價格還要低了大約二五％（已隨通貨膨脹調整）。輝瑞成為主要的咖啡因供應商，也是全美唯一的合成製造商，在一九七〇年代末，每年生產超過一千六百萬磅的合成咖啡因，並且不久後便有新的合成製造商崛起，成為美國市場的主要廠商。到了一九九〇年代，美國的公司開始向中國大量購買合成咖啡因，結果價格便持續壓低。[22]

一九八〇年代是買家的市場，可口可樂在接下來的數十年裡利用這一點來增加獲利。該公司沒理由把咖啡因製造內部化，因為咖啡因的價格十分低廉。從可口可樂的觀點來看，明智之舉是回歸到第三方買家，讓全世界的供應商，無論是美國的咖啡加工業者或中國的合成化學物製造商，彼此互相競爭。

可口可樂懊悔短暫涉足咖啡產業而慘遭滑鐵盧，但這已是不幸中的大幸。該公司只擁有寥寥幾家咖啡包裝與加工廠，要找到願意買下這些資產的買家並不困難。所幸，可口可樂的整合只擴展到這種程度，該公司並未擁有巴西的咖啡農場或重農業設備。

可口可樂曾經堅持整合海外的農業經營，即使內部有人希望公司能採取相反的做法，如奧斯丁。一九七三年，奧斯丁是當時的公司總裁，他曾和小伍德瑞夫商討收購巴西的甘蔗田、柑橘果園，以及其他農產地。他認為收購可以幫助公司降低未來的原料成本。奧斯丁形容巴西為某種豐富的生態觸角，能滿足那些浪費國內自然資源的美國產業。「當美國耗盡自家的自然資源時，」他寫道，「巴西正在逐漸開放。」它是「全世界的寶庫」，他如此告訴小伍德瑞夫。但是，小伍德瑞夫對於奧斯丁的訴求依舊無動於衷。這名高齡八十三歲的年老老闆斷然拒絕奧斯丁對於投資巴西的提議。[23]

小伍德瑞夫的看法和可口可樂的接班新世代不同，他清楚市場情況的變化有多快，某年看來似乎聰明的投資，到了隔年可能會導致公司瀕臨破產。小伍德瑞夫接管這家公司時，公司的獲利根本無法和奧斯丁成為總裁之後相比。他行事審慎，堅持依照往日的傳統做法。他在一九七三年和年輕一輩的奧斯丁（時年五十八歲）商討時，反對會造成公司負債的收購。最後小伍德瑞夫獲勝，可口可樂不插手巴西的農場事業，只不過奧斯丁依然不相信這麼做會對可口可樂公司有好處。

農場工人權利運動的爆發

奧斯丁早該知道會有什麼後果。回溯在一九七〇年時，可口可樂的美粒果農場經營為公司品牌帶來嚴重危機，因為激進主義分子揭發該公司旗下的柑橘果園工作環境惡劣。可口可樂為求獲利，給付農場工人的薪資微薄，每年還不到一千五百美元，沒有任何福利，並且不曾提供完善的員工宿舍規劃。一九六〇年，CBS揭露這些勞工待遇，播出一部名為《恥辱的收穫》（*Harvest of Shame*）紀錄片，內容是在可口可樂的果園裡，非裔美籍的農場工人長時間勞動，卻沒有得到適當的食物或水。

十年後，這種情況未見改善，於是CBS再接再厲，又製作一部紀錄片《移工》（*Migrant*），帶著美國觀眾踏入可口可樂農場工人的家裡。眼前的景象讓他們大感震驚：搖搖欲墜的小屋裡沒有馬桶或其他基本設備。不僅媒體驚駭不已，明尼蘇達州民主黨參議員華特·孟岱爾（Walter F. Mondale）也有同感。孟岱爾是未來的美國總統候選人，在一九七〇年七月召開一場特別的國會聽證會，討論如何促使全美各地的公司改善移工環境。[24]

一九六〇年代，一項農場工人權利運動在美國如火如荼地展開。這是反文化革命的年代，受過大學教育的年輕理想主義者和勞工激進分子集結一堂，揭露企業集團不公對貧困農工所造成的影響。這項新運動的領導人是凱薩·查維茲（César Chávez），他是一名來自加州的墨西哥裔美籍農工。他在一九六二年曾協助組成全國農場工人協會（National Farm Workers Association，NFWA），四年後改名為聯合農場工人工會（United Farm Workers，UFW）。

在一九六〇年代期間，查維茲和聯合農場工人工會領導一系列的活動，成功抵制美國西部的商業葡萄與水果農業綜合企業，並且將加州葡萄酒商產業帶到談判桌上，和勞工組織團體進行經紀人合約談判。到了一九七二年，聯合農場工人工會擁有約七萬名付費會員，並且計畫將組織擴展到全國各地。[25]

可口可樂對移工的承諾

可口可樂的總裁奧斯丁對查維茲和聯合農場工人工會心生畏懼。一九六九年，奧斯丁在一封寫給小伍德瑞夫的私人信件中表示，萬一聯合農場工人工會把目標瞄準可口可樂的話，他能預見未來的黑暗時期：「在現代的美國生活中，反體制主義是一股真實的力量。假如查維茲推動這股力量，以他在加州成功利用移工的方式來對付我們，我們將會被吞噬。」奧斯丁坦承，畢竟可口可樂在美粒果果園的情況不堪一擊。

正如他所說，該公司擁有多達六千名移工，來自美國南方各地的貧困地區，而這些人都無法取得衛生的室內住宿環境，其中有許多人住在類似棚屋的建築裡。該公司甚至派工給部分的孩童，在佛羅里達州的狀況只是冰山一角。奧斯丁相信，萬一查維茲想要擴大攻擊範圍，不僅針對美粒果產品，還包括可口可樂公司的話，他們將會面臨極度嚴峻的狀態。[26]

奧斯丁必須著手努力，挽救可樂公民的公共形象。他參加一九七〇年七月由孟岱爾參議員所召開的移工聽證會，表達可口可樂改正錯誤的意願。他以謙卑的語氣，表示可口可樂的高階主管並未假裝對這個複雜的問題，擁有全面的解答，不過該公司決心要採取行動來解決。奧斯丁提議做出重大的變革，包括提高美粒果工人的薪資，達到與公司內其他員工相近的水準。他還提出給付所有農場工人醫療照護、退休金、最多四週的帶薪假，以及人壽保險等。為了改善居住環境，公司答應增建衛生的現代住房與宿舍，並且負責必要的維修服務，以保持住宿地點的乾淨、得體，並且適合居住。[27]

奧斯丁發表承諾，而媒體則大加讚揚。報紙刊載可口可樂農場工人的故事，例如威力・雷諾茲（Willy Reynolds），在奧斯丁的新條約之下得到較佳的薪資和工作保障，有能力買下生平的第一間房屋。可口可樂似乎終於對那些生產農作原料的工人負起責任，並且真正改善美國窮人的生活。各大報章雜誌同聲稱讚可口可樂，刊載那些生活受到公司新政策而改變的工人花絮。一九七〇年，《商業週刊》（*Business Week*）頒發給可口可樂「企業公民獎」（Award for Business Citizenship），以表揚其主動性。[28]

退出種植事業的決定

雖然奧斯丁採取的行動暫時使風暴平息，不過營運成本卻因而上升；這是公司高階主管向來不樂見的情況。給付工人較高薪資削減了利潤，危害到公司的盈虧底線。美粒果的獲利停滯，最後公司決定要退出種植事業。一九九三年，公司出售佛羅里達州的果園，表示未來要把重心放在柑橘果汁加工與行銷。這時候，公司已經開始將種植的部分外包給位於拉丁美洲的公司，因此在帳冊上塗銷大筆的公司資產。[29]

這種外包策略十分有利於可口可樂的咖啡事業。當美粒果的佛羅里達州果園引發激烈爭論時，沒有哪一家電視台的攝影機湧入巴西南部或中美洲，探究可口可樂食品部門對當地的咖啡農民造成什麼影響，這有很大的因素無疑是由於可口可樂供應商和美國消費者之間存在的距離。畢竟美粒果的故事會如此令人震驚，以至於訴諸媒體，原因是這件事發生在美國人的自家後院，而且有明確無誤的惡棍——可口可樂，與發生在美國土地上的不公事件有直接關聯。以咖啡的案例來說，其中的關聯並沒有這麼密切。可口可樂購買的來源來自世界各地許多獨立的咖啡生產業者。裡面沒有清楚的足跡，無法將可口可樂公司和咖啡產業的農作問題直接做出連結。

儘管可口可樂從未擁有咖啡農場，卻依然助長熱帶地區充斥社會不公與環境問題的農作系統越演越烈。到了一九七〇年代，可口可樂是全美第三大的即溶咖啡製造商，以及加工製造咖啡因的全世界最大工業買家。該公司仰賴來自熱帶國家的廉價咖啡豆穩定貨源，為了充分滿足可口可樂對咖啡因的需求，拉丁美洲的種植業者把世上最美好與最多樣的生態地景，變成種植單一農作物的咖啡園。

南美咖啡產區的慘況

早在可口可樂於一九六〇年代接手Tenco之前，南美的咖啡產區便已經出現問題。巴西在二十世紀中期是美國最主要的咖啡進口產地，同時也是即溶咖啡製造業者的主要供應來源之一，如Tenco和通用食品等，而當地的問題特別嚴重。該國南方地區的大西洋沿岸森林大部分都遭到砍伐焚毀，以便打造遼闊的咖啡農場。

這種生態轉變的起源要追溯到十九世紀中期。在那個時期，巴西富有的種植業者擴大耕種，以滿足美國日益增加的咖啡需求；到了一九〇〇年，每年的需求量總計高達七億五千萬磅。鐵路降低從內陸地區對外運輸的成本，種植業者放棄里約熱內盧（Rio de Janeiro）附近的農場，在巴西的大西洋沿岸森林開墾新土地，作為種植林地之用。這項擴地行動持續進行，種植業者將巴拉那（Paraná）與聖保羅（São Paulo）等地主要的熱帶森林開墾殆盡。

這是惡性循環，種植業者墾地，種植生產咖啡二十年左右，然後便移往下一塊肥沃的土地。土地不值錢，勞力也是，大部分的砍樹、耕地及種植果樹等工作都是由奴隸負責。種植業者採取逼迫未支薪工人長時間勞動的手段，以不計後果的步調來擴展種植農場。等到巴西在一八八八年廢除奴隸制度時，已經有超過二千七百平方英里的茂密熱帶森林轉為咖啡農場了。[30]

二十世紀上半葉，咖啡農場在巴西南部繼續擴展。這次的幫手是來自於義大利、西班牙及葡萄牙的貧窮移民，他們橫越大西洋的移民之旅受到巴西政府的補助。咖啡是巴西最有價值的出口產品，帶來高額的稅收，因此官方鼓勵生產製造。只要願意簽訂在咖啡農場長期工作的合約，政府就樂意協助新勞工來到巴西。

在一八八八年至一九一四年間，有一百萬以上的歐洲勞工懷抱著在新世界打造新生活的遠大夢想，接受這項補助。然而，大部分的人終究無法擺脫自己簽訂的勞役抵債合約。有錢的大亨累積獲利，或是再投資鐵路公司，打造數千英里長的鐵道（到了一九五〇年已經超過七千四百英里），繼續往巴西的內陸延伸。落入那些勞工手裡的錢十分微薄。在二十世紀中期，咖啡豆採收工人每天能拿到的工資只有一美元出頭，雇主提供的福利也寥寥可數。大部分的工人在咖啡農場旁邊興建自己的家，更加劇大西洋沿岸森林的破壞。[31]

這場咖啡攻占的生態代價難以計數。到了一九一〇年，有半數以上的大西洋沿岸森林都被夷為平地；到了世紀末，僅剩一〇%尚未遭到破壞。咖啡當然不是砍伐森林的唯一原因，不過絕對是罪魁禍首，直到二十世紀下半葉，咖啡依然是巴西最大宗的輸出品。咖啡如此具有破壞力的原因之一是，大部分的巴西農民偏好在全日照，而非蔭下栽種的方法，就算有採用這種種植法，也很少會有人把產業設置在現存的森林裡。

他們利用火耕的方式，砍伐造成妨礙的數百萬棵古老樹木。遭到清除的樹木種類超過八百種，但是悲劇不止於此。估計指出，原有的林冠與林地曾經棲息上千種昆蟲，以及數十種不同的鳥類、爬蟲類及哺乳動物等，其中有許多都是當地特有的生物。雖然沒有人知道有多少物種已經滅絕，但是咖啡農場的擴展危害許多生態群落。[32]

土壤肥沃度也不可挽回地受到損害。大西洋沿岸森林的林地經過數百年才累積肥沃的土壤，而咖啡種植業者認為拿來種植農作物再適合也不過了，短短幾年的密集農作便耗盡這片土地的養分。根據計算，只要種植咖啡二十年後，農民便會失去農地上七五％的原始土壤成分，因此想要恢復大西洋沿岸森林可以說是毫無希望。咖啡種植業者瓦解回收本身廢棄物的脆弱生態系統，森林一旦廢棄之後，就無法再製造肥沃的土壤，打造出從前那個豐富的世界。[33]

在拉丁美洲的其他地方，類似的生態改變與社會階層化模式也伴隨著咖啡耕種的擴展而來。到了二十世紀中期，薩爾瓦多的富裕社會菁英將三十萬英畝以上（約莫等於全國四分之一）的土地，變更為咖啡種植園。在巴西，維持這些農場所需的農務重擔落在窮人的身上，貧富之間的經濟差異十分懸殊，全國一％的富人擁有七〇％的耕地。

在哥倫比亞，情況也極為類似。農民協助開墾土地，打造綿延不絕的咖啡種植園，不過到頭來卻依然貧困如昔。貧窮的咖啡種植移工和富有地主之間的緊繃情勢，在一九四八年的內戰中爆發，貧窮的哥倫比亞人為了爭取更多的土地與獲利掌控權而戰，但是在一九五〇年代，社會菁英族群終於鞏固權力，加強咖啡生產，使用新式機器、化學肥料及殺蟲劑來提高產量。瓜地馬拉、墨西哥及委內瑞拉也都運用類似的開發模式。到了一九六〇年，拉丁美洲有超過一千八百萬英畝的土地投入咖啡種植。[34]

綠色革命改變種植方法

起初，在中美洲地區，許多種植業者偏好蔭下栽種咖啡的方法，也就是把自家農場與原始森林覆蓋的地區進行整合，不過到了一九六〇年末，許多農場改採綠色革命（Green Revolution）的美國農耕科學家所鼓吹的單一農作物種植法。綠色革命是在一九五〇年代由洛克斐勒基金會（Rockefeller Foundation）推動，最初的重點是透過現代工業農耕的方式，提高開發中國家的小麥、玉米及稻米產量。

在拉丁美洲與東南亞，綠色革命的倡導者宣導機械化之必要、大量使用農用化學品，以及選育技術等，以便提高全世界的糧食供應量。這種強化系統也擴展運用到非主要的經濟作物方面。許多咖啡農民也熱衷技術化，放棄蔭下栽種法，改為採用大規模的全日照農場。結果造成原始棲息森林遭受破壞，以及當地的土地與水路的毒性汙染。

到了二十世紀末，哥倫比亞有超過六八%的咖啡農場採用單一農作物咖啡種植法，每年消耗的化學肥料高達八億八千萬磅以上。這些肥料最後經常流入河川，再加上殺蟲劑等，例如安殺番（Endosulfan）這種高毒性的化學物，會導致人類產生嚴重的發育與生殖問題（聯合國於二〇一一年開始禁止全球製造安殺番）。簡單來說，邁向技術化咖啡生產的轉變，導致新毒素被引進熱帶棲息地，對當地的動植物造成威脅。[35]

難以逃脫的惡性循環

因此，到了一九六〇年代，當可口可樂成為世界第三大的批發咖啡經銷商，以及美洲咖啡加工業者生產咖啡因的主要消費者時，等同於把資金投入某個體系，把重大的需求寄託在熱帶供應國家的社會與環境資源上。該公司在採購原料之餘，也支持一個已經陷入危機的體系，繼續迫使窮人身陷貧窮深淵，並且剝奪生產國家最有價值的自然資源。

少了像可口可樂這樣的美國買家，熱帶南美洲的咖啡種植園就不會擴張或提高產量。一九六一年，美國公司約有八五％（超過三十億磅）的咖啡都是向拉丁美洲購買，像 Tenco 這樣的即溶咖啡公司代表買家市場逐漸上增加的一大部分。在一九六五年至一九八九年間，由於需求的刺激，巴西的咖啡豆出口增加大約十億磅，而其他國家也在一九九〇年代起而效尤，尤其是在非洲與東南亞地區。

咖啡生產在印度和越南變得格外重要，那裡的勞工成本低廉，土壤十分適合美國即溶咖啡製造業者喜好的羅布斯塔（Robusta）咖啡。在這些地區裡，大型種植園耗損林地，在南美洲的悲劇一再重演。光是在一九九四年，越南的咖啡豆種植業者便砍伐三十萬英畝以上的原始森林，開墾為新農場。結果造成大規模的全球供過於求，生咖啡豆的價格因此不斷下滑。

後來所謂的咖啡危機促使全球咖啡生產區的貧窮狀況加劇，然而對提高產量的要求卻不曾間斷。貧窮的工人以微薄的薪資，繼續砍伐樹木，供應美國的咖啡因癮頭。[36]

攝取咖啡因的疑慮

在美國人的眼中看不到這些生態和社會成本，不過當可口可樂與通用食品等公司把越來越多的咖啡因，從新供應商的手上送入消費者體內時，在商品鏈的末端引發大量的新顧慮。約從一九六〇年持續到一九七〇年代，新的科學證據顯示，攝取大量咖啡因與引發先天缺陷之間的連結；報告也指出，攝取咖啡因和膀胱癌及胰臟癌有關。這類身體健康併發症遠比一九五〇年代由低咖啡因風潮引起的「神經過敏」更麻煩。這些腫瘤研究並未做出定論，不過這樣便足以對交易造成影響了。[37]

這個問題直接影響到美國消費者的健康，比起第三世界國家的勞工權益或生態退化，打擊的層面更貼近自家人。然而，咖啡因依然不斷輸入國內，於是問題變成：如此大量攝取咖啡因是否安全？這時候開始出現一些反對的聲音。

在這種不安的氛圍中，可口可樂盡其所能地掩飾飲料裡的咖啡因含量，主要的方式是懇求食品藥物管理局的特別豁免。在一九六〇年代之前，可樂飲料不必列出咖啡因含量，因為這項刺激物已經被大眾視為所有可樂飲料裡都會含有的基本原料。事實上，聯邦法規禁止使用「可樂」一詞來稱呼不含咖啡因的飲料。但是，隨著時間過去，標示豁免並未減輕消費者的恐懼，反而更加凸顯這一點。許多人質問可口可樂為何要隱瞞，假如產品裡不含任何有害物質，為什麼害怕把原料一一標示出來？自從一九三〇年代起，食品藥物管理局便收到來自童軍團（Boy Scout）團長、醫師及家長如雪片般飛來的信件，想要知道可口可樂是否隱藏著不為人知的祕密。

有一些問題荒謬無比，例如：「有人對我說，裡面的毒藥含量足以殺死一個 heurose（原文即為如此）。」另外一些人則表達可以理解的顧慮：「能否請您告訴我，可口可樂對三歲的小孩是否有害。」到了一九六〇年代初期，食品藥物管理局多少受到這些持續不斷的詢問影響，於是認為不能再支持無酒精飲料的標示豁免。

食品藥物管理局的反覆態度

一九六一年，食品藥物管理局局長喬治・拉瑞克（George Larrick）提出一九三八年制定的食品、藥物及化妝品法》（*Food, Drug, and Cosmetic Act*）之修正案，要求所有無酒精飲料公司在包裝上都要把咖啡因列為原料。[38]

可口可樂的高階主管隨即拜見拉瑞克局長，抗議這個要求標示的提議。資深副總裁福利奧和奧勒特提出類似的論點：咖啡因是可樂飲料的一種「基本原料」，任何無酒精飲料少了這項原料都不足以稱為可樂。再者，該公司的咖啡因是一種眾所周知的「標準」食品。該論點也表示，假如食品藥物管理局強迫可口可樂列出原料，也必須以相同規則要求其他含有天然咖啡因的產品，如茶和咖啡。[39]

福利奧和奧勒特滿懷希望在華府將會如願以償，但是拉瑞克卻拒絕他們的提議，在一場私人聚會中，誓言繼續進行他的標示聖戰。拉瑞克表示，假如該公司想要挑戰食品藥物管理局，應該要發動一場公聽會，讓消費者能參與這項決定。福利奧和奧勒特當然反對這個選項，因為聽證會只會為健康評論者帶來高可見度的平台，向可口可樂展開攻擊。[40]

可口可樂該感到慶幸的是，該公司永遠不必面對公聽會。在一九六五年秋天，拉瑞克就從食品藥物管理局退休。當時的美國總統林登．詹森（Lyndon Johnson）指派疾病管制中心（Centers for Disease Control，CDC）主任詹姆士戈．達德（James Goddard）接替拉瑞克的職務。可口可樂對這項決定並不覺得意外，因為公司高層在一九六五年與詹森見面，推動戈達德的派任，他們相信戈達德會是有用的盟友。根據記者艾倫的說法，身為亞特蘭大居民的戈達德和幾家公司的主管都保持友好關係；他是可口可樂公司可以信任的人。[41]

戈達德放棄拉瑞克的新標示規定提議，在一九六六年核准一項食品藥物管理局法規，讓以可樂果萃取物及／或其他含天然咖啡因萃取物製造的無酒精飲料可以豁免標示。可樂和胡椒醫生類型的無酒精飲料得以繼續使用現有的標示方法，其他所有添加咖啡因的飲料，無論來源是天然或合成物都必須在產品標籤上詳細標示。[42]

消費者保護意識抬頭

可口可樂與美國政府的連結向來堅固，但是光靠這一點卻無法消弭咖啡因的問題，尤其是在面對消費者的不安與日俱增之際。到了這個時候，消費者保護團體的新時代已經來臨。從一九六〇年代初期開始，政治激進分子拉爾夫・納德（Ralph Nader）協助發起無數的非政府組織，增進大眾對美國企業腐敗的認知。

稱為納德突襲隊（Nader's Raiders）的追隨者特別關注食品安全議題，在一九七〇年出版《化學盛宴》（*The Chemical Feast*）一書。書中的重點在闡述瑞秋・卡森（Rachel Carson）稍早於一九六二年出版的《寂靜的春天》（*Silent Spring*）之主張；這部著作討論的是美國大量使用殺蟲劑的致癌後果。卡森的著作引發全美挺身對抗企業汙染，並且協助推動一場聖戰，對抗美國景物受到的毒化。《化學盛宴》是這場運動的一部分，它攻擊大企業以毒性化學物淹沒美國人的身體。該書的主要作者詹姆斯・透納（James S. Turner），嚴厲譴責食品藥物管理局沒有盡力控管可能有害的化學物被引進美國人的食物供應裡，他也要求針對美國食品供應的常見添加物展開新的調查。[43]

隨著異議的聲浪逐日高漲，可口可樂終於認清大勢已去。一九七一年，該公司決定自動在可樂包裝上將咖啡因標示為原料之一。這無疑是一項策略性的行動，面對長久以來嚴格規定可能性逐漸提高的聯邦法規，採取主動性更強的先發制人之舉。早在一九四八年，奧勒特便曾提出警告，表示原料標示是一項遲早必須面對的問題，並且提及公司可能繼續坐等事情爆發，或是可以現在就想辦法阻止這場爆發。44

這項政策急轉彎可能還有另一個原因。我們無從得知可口可樂在什麼時候核准其產品使用合成咖啡因，不過假如它在一九七一年這麼做，就必須修改標示。畢竟為了在食品藥物管理局的法規下得到豁免，無酒精飲料必須使用「含天然咖啡因萃取物」，以尿素萃取的合成物並不符合這項標準。

國際生命科學會如何為咖啡因辯護？

無論真實情況為何，從一九七一年之後，咖啡因便存在可口可樂的標示上。由於可口可樂如今已無所遁形，因此十分熱衷和醫界對談，討論攝取咖啡因的優缺點。它需要有科學證據站台，蓋過那些攻擊咖啡因的批評。

為了達到目的，可口可樂和通用食品、卡夫（Kraft）、亨氏（Heinz），以及其他主要的食品業界巨頭合作，成立國際生命科學會（International Life Sciences Institute，ＩＬＳＩ）。這是一個非營利組織，總部位於華府，使命是針對影響食品與飲料業界的公眾健康問題方面，帶領進行科學研究。

國際生命科學會成立之初的主要目標之一，是想平衡那些質疑咖啡因對健康有益的研究。根據專門研究咖啡因的學者班奈特．溫伯格（Bennett A. Weinberg）和邦妮．彼勒（Bonnie K. Bealer）表示，國際生命科學會的咖啡因部門審慎尋找並支持那些認為咖啡因較為無害的研究人員，並且避免支持那些想要看到咖啡因從市場下架的人。[45]

國際生命科學會廣泛鼓吹其理念。到了一九八〇年，它開始主持一系列立場明確的國際會議，討論攝取咖啡因和人類健康的議題。在這些會議中，世界各地的頂尖學者受邀前來聽取支持產業的研究結果。許多學者回到所屬的研究機構時，深信咖啡因對美國消費者並未造成健康威脅。

而熱門雜誌《科學新聞》（*Science News*）在一篇名為〈咖啡因攝取者的福音？〉（Good News for Caffeine Consumers?）的文章中報導，哈佛醫學中心（Harvard Medical Center）的科學家P．B．杜斯（P. B. Dews）、知名的波士頓小兒科醫師亞倫．里威頓（Alan Leviton），以及辛辛那提兒童醫院研究基金會（Cincinnati Children's Hospital Research Foundation）的會長詹姆士．威爾森（James G. Wilson）三名重要學者，參加一場於一九八二年由國際生命科學會贊助在希臘舉行的會議，他們在會議上聽到關於咖啡因安全性的驚人證據。

這幾位科學家對媒體發言時，表示他們是將研討會上得到的近期醫學文獻與科學結果之精華傳遞下去。這場會議的結果提供「好到令人難以置信的消息」，根據雜誌的報導，咖啡因和胰臟癌、心臟疾病、先天缺陷，或是兒童的過動都毫無關聯。杜斯被問及是否有任何會議研究顯示咖啡因對人體有害時，做了以下的回答：「沒有什麼能引發嚴重的問題，我們不能製造壞消息。」[46]

國際生命科學會做出另一項聰明之舉：它在一九八二年提供資金，資助美國國家心理衛生研究院（National Institute of Mental Health）的研究，尋求消除攝取咖啡因和青少年過動之間的連結。國家心理衛生研究院負責這樣研究的主要科學家羅伯特・艾爾金斯（Robert Elkins）博士坦承，他對於做出贊同國際生命科學會觀點的研究結果倍感壓力。他解釋道：「顯然，業主的顧慮與研究是否能繼續進行有關。」然後補充說道：「做研究必須有更大的空間才行。」

面對矛盾的證據，艾爾金斯研究小組的結論是，孩童應該自行決定飲食中是否應該納入咖啡因。艾爾金斯的共同研究者茱蒂絲・拉波特（Judith Rapoport）博士則聲稱：「看來似乎連孩童都能自行選取適合自我神經系統的飲食。」不過，這項結論卻受到其他重要科學家的強烈質疑，他們指出孩童很少能得到足夠的產品資訊來做出明智的選擇。[47]

一九八五年，當國際生命科學會的董事暨執行委員會成員阿提米斯・西莫波羅絲（Artemis Simopoulos）博士成為國家衛生研究院（National Institutes of Health, NIH）的營養協調委員會（Nutrition Coordinating Committee）主席之後，國際生命科學會引導聯邦食品藥物規範政策的能力便大幅提升。帶領營養協調委員會的西莫波羅絲監督並指導食品與飲料研究。西莫波羅絲所擔任職務的重要性，再加上她和國際生命科學會的關係，讓人對於這項任命的審慎性心生疑慮。

美國國家心肺血液研究院（National Heart, Lung, and Blood Institute）的資深研究員彼得・格林華德（Peter Greenwald）寫信給西莫波羅絲，對她的中立性持保留態度，他表示：「我一直擔心妳對於飲食與癌症抱持著強烈的個人看法，而且在經過高度篩選後，才會把內容呈現在國家衛生研究院的領導階層及其他人面前。」

其他人也表達關切，包括國家癌症研究院（National Cancer Institute）的主任克勞德・藍方特（Claude Lenfant）博士，他聲稱在西莫波羅絲帶領下的營養協調委員會，運作方式猶如某個獨立單位，而非隸屬於國家衛生研究院。這些指責終於使得國家衛生研究院的主任詹姆斯・溫加登（James B. Wyngaarden）在不到一年後，將西莫波羅絲重新分派到國家衛生研究院的另一個部門。[48]

立場搖擺的食品藥物管理局

食品藥物管理局考慮到咖啡因研究的渾沌不明狀態，因此無法繼續維持咖啡因的管理措施。一九八〇年，《紐約時報》對食品藥物管理局在咖啡因的立場做出結論，表示：「食品藥物管理局高層傾向於同意危害確實存在，不過由於諸多因素，他們遲遲無法快速採取行動，他們的最大考量是大眾的反應。」這是多年來困擾該單位的常見管理問題：害怕失敗的食品聖戰會毀損它的聲譽。一九七七年，食品藥物管理局在努力禁止人工甜味劑糖精之後，就已經失去大眾的信賴，因此不希望這種狀況再度發生。

食品藥物管理局的法務顧問理查・庫柏（Richard Cooper）在評論該局於一九八〇年代初期，遲遲不願對咖啡因發布警示的問題時，坦承表示：「每次面臨這種問題時，你會考慮到長期的可信度。」庫柏補充說明，主要的顧慮是科學案例能否滿足大眾和媒體，畢竟你可能在科學論壇上獲勝，但卻在政治論壇上慘敗。[49]

不確定性讓食品藥物管理局動彈不得，因此咖啡因得以繼續被視為公認安全物質（Generally Recognized As Safe，GRAS），供應量達到史上新高，以供所有年齡的消費者攝取。在政府袖手旁觀的情況下，無酒精飲料產業便能暢行無阻。一九八六年，可口可樂及其飲料夥伴購買超過兩百萬磅的加工咖啡因。在那一年，美國人喝下的無酒精飲料比其他任何含咖啡因飲料還多。[50]

反常的是，與一九五〇年代的情況如出一轍，一九八〇年代的咖啡因爭論與它在消費者之間引發的恐懼，引發低咖啡因產業蓬勃發展，因而幫助可口可樂降低咖啡因的採購費用。到了一九八〇年代中期，低咖啡因品牌占全美咖啡市場的五分之二以上。結果，咖啡因繼續堆積在全國各地的去咖啡因工廠，確保可口可樂的主要刺激物供應量充足，在未來多年內都能以低價購買。[51]

推出無咖啡因可口可樂

低咖啡因品牌在一九八〇年代成績斐然，可口可樂因此考慮推出新的產品線——無咖啡因可口可樂，希望能在這一波逐漸盛行的潮流中大發利市。一如往常，可口可樂謹慎行事。百事可樂、七喜（Seven-Up），以及其他品牌是真正的先驅，在一九七〇年代晚期引進無咖啡因飲料，希望能在利基市場中搶得先機，獲得領導市場的優勢。

事實上，這項決定似乎十分明智。早期的財務報告顯示，這個市場有極大的成長空間。到了一九八〇年代，可口可樂自然不得不加入這個戰場，只不過公司感到左右為難，因為它既不希望錯過一條可以獲利的新飲料線，卻也擔憂販售無咖啡因飲料可能會喚醒大眾對攝取過量刺激物的副作用所產生的焦慮感。進入無咖啡因市場是否會危及最大的獲利來源，也就是含咖啡因的無酒精飲料？一九八三年，可口可樂決定為了潛在獲利冒險，於是便推出無咖啡因可口可樂。[52]

不過，少了咖啡因的可口可樂就是無法吸引足夠的買氣，促使該公司成為全世界獲利最多的企業之一。二〇〇八年，無咖啡因經典可口可樂的銷售成績不到可口可樂總營收的〇．五％。這就是進步時代美國農業部的食品化學人員衛利精準預料的流行風潮，他在一九〇七年曾預料：「對於只有廣告能吸引顧客的飲料來說，再好的廣告也不足以維持它的人氣。」對衛利而言，咖啡因刺激精神增強機制，助長重複攝取可口可樂產品。這是一種藥物，也就是可口可樂暢銷的原因。[53]

超量咖啡因飲料新時代

可口可樂得到了教訓。看來成功似乎和咖啡因脫離不了關係，因此在二十世紀末，公司決定拋開恐懼，引進新飲料，裡面含有更多而非更少的咖啡因。一九八七年首度在奧地利推出的紅牛（Red Bull）大為成功，預言一個超量咖啡因的提神飲料新時代，而可口可樂也想要參與其中。

該公司推出一系列的新產品，所有的名稱都是專為吸引年輕族群購買而設計，例如 Full Throttle、

Burn、Gladiator 及 Relentless 等。產品廣告承諾帶給顧客無與倫比的刺激感，如果他們要準備考試，或是在辦公室完成公司報告，這種飲料能幫助他們熬夜仍保持精神奕奕。可口可樂的新獲利來源最令人感到諷刺的地方是，它的供應來源是廉價的咖啡因，而這些咖啡因在某種程度上是因應無咖啡因咖啡市場的顧客需求而產生的。

對於那些偏好咖啡的人士而言，可口可樂增加他們的選項。在一九九〇年代中期，公司認真地重新投入咖啡市場。這次它和雀巢及 Caribou 等公司組成合資企業，為資本風險設限。公司對於罐裝的現成咖啡特別感興趣，這條產品線在海外市場為可口可樂帶來大筆收益，尤其是在日本，公司命名為 Georgia 的罐裝咖啡已經成為銷售高達十億美元的品牌。

然而，在美國本土，最初的實驗卻失敗了，最明顯的案例是 Coca-Cola Blak。這是一種冰咖啡加汽水的混合飲料，推出短短一年後便下架。然而，到二〇一二年為止，可口可樂的總裁穆塔．肯特（Muhtar Kent）對於可口可樂未來的咖啡事業依然抱持樂觀態度，並且持續投資新產品。[54]

正當可口可樂重新投入咖啡市場，並且提高咖啡因採購量時，公司持續仰賴外包來賺取利潤，不過這次它承諾會當一個更好的企業公民。可口可樂承認它並未擁有任何農場，因此對於農作供應鏈的直接控制度較低，但是它保證會盡其所能地在生產體系中，制定更多公平的勞工與環境法規。公司告訴消費者，它會為所使用的咖啡支付合理價格，而且新品牌的產品也會來自永續的來源。在二〇一二年聯合國永續發展會議（Rio+20，由聯合國組織發起，在巴西里約熱內盧舉行的全球環境討論會）中，肯特允諾到二〇二〇年為止，要將砍伐森林的情況從公司的供應鏈中徹底消除。這將會是永續農業發展的新世紀。[55]

然而，儘管可口可樂做出承諾，消費者仍無從得知該公司是否能信守諾言。畢竟可口可樂的供應鏈依然狀況不明。二〇一二年，我向可口可樂詢問咖啡來源的資訊，卻被告知這類資訊屬於私有部分，無法對大眾公開。對於一家信奉「『知情選擇』的重要性與力量」理念的公司來說，這種缺乏透明化的狀況令人震驚，但卻與既定的業界慣例一致。可口可樂的做法自相矛盾，在宣揚消費者賦權理念的同時，卻又阻止消費者獲得使用資訊的管道，讓消費者無法對公司實務運作方面做出正確的判斷。[56]

不過對尋求明確性的人來說，歷史提供了洞見。數十年來，可口可樂皆利用咖啡與茶產業的剩餘物資來賺錢。永續農業對可口可樂的資本主義而言是一種詛咒，因為它無法生產讓可口可樂獲利的過剩物資。該公司在前端總是需要更多的原料，以便在後端推動銷售。要消除這種成長模式，等於是逐漸損害可口可樂這個大量行銷帝國的經濟。公司的生意是以高價販售廉價商品，像咖啡這類商品之所以廉價，是因為在二十世紀以來產量持續激增。可口可樂是否能在缺少供過於求的世界裡生存，仍有待觀察。過去的經驗顯示，這將會對持續的成功造成嚴重阻礙。

第八章

玻璃、鋁罐與塑膠

——堆砌全世界的垃圾山

到了二十世紀中，可口可樂已經成為全世界最知名的公司之一。該公司在全球的各個角落設置販賣機，從阿拉巴馬州到辛巴威的鄉間道路上，到處林立鮮紅色的可口可樂招牌。[1]

然而，可口可樂的曝光度並不是一直以來的最強項。一九六〇年代，可口可樂及其無酒精飲料對手開始製造出數量驚人的包裝廢棄物，從可回收瓶換成拋棄式容器，想要藉由鞏固國內的裝瓶網路，確保更高的收益。不可回收的瓶罐製造出醜陋的廢棄物，引發消費者對企業浪費之舉的強烈反彈。飲料產業最珍貴的商品（也就是單純有趣的形象）如今岌岌可危，可口可樂、百事可樂及其他飲料公司必須採取行動，才能控制生產者責任的相關爭議。[2]

玻璃瓶回收系統

可口可樂以前不曾製造出這麼多垃圾。事實上，在發展的早期，公司及其裝瓶商就是包裝回收系統（也就是可回收瓶）的先驅。在一八九九年至一九一五年間，大多數的分銷商（也就是那些資金來源有限的小型企業主）就使用綠色或棕色的透明直筒型玻璃瓶來販售商品（可口可樂的招牌「曲線瓶」直到一九一六年才出現），裝瓶商希望消費者在用完後可以退回這些容器。這種系統具有經濟效益，是節省前端成本的方法。雖然玻璃瓶十分耐用，不過散裝購買的價格卻很昂貴，裝瓶商實在無法承擔將這些珍貴投資扔進垃圾桶裡的代價。

要讓消費者參與這個系統又是另一回事了。為了避免粗心的消費者丟棄他們的包裝，裝瓶商對每支玻璃瓶收取一美分至二美分的押金，消費者在退回空瓶時即可拿回這筆費用。為了取回押瓶費，消費者就要把用過的玻璃瓶拿到販售該種飲料的零售商店（不一定要是消費者購買飲料的同一家店）。可口可樂裝瓶商知道有錢能使鬼推磨。一九二九年，公司針對可口可樂的三百家裝瓶商進行一項調查，其中大約有八〇%的裝瓶商都使用押金系統，許多廠商收取大約二美分的押瓶費（是一瓶無酒精飲料價格的四〇%）。[3]

為廢棄物設定價格的結果是，讓大家都減少浪費的行為。雖然有許多的玻璃瓶破損或遭到消費者丟棄，但大部分都還是回到裝瓶商的手上，以供再次利用。裝瓶廠的部分容器能回收利用高達四、五十次之多。根據一項由美國資源保護委員會（United States Resource Conservation Committee）進行的研究顯示，截至一九四八年為止，無酒精飲料瓶的回收率高達九六％，可是再過短短的七年之後，可口可樂便開始試驗使用不回收容器。

在一九四〇年代，可口可樂的每支玻璃瓶從消費者手中回收到裝瓶商手上再利用的次數，平均來說大約有二十二次。啤酒瓶的結果也差不多，在一九四八年的平均回收率達三十二次左右。[4]

無酒精飲料公司和地區裝瓶商都從可回收利用的系統中獲利。地區無酒精飲料裝瓶商（到了一九五〇年，整個產業中有四千多家）花費較少的錢向歐文斯——依利諾（Owens-Illinois）等玻璃製造商購買容器，因此得以將資金運用在其他的生產費用上。像可口可樂和百事可樂之類的母公司也能獲利，因為這種分散式系統讓他們能夠服務美國鄉間的偏遠商家，擴展國內的行銷範圍。這樣看來，包裝回收系統似乎是一門好生意。[5]

啤酒釀造業率先採用不回收容器

變更為使用不回收容器是從啤酒釀造業開始，而非源於無酒精飲料產業，大部分的原因是那些主要的啤酒釀造業巨頭希望以具有成本效益的方式，打入在禁酒令之後開放的新市場。一九一九年通過的第十八條修正案——《禁酒法》（*Volstead Act*），迫使全國各地數千家酒館及酒吧關門大吉。等到一九三三年撤銷法令時，全美的釀酒廠數量已經從一九一九年的一千五百多家，驟減到剩下三百三十一家。

然而，安海斯布希（Anheuser-Busch）、美樂啤酒公司（Miller Brewing Company）、Pabst及Schlitz四家主要的全國企業集團，全都撐過這段艱難的完全禁酒時期。例如：奧古斯特・布希（August Busch）便販售烘焙酵母、麥根啤酒，以及其他不含酒精的「淡啤酒」來度過難關；戈斯塔夫・帕布斯特（Gustav Pabst）則是在麥芽糖漿與無酒精飲料方面碰運氣。

禁酒令過後，這些苟延殘喘的釀酒業巨頭對美國市場展開調查，看見大發利市的好時機。《禁酒法》使得數百家競爭對手的營運就此荒廢。這些飢渴的企業集團很清楚，如果想要攻占那些曾經操控在地方釀酒廠手中的舊領土，現在正是時候。

當然並不是在所有的地區都毫無競爭對手，例如：在賓州波茨維爾（Pottsville），英格拉林（Yuengling）家族就度過黑暗的禁酒時期，支撐下來與Big Beer對抗，這都要仰賴它較為遠離主要幹道，因而得以阻隔企業集團的競爭。不過，國內的其他地區，在新政時期由工作改進組織（Works Progress Administration）鋪設的新道路貫穿下，面對全國性的大型釀酒廠毫無招架之力。那些大酒廠以產業的新銀彈，也就是便宜又輕的啤酒罐來搶攻這些市場。[6]

罐裝啤酒讓集中的啤酒廠能以低廉的成本，將消費據點延伸到遠離經銷中心的地區。正如美國製罐公司（American Can Company）在多年後寫道：「一九三〇年代這群放眼全國的啤酒釀造業者，預見不回收包裝能提供有利可圖的方式，快速恢復遼闊地理範圍內的經銷權。」可以肯定的是，在家暢飲啤酒的趨勢，使得啤酒釀造業者對質輕耐用的新包裝材料感興趣，不過正如美國製罐公司提及，在一九三五年，消費者對於可回收瓶感到十分滿意，並不希望啤酒釀造產業改變銷售方式，因而主要的產業問題應該是開發新方式，運送大量啤酒到遍及全國各地的市場。7

馬口鐵金屬罐為這項產業提供吸引人的解決方式。一九三五年首度引進使用的原始金屬罐和現在的拉環鋁罐，相差十萬八千里。在當時要打開那種罐頭，消費者必須使用一種「教堂鑰匙」（church key），在平坦的罐子上方打一個洞。這是最不講究的啤酒運送系統，但是釀酒公司在不久後便發現這樣可以節省運輸成本，因為它們不必把空瓶運回裝瓶廠；由於產業合併，這些工廠現在已搬遷到遠離銷售據點的地區。在略微超過十年的時間，有三一％的啤酒釀造產業已使用金屬罐來販售啤酒。8

無酒精飲料產業的罐裝難題

當啤酒釀造產業勇往直前地向罐裝邁進，無酒精飲料產業卻落後一步，主要是因為一些棘手的化學難題。一九三六年，位在麻州的暢銷薑汁汽水製造商凱歌會公司（Clicquot Club Company），想成為第一家使用不回收金屬容器包裝產品的無酒精飲料公司，於是以金屬罐盛裝十萬箱的暢銷薑汁汽水。然而，這場試驗銷售失敗了，因為公司發現在短短兩週內，飲料裡的高酸度便破壞金屬罐的完整性。十年後，百事可樂試著把飲料裝罐，不過卻遇上另一個設計問題：許多鐵罐都爆炸了，無法承受無酒精飲料裡的壓縮氣體（壓力比啤酒罐大上兩倍至三倍）。[9]

雖然出現這些挫折，一手將百事可樂從一九四〇年代瀕臨退出的狀態拯救回來的精明無酒精飲料主管——麥可依然不願意放棄，而他在一九五三年也成為成功將不回收金屬罐應用在無酒精飲料產業的第一人。麥可在一九五一年離開百事可樂，接任 C&C（Cantrell & Cochrane Corporation）的總裁。C&C 是一家成立於愛爾蘭的公司，主要銷售蘋果酒，但是尋求多方發展進入美國的無酒精飲料銷售業。麥可為 C&C 品牌服務之餘，也有興趣發展 Super 無酒精飲料產品線，而該飲料只提供罐裝包裝。

於是，麥可和全國最大金屬罐製造業者之一的大陸製罐（Continental Can）合作，以重新設計的金屬容器於一九五三年開始銷售。這些新包裝罐是專門用於高壓的無酒精飲料，特點是有強化內層，能防止馬口鐵腐蝕（現在的無酒精飲料罐內層是用聚合物塗層）。在短短幾週內，麥可的企業登上頭條新聞，不僅在美國，連海外各地皆然。在英國，暢銷的《每日鏡報》（*Daily Mirror*）大篇幅報導麥可的新可樂 Super，說他引進「全新的飲用方式，使舊款的瓶裝飲料有如昨日的馬車般過時」。[10]

麥可預言不回收容器將會使得 C&C 遠勝於可口可樂和其他業界對手。他聲稱：「在早年，無酒精飲料產業就是以小冰箱、馬車，還有容納大約四百種品項的雜貨店組合而成。一匹馬每天可以跑一百五十個點送達與收取空瓶，但你用現代卡車司機的薪資試試看！」麥可拒絕無酒精飲料巨頭的可回收經銷系統，這套系統需要公司投入大筆資金來資助運輸成本。麥可吹噓：「C&C 將不會有任何經銷商，由我們自己來負責經銷。」[11]

靠著輕量包裝，將經銷商獲利收進口袋

可口可樂審慎觀察罐裝的發展趨勢，遲遲不願強迫裝瓶商投資昂貴的罐裝設備。可口可樂當時的總裁H．B．尼可森（H. B. Nicholson）說明，可口可樂和其他無酒精飲料產業巨頭一樣，承諾做出合理的權力下放，由個別經營者監督裝瓶與糖漿的營運。公司聲稱，更換為罐裝汽水對企業並沒有好處，因為這種轉變需要數千家獨立的裝瓶商，就可口可樂來說大約需要一千四百家（整個產業在一九五三年約有六千家裝瓶商），這樣才能夠以現代罐裝機械來取代昂貴的裝瓶和清洗設備。[12]

儘管大眾對於權力下放的裝瓶網路大加讚許，可口可樂總部的企業高層依然希望能開發新的經銷體系，削減地區裝瓶商的勢力，讓公司得以獲取原先被經銷商吸收的利潤。可口可樂內部有許多人，包括小伍德瑞夫，全都相信老坎德勒在外包裝瓶的決定，讓公司損失大筆金錢。身為一家數百萬美元的企業，公司開始思考是否能一手包辦，略過中間人，把透過分銷商賺取的利潤直接送進公司的金庫裡。[13]

有了這個目標之後，可口可樂的高層便念念不忘麥可的成功範例。麥可的領悟是，輕量包裝是企業和地區裝瓶商展開公司內部戰爭的一大利器。罐裝能讓可口可樂鞏固裝瓶網路，進而消滅數百家分銷商。從前流入地區裝瓶商口袋的利潤，現在可以送進亞特蘭大的公司總部了。

一九五五年，可口可樂開始試驗使用鐵製容器，和大陸製罐的對手——美國製罐公司攜手合作，製造十二盎司的 MiraCans，專門出口到海外軍事基地的福利社。到了一九六〇年代中期，可口可樂也銷

售數千箱的罐裝可樂到國內市場；到了一九六七年之後，有許多都是鋁罐包裝。[14]

可口可樂的大型經銷商很開心能在不回收容器系統上節省一大筆開銷。可口可樂在美國的最大經銷商之一——太平洋可口可樂裝瓶公司（Pacific Coca-Cola Bottling Company），於一九七八年進行一項內部研究，結果顯示，分銷並回收利用可回收容器，每千箱要使用九十四加侖汽油；而裝瓶商分銷不回收容器時，每千箱只使用四十二加侖的汽油。公司也提出去除可回收瓶所需的收取和清洗服務後，可以節省的人力成本。其他的大型裝瓶商也評論，轉換為不回收容器後在倉儲與機械成本的降低，根據可口可樂的某家經銷商表示，節省的總金額大約在四百萬美元之譜。[15]

將不回收容器的廢棄成本轉嫁公部門

仰賴可回收系統來賺取利潤的小型裝瓶商則痛批政府，竟然容許無酒精飲料巨頭把容器的收取與廢棄成本轉嫁到政府身上。服務小型市場的獨立經銷商，如賓州威爾克斯巴里（Wilkes-barre）的裘克拉飲料公司（Chokola Beverage Company），這家家族企業的總裁彼得·裘克拉（Peter T. Chokola）曾在一九七〇年代早期，遊說國會下令禁止不回收容器，並且深信容器會為無酒精飲料巨頭帶來競爭優勢。根據裘克拉的說法，可口可樂與百事可樂等企業巨擘採用不回收經銷系統，讓地方政府處理這些高達六萬五千部貨車載運量的瓶瓶罐罐。裘克拉聲稱這是無酒精飲料工業快速轉換使用拋棄式容器的潛在理由。[16]

像裘克拉這類的小型裝瓶商，擁有有力的證據來支持自己的論點，也就是不回收容器是在協助大型裝瓶商獨占市場。在美國營運的可口可樂裝瓶商數量大幅減少，從一九二九年大約一千二百家，驟減到一九七九年估計的五百家，而無酒精飲料產業的裝瓶商總數也從一九六〇年的四千多家，降到至一九七二年不到的三千家。一九八六年，可口可樂旗下的大型裝瓶廠——可口可樂企業成立之後，加速了合併的步調；它在一九八〇年代至一九九〇年代，甚至併吞更多的地區裝瓶廠。到了一九九七年，可口可樂擁有大約一百家裝瓶廠，服務美國國內的市場。對可口可樂來說，這是垂直整合的空前試驗，只有時間能證明這場賭注是否可以回本。[17]

正如裘克拉和其他小型裝瓶商所預期的，不回收容器讓可口可樂等飲料巨頭得以把經銷的主要成本轉嫁到地方政府身上，藉此達到高額獲利。可口可樂的成功確保無酒精飲料產業的聯合，就連企業對手也跟隨第一品牌的領導。不回收金屬無酒精飲料容器的時代在一九六〇年代中期來臨，儘管飲料公司希望未來能研發出新的包裝設計（可口可樂在一九七八年做出重大變動，改採塑膠），但是最劇烈的轉變在一九六〇年就已經發生了。飲料產業在便利包裝的年代裡，準備好迎接新時代的成長，唯一的問題是：消費者是否依然會接受這個新的經銷系統？[18]

廢棄瓶罐導致的新環境運動

可口可樂、百事可樂及主要啤酒品牌發展新包裝系統所遭遇的阻力，在一九五〇年代開始累積。成千上萬的廢棄瓶罐被隨意丟棄在美國的風景區、路邊、國家公園及河床上。毫無法令管束的企業擴張造成的代價，正以一種前所未有的方式展現在大眾面前。許多美國人開始呼籲釀酒、無酒精飲料及包裝產業出面清理這團髒亂。

這是新環境運動的起步，和數十年前進步時代的那些自然資源保護論者的努力形成強烈對比。在世紀交替之際，成為環境保護主義者就等於是功利主義者，相信人有義務在國家小心維護的自然資源裡運用科學知識。像西奧多．羅斯福（Theodore Roosevelt）總統和美國林務署署長吉福德．賓區特（Gifford Pinchot）這一類的人，就屬於自然環境保護主義者。他們自認為肩負著保護國家自然資源的重大義務，好讓國家的產業巨頭永遠不虞匱乏。這不只是環境政策，更稱得上是經濟政策，是受到想要看見國家產業生產力擴張的欲望驅使，而非單純地想要保護美國的自然資源。

然而，有些和老羅斯福總統與賓區特同一時期的人，對國家懷有不同的願景，像是塞拉俱樂部（Sierra Club）的創辦人約翰．穆爾（John Muir），以及一九四九年寫作《沙郡年記——李奧帕德的自然沈思》（*A Sand County Almanac*）的阿爾多．李奧帕德（Aldo Leopold），就大聲疾呼保護自然，無論會對美國的企業帶來什麼好處。到了一九五〇年代，這些早期的環境運動參與者，在快速成長的中產階級裡得到一群生力軍；這群人現在既有收入又有閒暇時間，能盡情享受美國的荒野。人們縮衣節食、拮据度日的大蕭條時期已經過去了。

第二次世界大戰後，中產階級的美國人沉浸在新興的消費文化裡，現在他們擁有更多的收入和休閒時間，遠遠超過他們的祖先所能想像。大自然提供的無形資產，例如寧靜、清新空氣及美麗的景致等，逐漸變成這些中產階級認為自己有權享用的珍貴物產。他們憎惡企業濫用自然，認為這樣會侵犯他們享用美國國內許多舒適環境的權利，而他們願意挺身捍衛這些權利。[19]

到了一九五三年，這群具有行動力的新中產階級和飲料產業之間的戰爭，開始在各州政策的戰場上展開。同年，在馬里蘭州，州議員提出強制押金法案，要求所有不回收的啤酒容器必須加收三美分押金。在某種意義上，馬里蘭州只不過是複製在十九世紀末、二十世紀初由無酒精飲料和啤酒裝瓶商推動的那一套獎勵計畫。一九二〇年代，裝瓶商對於以押金的價值來訓練消費者不要丟棄空容器的手段感到得意洋洋。現在廢棄瓶罐堆得到處都是，州政府也採用相同的邏輯。[20]

有些政府在解決問題方面，採取比馬里蘭州更激烈的手法。例如，佛蒙特州議會就通過一項法令，在該州境內禁止使用不可回收的玻璃啤酒瓶（這項禁令一直持續到一九五七年，來自啤酒產業的壓力促使這項法令解禁）。面對佛蒙特州運動的成功，不回收容器製造業者及其飲料產業客戶明白，他們需要採取更直接的手段對抗強制押金立法與包裝禁令，新環境運動需要有企業加入發聲。[21]

一九五三年，美國裝罐、包裝及飲料相關公司回應消費者對於不回收容器廢棄物的疑慮，設立第一個全國反廢棄物組織——保持美國美麗（Keep America Beautiful，KAB）。儘管較晚加入不回收容器體系（與國內的啤酒釀造巨頭相比），但是可口可樂及其無酒精飲料對手也都投入保持美國美麗組織，在保持美國美麗組織的宣傳活動方面挹注可觀的資金。[22]

保持美國美麗組織是後來稱為「偽草根運動」（Astroturfing）的早期先驅。這是由德州出身的參議員洛伊德．班特森（Lloyd Bentsen）在一九八〇年代創造的新詞，意思是指那些由企業金援的政治運動，卻表現出草根精神的假象。保持美國美麗組織最大的強項是，有辦法表現得像是對公共服務興致勃勃的第三方組織，而不是抱持著特定議程來保護大型公司的企業遊說代理人。到了一九八〇年代，數千個由企業經營的組織都採用該組織的策略。但是，在一九五〇年代晚期，保持美國美麗組織在許多方面，都稱得上是這種新型態企業政治激進主義的先驅。[23]

保持美國美麗組織的中心目標，是轉移把美國國內不斷增加的廢棄物問題歸罪給企業的指控。一九五四年，《紐約時報》描述這個新組織的動力時，報導「聰明的利己主義」是主要的動機因素。透過有目標的教育課程、國內公關宣傳及地方清潔活動，保持美國美麗組織努力說服消費者，應該負責處理廢棄物的並不是企業公民，而是一般公民。[24]

保持美國美麗組織製作數百份出版物與電視廣告，訓練消費者盡一己之力來打掃環境整潔。一九六〇年代一支具代表性的電視廣告裡，顯示出野餐區、海灘渡假勝地及露營區到處都丟滿垃圾的畫面。在傳遞給觀眾的訊息裡，該組織直接表態說明：「有一件事是真的，美國的垃圾問題掌握在你的手中。」

然後又補充表示：「維護美國乾淨又美麗是你的責任。」

保持美國美麗組織的主要活動是圍繞著「垃圾蟲」（litterbug）的概念，這是一個在一九四〇年代末期創造的名詞。該組織致力推廣這個可笑的商標，完全把美國國內廢棄物的不幸災難怪罪在粗心的消費者頭上，而不是那些企業。保持美國美麗組織的宣傳行銷定調為，垃圾蟲在許多方面來說是非人類，和美國戰後的殺蟲劑廣告主角，也就是那些傳染疾病的昆蟲屬於同類，都需要被徹底消滅。[25]

迫在眉睫的垃圾危機

保持美國美麗組織的宣傳內容迎合某部分的美國群眾。這群人堅守標準的自由主義傳統，壓制理性消費者的力量以解決市場問題。正如環境作家金傑·史川德（Ginger Strand）指出，保持美國美麗組織否認產業技術的結構性變革能解決全美的垃圾危機，反而杜絕對組織一開始就製造不回收容器的爭論，這樣一來，就把大眾的注意力集中在現象，而不是制度之上。[26]

身為造成垃圾問題加劇的主因，無酒精飲料公司越來越擔心一九六〇年代反垃圾運動所引發的激烈反彈。在一九六三年，所有包裝無酒精飲料的銷售中（該年銷售量超過六千五百萬箱），不可回收罐占了將近一一％。因此，無酒精飲料巨頭知道，在那些支持特定產業汙染稅的反垃圾運動鼓吹者眼中，它們的公司成為曝光度極高的目標。

可口可樂的總裁奧斯丁在一九六八年承認這個事實。「我們和垃圾問題的產生有著極大的關聯。」他坦承表示，然後又補充說明公司為了垃圾汙染環境一事，受到各方的批評。奧斯丁對於「我們產品的包裝可見度極高」感到悔恨不已；他為了可口可樂「在罐裝上的顏色裝飾或瓶裝的獨特造型，不像紙製容器那麼容易腐壞」而大感沮喪。針對高曝光度問題的解決方案，如奧斯丁所見，應該鼓勵「個人」去主動參與這項浩大的工程，清除可口可樂的商業成長所帶來的難看副產品。[27]

奧斯丁大力支持橫掃全國、越來越多的環境主義者運動，他也相信國家面臨亟需改善的嚴重生態問題，不過他認為像他這樣的商界人士可以幫助解決問題，而不是成為問題本身的一部分。他在公開的演講中扮演企業環保戰士的角色，從大企業內部做起，力求改變，而且他也直言不諱。

一九七〇年，他對喬治亞銀行家協會（Georgia Bankers Association）演講時，力促與會者加入環境聖戰的行列。「我們已經啟動自我毀滅的過程了，除非每個人都能立即開始改變，」他對那些銀行家提出警告，「否則這片綠地將會變成一座墳場！」他提到末日將近，一個冰冷又毫無生氣的世界，裡面居住著一大群人。「我很擔心，」他告誡道，「因為你我正在相互殘殺，而且我是非常認真地說出這些話。」到了必須改變的時刻了。「我們必須從現在開始，我們必須一起開始，已經無法再逃避了。」[28]

雖然奧斯丁說得情真意摯，但是可口可樂系統卻存在無法簡單修補的真正環保問題。就包裝方面而言，不回收容器的利潤太高，難以輕言放棄。奧斯丁也承認這一點，表示真正可分解的無酒精飲料容器沒有任何前途可言，至少現在沒有。可口可樂需要不回收容器來打進某些市場，公司很清楚必須說服大眾也需要這類的容器。[29]

全國無酒精飲料協會出擊

在這場情感與理智之戰，只能以花錢如流水來形容。在一九六〇年代末期，可口可樂及其產業競爭者攜手合作，湊足資金來擊垮反對者。除了保持美國美麗組織以外，可口可樂也借重無酒精飲料產業的華府遊說團體——全國無酒精飲料協會（National Soft Drink Association，NSDA），為共同志業號召支持。

一九六六年，全國無酒精飲料協會成為美國碳酸飲料裝瓶商（American Bottlers of Carbonated Beverages，ABCB）的新名稱，該組織成立於一九一九年，是由主要的無酒精飲料公司所發起，扮演某種替飲料公司與政府聯絡的功能，從K街辦公室進行遊說，取得立法機關對飲料產業的支持。

消費者經常會認為敵對的無酒精飲料品牌，如百事可樂和可口可樂一定勢如水火，但是透過全國無酒精飲料協會，這些競爭對手緊密又和諧地攜手合作，解決業界的問題。就垃圾問題的案例來說，全國無酒精飲料協會設法摧毀州與聯邦政府打算針對不回收容器收取強制押金的計畫，這種風險高得驚人。一九六七年，有二十一個州針對拋棄式容器提出禁令。這不是起內鬨的時機，無酒精飲料巨頭展現團結精神，對抗那些想要暗中破壞不回收容器系統的人。[30]

全國無酒精飲料協會想要傳達的訊息十分簡單：應該由人，而非容器來負責全國所要面對的垃圾問題。全國無酒精飲料協會分發數千張海報、汽車保險桿貼紙及看板（以任何標準來看，這都是數量驚人的垃圾），主題是「隨手之便」，一隻手的食指上繫著一條線，提醒消費者：「造成髒亂的就是大家的手。」

全國無酒精飲料協會把目標放在美國的年輕族群身上，在全國各地學校發行小手冊《減少垃圾的隨手指南》（*A Handy Guide to Lessen Litter*）。這些小手冊不只以教導如何不隨手亂丟垃圾作為號召，同時也包含大量的無酒精飲料廣告，把焦點放在碳酸飲料的歷史、成長及展望。[31]

全國無酒精飲料協會從校園著手，保持美國美麗組織則透過廣播、電視大肆宣傳。一九七一年，該組織播出它最有名的反垃圾宣傳電視廣告，大家都稱為「哭泣的印地安人」（Crying Indian）廣告。廣告是由義裔美籍的演員鐵眼科迪（Iron Eyes Cody）主演，他在片中扮演美國原住民的角色，划著一艘戰鬥獨木舟，航行在隨地可見垃圾的都會景色裡。這支廣告完全圍繞著生態印地安人的神話，暗示科迪的美國原住民血統讓他對大自然的世界更親近。當然，諷刺的是科迪其實並非美國原住民。

在廣告的尾聲，科迪站在山上眺望壅塞的公路，然後被疾駛而過的汽車裡扔出的一袋速食打個正著（有意思的是，這包垃圾是紙袋包裝，而不是飲料容器）。這個時候，攝影機拉近，給了哭泣的科迪特寫鏡頭，一個全知的旁白聲音說：「人類開始汙染的行為，人類可以停止這種行為。」數百萬的美國人觀賞這支廣告，許多人留意到它的驚人意象。知名的廣告雜誌《廣告時代》（*Ad Age*）將「哭泣的印地安人」廣告列入二十世紀的百大廣告之一。[32]

可口可樂對於環保的努力

雖然這些產業極力勸說，但是環境主義抗議者仍繼續號召對抗企業汙染者，有些人更直接把戰場搬到可口可樂的公司大門。一九七〇年四月二十六日，美國第一個地球週（Earth Week）的最後一天，亞特蘭大的年輕人發起一場活動，把數百個瓶瓶罐罐丟棄在可口可樂位於市中心北街的總部大門。一九七〇年代的亞特蘭大嬉皮族週刊《斑點鳥》（*Speckled Bird*）表示，是時候把垃圾送回給製造垃圾的人了，鼓吹市民參與這項活動。那些自稱「生態怪胎」，為《斑點鳥》撰寫文章的人承諾要租下一輛小貨車，並由一名如假包換的垃圾罷工者駕駛，從派德蒙公園（Piedmont Park）把垃圾載到北街。一千五百名左右的抗議者出席示威活動，從公園緩緩前進三英里，直到抵達可口可樂的總部，其中有許多人手上都提著一包包的垃圾。他們抵達後就放下手上的垃圾，象徵他們拒絕背負大企業要他們承擔的包袱。[33]

可口可樂具備環保意識的總裁奧斯丁知道，假如公司想要平息這場強烈反彈，就要做得更多才行。奧斯丁寫信給前總裁小伍德瑞夫，評論一九六九年最後數個月的政治和文化氛圍：「我開始擔心可口可樂的曝光度招致攻擊的問題，因為公司是當權派的傑出成員。」他承認可口可樂公司在汙染問題上嚴重違規，並且表明他的信念，也就是開啟一場企業綠化運動，將會從政府資源、國內的自然資源保護者，以及大眾身上，獲得極大的善意回應。[34]

在奧斯丁的帶領之下，可口可樂在一九七〇年推出「全國彎腰運動」（Bend a Little），在全美各地刊登廣告，主角是一名動人的女性，正彎腰撿拾空瓶罐。公司也分送「彎腰」垃圾袋給顧客。這項訊息顯而易見，正如可口可樂公司的檔案管理者菲爾．穆尼（Phil Mooney）所說：「『彎腰』運動的目的是要提醒大家，清理美國需要每個人都付出一點額外的努力。」[35]

可口可樂把反垃圾訊息傳送到全美各地，在許多方面來說，它的環保廣告本身卻變成一種美學汙染。一個看板廣告上出現可口可樂飲料瓶罐擬人化地懇求顧客：「如果你愛我，就不要丟下我。」這個廣告也刊登在全國各地的報章雜誌上，圖片說明儘管可回收的可口可樂瓶對生態無害，但是消費者要求「在許多產品的容器方面都能有所選擇，包括無酒精飲料在內。而廠商之間的彼此競爭為他們達成這一點，所以我們必須隨波逐流」。

該公司聲稱，不回收容器的主要問題在於它們對環境有害，但是並不會成為真正的垃圾問題，除非消費者不在乎如何處理那些空瓶罐。公司補充說道：「我們認為，假如我們要求各位關心與維護鄉間的最佳狀況，應該有很多人會願意一試。」[36]

就和全國無酒精飲料協會一樣，可口可樂也為年輕市場量身製作特別的環保生態廣告。例如，在一九七〇年早期，它分送給全國各地的學校一種名為「人類和環境」的桌遊，學生必須為一個虛擬的河畔社區做出具有環保意識的決定。這個遊戲是專門為了國小學童所設計，強調消費者的參與在環境成本和獲利分析方面的重要性。

身為檔案管理者的穆尼解釋，學生並未被告知答案，他們必須參與決定過程，自行找出答案。這項遊戲的教育意義在於，一般公民控制社會的命運，指導企業公民找出對環境友善的發展方法。可樂公民正在訓練新世代，在用過即丟的消費文化中保護環境的意涵。[37]

採用鋁罐讓情況更形惡化

可口可樂公司、全國無酒精飲料協會及保持美國美麗組織在一九六〇年代與一九七〇年代的公共廣告活動，確實有助於轉移大眾的注意力，不再關心美國公司生產龐大的包裝垃圾。不過，企業汙染者知道，長期來看垃圾袋並無法解決它們暴露在大眾眼前的問題。在太平洋西北與新英格蘭地區特別明顯，立法官員感到沮喪，因為目前的作為實在不足以與國內不斷增加的垃圾問題匹敵，於是他們就在一九六〇年代晚期推動強制押金的立法。飲料產業假如想要避免繳納高額的汙染稅，就必須以更強勢的行動直接向美國的立法者做出回應。

一九七二年十月一日，奧勒岡州實施一項法令，強制所有拋棄式瓶罐都必須收取至少五美分的押金。法令也禁止在該州販售分離式拉環的飲料罐。這項議案在一九六八年首度提出時，因為沒有得到足夠票數而失敗了。但是，州長湯姆．麥寇爾（Tom McCall）的及時支持，讓立法提案在三年後得以通過。[38]

到了這個時期，分離式拉環鋁罐很快便取代笨重的鐵罐。可口可樂在一九六七年率先更換為全鋁罐包裝。它和雷諾茲金屬公司（Reynolds Metal Company）合作，主要是因為鋁罐較輕，所以裝罐廠能大幅降低運輸成本。不過，拋棄式易開罐拉環卻成為另一種惱人的汙染物，激怒那些環保主義者，就像菸頭一樣，這些易開罐拉環遭人隨地任意棄置。沒錯，鋁罐的重量確實較輕，不過就環保主義者的考量來看，它的生態足跡和其他不回收的包裝一樣重。結果其他各州在一九七〇年代開始採取行動，以便減輕逐日惡化的垃圾問題。佛蒙特州在一九七二年跟隨奧勒岡州的步伐，通過法案讓在該州販售的所有不回收容器要強制押金。[39]

美國國會的介入

各州紛紛制定強制押金法案的同時，美國國會開始考慮全國禁止使用不回收容器。到了一九六〇年代中期，詹森總統已經開始督促美國聯邦政府資助地方政府實施固體廢棄物計畫，部分是因為他的妻子柏德·詹森（Bird Johnson）夫人向他施壓。詹森夫人是保護自然資源的熱烈擁護者。到了一九六〇年代，她協助遊說進行一系列的環境計畫，包括一九六五年的《高速公路美化法》（*Highway Beautification Act*），主要是關於主要公路沿途看板的建置。詹森總統受到夫人的驅策，簽署一九六五年的《固體廢棄物處置法》（*Solid Waste Disposal Act*），之後更施壓推動一九六八年固體廢棄物計畫的全國性調查。美國聯邦政府終於主動介入處理全美持續加劇的垃圾問題，而這個問題在傳統上向來認定是各州與地方政府的責任。[40]

一九七〇年，美國聯邦政府介入固體廢棄物管理問題的新傳統持續進行，眾議院考慮針對固體廢棄物處置法案提出修正案，禁止在美國境內銷售不回收飲料容器。馬里蘭州鮑伊（Bowie）市長在國會作證，說明市議會已經通過這項禁令，因為納稅人在收回處置這些容器方面不斷提高費用，已經變得太不合理了。提出這項聯邦禁令的二十二位立法官員，也同樣擔心逐漸增加的廢棄物處理費用，他們主張企業汙染者應該要給付不回收瓶罐的相關費用。[41]

來自飲料容器產業的代表抨擊這項聯邦禁令提案，他們主張這種方式會影響銷售，並且為聘雇成千上萬人的產業帶來嚴重的經濟失衡。玻璃容器製造商協會（Glass Container Manufacturers Institute）會長理查．切尼（Richard L. Cheney）在反對立法提案的證詞中表示，假如該產業被限定只能製造可回收瓶，成千上萬的玻璃容器廠員工將會沒有工作。

一九七二年，當全國不回收容器禁令再度在參議院被提出討論時，碳酸飲料容器製造商協會（Carbonated Beverage Container Manufacturers Association）的諾曼．多賓斯（Norman L. Dobyns）說明，禁止使用不回收容器將會徹底消滅無酒精飲料裝罐產業：「我們再也不存在了，這是一個非常龐大、重要又會帶來影響的產業，在一次立法的打擊下便會永遠消失。」國會聽取這些業界的訴求後，最後否決這項禁令。[42]

產業說客在一九七一年和一九七二年於全國層級贏得勝利，並且在一九七〇年代一路獲勝到底。其中有很大一部分是因為他們說服聯邦立法官員，不回收容器的禁令將會消滅無酒精飲料與包裝產業的無數工作機會。一九七六年，當另一項禁令提案無法在參議院通過時，伊利諾州參議員艾德萊·史蒂文生三世（Adlai E. Stevenson III）強調是工作議題帶來決定性的一擊。[43]

工作議題造成的投鼠忌器

祭出可怕的失去工作牌，在地方層級也很有效。例如，一九七一年在紐約州揚克斯（Yonkers），來自全國無酒精飲料協會、可口可樂、百事可樂及美國啤酒釀造業者協會（United States Brewers Association）的代表們，為了推廣回收計畫以取代不回收容器的禁令提案，出席市政府作證。根據《紐約時報》報導，原本獲得兩黨支持的禁令首度在委員會提案時，似乎至少有合理的通過機會。

然而，聽完包括全國無酒精飲料協會會長在內的十位「產業發言人」證詞後，數名議員就撤回對該項法案的支持。和全國層級的情況一樣，揚克斯的企業說客利用將會失去大量工作機會進行威脅，恐嚇那些立法官員反對由上而下的立法管理。議員彼得·曼庫西（Peter Mancusi）在說明產業證詞的影響時坦承道：「街道很髒亂，大家都同意。不過，談到五百戶家庭會失去工作，議員們都全神貫注地聆聽。」

另外一名議員艾洛瑟斯．莫克辛洛斯基（Aloysius Moczydlowski）也承認受到產業證詞的影響而改變立場，並且說明他反對禁令的理由：「我得知那些公司通情達理，並且也出面面對那些垃圾問題。沒有選民來找我談，只有公司，況且有誰會比私人產業更能解決問題？」[44]

無酒精飲料、包裝及啤酒釀造產業把回收當成可以補救全國垃圾問題的萬靈丹，這些產業的公司知道必須採取先發制人的步驟，對抗消費者日漸增加的憂慮。它們相信能把回收吹捧成替代強制押金計畫的有效產業方案，從而把成本轉嫁給消費者與地方政府。[45]

各方團體遊說回收計畫

當然，啤酒釀造、無酒精飲料及裝罐巨頭並不是在一九七〇年代唯一遊說回收計畫的產業。早期的回收支持者包括廢五金業者，他們希望能為自己的產業開發新的收益來源。儘管他們樂見其成，但是許多廢五金業者從未承接有利可圖的市政機關回收合約；大部分的合約都是湧向急速成長的垃圾企業集團，像是廢棄物管理公司（Waste Management Inc.）與布朗寧—費里斯工業（Browning-Ferris Industries）。

超市業主和地方雜貨店店家也樂於以回收計畫取代押金計畫，因為前者會迫使他們負責髒亂的工作，收回並處理使用過的飲料容器。對於回收的類似支持還有來自於造紙業者與塑膠產業的代表，他們全都相信這種新的回收系統能為自己的產業帶來很有價值的原料。[46]

非營利組織也遊說回收。環保團體相信地方回收計畫有助於舒緩國家日漸增加的垃圾問題。塞拉俱樂部、全國野生動物協會（National Wildlife Federation）及各大環保組織出席飲料容器回收計畫聽證會，力爭原本要流向回收巨頭的聯邦稅收贊助計畫支持。

然而，這些團體卻只把回收當成自然環境保護議程的構成要素之一。正如記者海瑟・羅傑絲（Heather Rogers）所指出，像是環境行動（Environmental Action）這類組織將『3R』進行等級劃分：首先是減少（reduce）消費；然後以商品原有的型態，盡可能長時間重複使用（reuse）；最後才訴諸回收（recycle）。[47]

然而，可口可樂與百事可樂等公司依舊是回收措施的主要擁護者，正確來說是因為飲料產業造成固體垃圾問題的消費者意識。一九七〇年，全國無酒精飲料協會會長說明公司的不回收包裝廣告，是如何製造出這個特定產業的困境：

引發眾怒的是你我棄置在路邊的容器，而不是玻璃或罐頭公司……上面有我們的商標，裡面盛裝著我們的產品……它們關乎你我企業的最終社會影響，而且他們會期待我們為這種結果負責。[48]

飲料產業明白自己暴露在環保人士攻擊砲火下的獨特程度，於是在一九七〇年代初期，不斷以廣告向大眾疲勞轟炸，強調它們對回收所做的努力，這些廣告暗示美國企業運用它們的創新力量去解決全國的垃圾問題。例如，在紐約市，雷諾茲金屬公司（Reynold Metals Company）和可口可樂、百事可樂及美孚石油（Mobil Oil）合作推出市內廣告，強調產業對於回收廢棄容器的努力。這些廣告刊登在公車車體與週日漫畫版，上面列出大都會地區由不同企業夥伴負責的二十九家資源回收中心資訊。

可口可樂在廣告中聲稱：「我們的市政府就算沒有設立回收中心，也已經夠忙了。」言外之意是該公司及其消費者攜手合作，有意願與資源去解決當代最重要的環境問題。其他的企業也響應這些宣言。在一九六七年成立第一個鋁罐回收計畫的美國製罐公司也提及企業要自立自強：「我們有能力解決產業的問題，而且也已經在著手進行了……產業在規劃制度方面，做了出色的表現。」[49]

無利可圖的資源回收

儘管大企業私營的資源回收計畫受到諸多稱讚，這些清理運動的支持卻很快就開始衰退。一九七二年二月，就在可口可樂、美孚石油及雷諾茲金屬公司開始在紐約展開回收計畫時，媒體報導：「長島回收廢棄物的熱忱似乎開始動搖了。」到了一九七二年冬天，美孚加油站已經關閉回收中心，由紐約的可口可樂裝瓶公司經營的數家中心也大幅減少營運時間。[50]媒體也報導全國各地的私人回收計畫出現了類似問題。一九七二年，加州的許多回收計畫都結束了，大部分是因為無力負擔營運成本。聖地牙哥環境中心（San Diego Ecology Center）是位於南加州的一家大型回收廠，在一九七二年甚至瀕臨破產，因此只能仰賴外來資源的補貼來應付營運費用。《紐約時報》在一九七二年五月報導：「到目前為止，回收計畫無法支應成本。有越來越多人相信，可能需要好多年的時間（假如真有這種可能的話），這項計畫才能對全國堆積如山的固體垃圾造成顯著的改善。」根據一九七八年的《華盛頓郵報》報導，實際上一九七〇年至一九七三年間，在美國各地成立的三千家回收中心全都消失了，無法收回那些收集垃圾與設備維護相關的資金費用。[51]

除了賺不到錢以外，一九七〇年代的回收計畫也完全無法成功回收由飲料產業製造的大批廢棄物。玻璃產業在一九七二年生產的三百六十億個容器中，只有九億一千二百萬個（不到三%）流入回收中心。鋁回收也呈現出類似的結果，所有鋁製品中只有接近四%透過回收計畫回到生產者的手上。假如考慮到私人回收業者提供給消費者的微薄金錢誘因，這樣的結果不應該令人感到意外。舉例來說，紐約的可口可樂回收中心每收取一個回收瓶罐，僅給付回收者半美分。

小型裝瓶業者因為改用不回收容器而被無酒精飲料市場淘汰，凸顯出無酒精飲料巨頭在環保方面的浮誇說詞前後矛盾。胡椒醫生的獨立裝瓶商尤金．諾頓（Eugene Norton）在一九七二年提出說明：「大眾被告知，人們不會為了押金而交回可回收瓶；然而在另一方面，同樣一群自認為是行家的人卻表示，大眾會為了每個瓶罐只有一美分的微薄代價，而將拋棄式瓶罐拿到回收中心，只要他們能找到回收中心的話。」[52]

想要成功實行回收，需要的不只是男童軍與抱持利他精神的公民在週日的努力，這項活動還需要大量金錢，比起面臨通貨膨脹不斷上升的城市，以及一九七〇年代的蕭條經濟所能投資的金額，還要大上許多。因此，三大無酒精飲料商（Big Soda，譯注：通常是指可口可樂、百事可樂及胡椒醫生）向美國聯邦政府求助，在國會作證，推動通過立法提案，讓聯邦資金流向市府的回收計畫。

雷諾茲金屬公司、美國製罐公司、可口可樂及安海斯布希支持一九七〇年的《資源與再生法》（*Resource and Recovery Act*），要求聯邦政府對地方政府的困境提供協助，處理全國逐漸增加的固體廢棄物問題。有意興建資源回收廠的地方政府可望美國聯邦政府提供資金，補助相關的發展與建設成本。[53]

許多重視舊式可回收系統的地區裝瓶商，對於美國聯邦政府在《資源與再生法》之下的新干預行動感到不滿。像裘克拉這類的小型獨立裝瓶商相信，聯邦支持的回收計畫是將容器回收的重擔，由私人部門轉移到政府身上。他們抵制的計畫是，原本不需要公司使用不回收容器，但卻要為了這些公司協助製造出的廢棄物付費。一個小型裝瓶商反對聯邦政府補助回收研究，主張這是附加在消費者與納稅人身上的成本，高達數百萬，甚至數百億美元，而且這樣解決問題的效果並不比現存的回收系統來得好。[54]

雖然遭到小型裝瓶商的抵抗，但國會仍繼續提出立法，鼓勵政府投資市辦回收計畫。一九七六年，國會通過《資源保護與再生法》（*Resource Conservation and Recovery Act*），提高美國聯邦政府對地方資源回收措施的支持。各大無酒精飲料公司支持這項措施，希望能把一般稅金導入清理計畫之中，幫助它們清除那些垃圾。全國無酒精飲料協會的前會長，也就是七喜的西尼·孟德（Sidney P. Mudd）讚揚《資源保護與再生法》制定了清楚的全國目標與合適的補助機制，來刺激五十個州為固體廢棄物的適當管理，採取類似計畫和行動。[55]

經過數十年來竭力閃躲環境主義者的攻擊，飲料產業終於透過聯邦緊急財政補助，得到解脫。《資源保護與再生法》明確規定，處理包裝廢棄物主要屬於公共問題，而不是企業的問題。大型企業終於能停止投入資金在無利可圖的私營回收系統上，它們終於得以脫身。現在市政當局必須找出解決之道，無論納稅人是否喜歡這個主意。

採用塑膠容器的左右為難

這個時間點很巧，因為可口可樂在一九七〇年代中期剛開始採用一種新的拋棄式容器，使用的是一種保證會永遠改變整個產業的材料：塑膠。

可口可樂初次嘗試使用塑膠是在一九六〇年代晚期。在當時，各種產業的年輕公司高層，對於這種從石油提煉出的有機化合物所製造的輕巧物質迷戀不已。在許多方面來說，年輕的達斯汀．霍夫曼（Dustin Hoffman）在一九六七年的電影《畢業生》（*The Graduate*）裡的遭遇，就捕捉到當時的精神。「塑膠業的前途不可限量，」擔任良師益友角色的中年鄰居，低聲對茫然的霍夫曼說道，「仔細想想吧！」

可口可樂重視環保的總裁奧斯丁在一九六九年時，的確好好想過這一點，而且迫不及待地以無酒精飲料的塑膠包裝原型開始進行實驗。然而，他必須知道是否能讓環保意識逐漸抬頭的消費族群接受這種轉變。輕量包裝事實上能否減少運送飲料成品的燃料用量？在生產鏈中，是否還有哪一個階段可以節省能源？如果有的話，這份資料就能夠用來阻止那些環保戰士的步步進逼。

所以，奧斯丁在一九六九年委託進行一項研究，深入了解產業使用的各種容器足跡。這份企業綠化策略任務所產生的深遠影響，將遠遠超越它對無酒精飲料產業的意涵。基本上，這是有史以來的第一份生命週期分析（Life Cycle Analysis）研究，並且隨即成為美國環境評估的黃金準則。現在可口可樂的生命週期分析方法雖然為了配合新科學與技術的發現而調整，不過幾乎每個產業能想像得到的企業，都會加以採用。[56]

主導這項研究計畫的是在可口可樂包裝部門擔任高階主管的哈利．提斯里（Harry Teasley），合作對象是密蘇里州堪薩斯城的環境研究公司中西研究機構（Midwest Research Institute，ＭＲＩ）。在計畫經理比爾．法蘭克林（Bill Franklin）的指導下，中西研究機構為可口可樂的包裝容器進行所謂的資源與環境範圍分析（Resource and Environmental Profile Analysis，ＲＥＰＡ），或稱為生命週期分析研究，基本上就是記載包裝製造與經銷所造成的各種環境影響。

一九六九年以後，法蘭克林和中西研究機構的物理學家羅伯特．杭特（Robert Hunt）密切合作，發表數份針對可口可樂及其他多家大企業的生命週期分析研究報告。[57]

未曾公開的研究結果

可口可樂從未對外公開一九六九年的研究結果。事實上，可口可樂及其他企業在一九七〇年代早期主導的生命週期分析實驗，大部分都不曾對消費者公開結果。直到今天為止，可口可樂在透露一九六九年研究的相關資訊方面依舊保持緘默。

二〇〇九年秋天，我與中西研究機構取得聯繫，想知道是否能取得可口可樂的研究報告副本。我被告知中西研究機構很樂意提供資料給我，但是我需要先取得可口可樂的同意，該機構才能釋出研究結果。我撥打可口可樂的客服熱線後，被轉接給產業與消費者事務部門的伊莉莎白．格里莫多（Elizabeth Grimaldo）。她感謝我對可口可樂的「忠誠和關注」，但卻接著解釋道：「我們有必要限制公司核准的要求數量。很抱歉告訴您，您的要求並不符合我們現行的商標使用計畫。請諒解這種決定和您個人或公司無關，而是政策的關係。」[58]

可口可樂在一九六九年的研究結果依然保持機密，不過在一九七四年，環保署委託杭特和法蘭克林，為美國聯邦政府進行一項九種飲料容器的類似分析。這項研究的重點是啤酒容器，不過也包括無酒精飲料包裝的比較數據。根據這份一九七四年的報告，一個可回收瓶使用十次（也就是從裝瓶廠到消費者手上，而後再回到裝瓶廠十趟），以及研究中檢驗的其他容器（包括鋁、雙金屬、鐵罐、塑膠容器，以及不回收玻璃瓶）相比，會對環境產生較低的衝擊。

考量到在一九七〇年時每個可回收無酒精飲料瓶的平均回收率大約是十二次，這份研究顯示不回收容器並非環保的選擇。法蘭克林和杭特在結論中並未閃爍其詞，而是聲明沒有一種不回收容器能夠加以改良，在不久的未來符合或超越十次可回收瓶的紀錄。[59]

儘管杭特和法蘭克林在一九七四年的研究結果中早有發現，但可口可樂卻依然決定塑膠是未來產品的最佳包裝。這是為什麼呢？因為在最後的計算法中，一切都和能源節省有關。一九七三年，緊隨著石油輸出國組織（OPEC）出現石油危機，以及美國的油價隨之上漲後，可口可樂就害怕改用石油提煉的包裝原料會相當冒險。

不過，生命週期分析的研究結果指出，塑膠包裝使用的石油會比原先預期的還少。身為生命週期分析研究人員的馬克．杜達（Mark Duda）與珍．蕭（Jane S. Shaw）解釋道：「因為塑膠其實是由碳氫化合物製成，這種結果令人感到意外，也帶給公司信心來研發現在廣泛使用的塑膠瓶。」[60]

正如杜達與蕭一樣，杭特相信節省能源的確讓可口可樂大為興奮。然而，杭特表示，中西研究機構在當時針對塑膠進行的研究十分有限。他最終感到中西研究機構的塑膠分析對可口可樂不太有幫助，因為從未有任何跡象顯示，這就是它們感興趣的結果。杭特說明，無論可口可樂在一九六九年的報告中得到什麼結果，一九七四年的研究顯示，以高旅次率（trip rate）來說，可補充的空瓶根本不是最佳的環保選擇。[61]

塑膠瓶大戰登場

然而，奧斯丁就像是《畢業生》裡霍夫曼的那位芳鄰一樣，認為可口可樂的未來就掌握在塑膠的手上。可口可樂和曾經合作過的咖啡因供應商孟山都搭檔，以一九六〇年代晚期以丙烯腈塑膠製造的Lopac瓶來進行實驗，在一九七〇年首度測試經銷三百萬個容器給羅德島州普洛維登斯（Providence），以及麻州波士頓與新伯福（New Bedford）的消費者。[62]

可口可樂在新英格蘭測試行銷Lopac瓶，百事可樂則開始以聚乙烯聚合物瓶來進行試驗。到了一九七五年，塑膠瓶大戰登場，百事可樂和可口可樂都希望能說服大眾，它們的容器將會成為業界標準。

可口可樂公開提出內部生命週期分析研究中的部分證據，用來將它的新包裝推銷給大眾。可口可樂美國公司的主管基歐在一九七五年告訴《紐約時報》，公司暱稱為「Easy-Goer」的塑膠瓶勝過其他容器，因為這些飲料瓶質輕耐用、高度阻抗生物分解，能夠放在水和陽光底下，讓包裝更具價值，保護裡面盛裝的產品，而且可供回收。

基歐提出塑膠可回收的說法，和食品藥物管理局在一年後的研究產生衝突。該項研究顯示，大量回收塑膠在近年內不可能達成，不是因為塑膠或能源的緣故，主要是技術原因與缺乏非原生塑膠的市場。基歐的推廣活動中有所保留的是，事實上密西根大學研究人員在近期的研究結果顯示，製作Lopac瓶的丙烯腈塑膠會溶濾成水化學物，導致實驗老鼠罹癌。[63]

到了一九七六年，對於和可口可樂丙烯腈容器相關的環境與健康顧慮不斷增加，促使立法官員提出法案，禁止經銷可口可樂的塑膠瓶。例如，紐約州蘇福克郡（Suffolk）當局主張，可口可樂的 Lopac 瓶也許看起來無害，但是卻構成大型企業不負責任的最新範例，並且引用證據，表示塑膠瓶製造需要大量的石油燃料，以及新容器廣為人知的一點是，焚燒時會產生危險毒氣。

紐約的可口可樂公司塑膠包裝部門主任約翰．史賓賽（John Spencer）回應這些指控，聲稱：「我們不會推出對環境有害的可口可樂包裝，因為我們在消費者市場上擁有高曝光度。」根據史賓賽的辯詞，明智的消費者不會讓公司基於對健康和環境狂熱的激情，而做出不明智的行銷決定。史賓賽訴諸自由市場意識型態，讓理性的消費者控制市場趨勢，並做出結論：「當事實被理性地提出時，我認為許多人會以不同的態度，來看待可口可樂的塑膠瓶。」[64]

消費者從來沒有機會發表看法。可口可樂繼續推廣塑膠容器，食品藥物管理局卻在一九七七年三月針對可口可樂的 Lopac 瓶頒布禁令，提出有力證據證明該種容器會致癌。在這個時候，由阿莫科化學公司（Amoco Chemicals Corporation）製造的百事可樂聚對酞酸乙二酯瓶（PET，即寶特瓶）卻得到食品藥物管理局的認可。

可口可樂大感不安，不想輸給主要對手，於是決定在一九七七年改用寶特瓶。同年稍後，可口可樂就開始分銷一箱箱兩公升的寶特瓶，由位於南卡羅萊納州斯巴坦堡（Spartanburg）的裝瓶廠製造。到了一九七八年，可口可樂開始將塑膠瓶銷售到全美四分之一以上的市場。[65]

三大無酒精飲料商改用寶特瓶之後，塑膠不斷流入美國的垃圾掩埋場。食品藥物管理局說對了：回收的寶特瓶根本就沒有市場，而且一開始回收的數量也寥寥無幾。其中有一部分是因為廢棄物裡有各式各樣的塑膠，在回收過程摻雜之後產生的混合物並不適合轉售，結果塑膠瓶只是讓已經很嚴重的垃圾危機更形惡化。

堆出歷史新高的垃圾風暴

然而，在一九七〇年代的美國，塑膠不是阻礙回收系統成功的唯一問題。儘管在一九七六年通過《資源保護與再生法》，等同是美國聯邦政府承諾資助美國的路邊回收系統，但事實上市辦回收計畫既勞民又傷財，各大城市要花費好幾年的時間累積基金和基礎建設，才能落實回收計畫。

在這個時候，反垃圾運動越演越烈。到了一九七〇年代末，進入一九八〇年代之後，大多數城市的路邊回收都還要好幾年的開發，而垃圾卻早已堆出歷史新高。例如，在紐澤西州的梅多蘭茲（Meadowlands），有些垃圾掩埋場綿延兩百英畝以上（超過一百五十個足球場大），上面的垃圾堆積了八十英尺高。在沒有空間擴展的情況下，市政委員在一九七八年關閉許多掩埋場。《紐約時報》在那一年預見這種困境：「垃圾危機：掩埋場之後，何去何從？」（Garbage Crisis: After Landfills, What?）差不多十年後，看起來就連大蘋果（Big Apple，譯注：指紐約市）也還沒找到答案。一艘名為Mobro 4000（一般俗稱垃圾船的大型平底船）沿著大西洋沿岸，緩慢來回行駛幾個月，尋找一個能傾倒城市垃圾的地方。全美其他地區的情況都差不多，特別是在郊區，當地居民面對的新掩埋場建築，經常是供給較大型都會社區的掩埋擴建區。

舉例來說，伊利諾州傑尼瓦（Geneva）是一個寧靜的小鎮，位在芝加哥以西四十英里，在一九七九年卻引發爭論。當時一家垃圾管理公司買下福克斯河（Fox River）河畔一塊二百二十英畝的土地，興建一座掩埋場來處理芝加哥的垃圾。這處掩埋場原本要供風城（Windy City，譯注：芝加哥別名之一）使用數十年，不過在啟用短短七年後，管理者卻悲哀地預測這個場地的容量，會在原先預期的使用年限過半時就達到飽和，因為來自大湖（Great Lake）都會區的垃圾量不斷激增。在美國南方，郊區與小城鎮的居民也忍受著同樣的經歷。

強制押金法案的風潮

於是，在一九八〇年代興起一場新環境正義運動，有色公民（citizens of color）越來越能察覺到低收入居民社區與市立垃圾場之間的連結。因此，全美各地的垃圾問題日益惡化，現在立法官員從奧勒岡州和佛蒙特州的強制押金計畫得到實證，也就是替回收瓶罐制定價格，可能真的是對抗垃圾的有效工具。[66]

由於擔心已察覺的垃圾危機，並且追隨奧勒岡州與佛蒙特州的腳步，有幾個州重新展開運動，在一九七〇年代晚期和一九八〇年代早期，設法通過專門為不回收容器廢棄物制定的嚴格立法提案。緬因州（一九七六年）、密西根州（一九七六年）、康乃迪克州（一九七八年）、愛荷華州（一九七八年）、紐約州（一九八二年）、德拉瓦州（一九八二年）、麻州（一九八三年），以及加州（一九八六年）等，全部通過強制押金法，要求不回收瓶罐需收取五美分至十美分的押金。

每州的收取制度不一，也會隨著時間而改變，例如目前加州就要求裝瓶業者在銷售飲料給零售商時，直接支付押金給州政府。政府保留所有押金，不退還給消費者，而是將這些錢花費在回收建設上。其他各州，如奧勒岡州、愛荷華州及佛蒙特州，則允許裝瓶業者保留零售商支付給他們，但卻無人領取的押金（零售商可以將押金成本算到賣給消費者的價格裡）。儘管退款制度不一，但是所有收取押金的州都讓私人企業訂定產品價格，以部分反映出清除包裝垃圾的環境成本。無酒精飲料公司對這些計畫深惡痛絕，因為雖然它們可以把成本轉嫁到消費者身上，但是提高價格就意味著銷售量下降。

一九八〇年代，各州的立法也許讓無酒精飲料公司受到驚嚇，但是一個更大的威脅正在美國國會裡逐漸逼近：全國押金法案。當愛荷華州成為第五個通過強制押金法的州之後一年，也就是一九七八年，美國眾議院考慮正式通過全國瓶裝法案，要求全美的不回收容器都必須收取現金押金。

這種方式最後遭到否決，一部分是因為無酒精飲料代表集中遊說的努力，如太平洋可口可樂裝瓶公司（全美最大的可口可樂裝瓶商之一）的副總裁暨分區經理愛德華．格拉斯頓（Edward Glaston），他在國會作證，奧勒岡州的強制押金立法會大幅增加公司的營運成本，並且會對企業造成影響。格拉斯頓提及燃料成本超過了兩倍之多，因為押金法要求公司收取容器。

不過，他沒有提到的是，政府機關一直在負擔收取公司廢棄物的燃料費用。最後，格拉斯頓堅持主張，消費者是最大的受害者，因為他們被迫付出較高價格來支付新押金。[67]

路邊回收計畫

各大飲料公司並未努力開發基礎建設，讓押金制度能在施行瓶裝法案的各州順利進行。歷史學家芬．喬治森（Finn A. Jørgensen）發現，大型裝瓶業者恣意違反一九八二年的《紐約可回收容器法》（*Returnable Container Law*）。該法要求自動回收機（Reverse-Vending Machine，RVM）製造商研發出複雜的容器掃描系統，但是最後對零售商來說卻太過昂貴。

喬治森指出，Tomra這家挪威的工程公司，在一九八〇年代曾嘗試將雷射掃描自動回收機帶到紐約，但是最後卻遭到可口可樂這類的公司阻撓，因為它們聲稱機器無法辨識不同品牌的容器，因此百事可樂和可口可樂將無法決定各家公司該支付多少退瓶費。

最後，自動回收機並未像在世界其他地區那樣大受歡迎，尤其是到了一九八〇年代末期，Tomra的系統在北歐各國已經變得司空見慣。高科技缺乏大型飲料巨頭的支持，民營的回收販賣制度在紐約與全美其他地方逐漸消聲匿跡。[68]

公家資助路邊回收計畫，或是承諾進行這項計畫，變成美國產業的主要機制，用來對抗在一九八〇年代要求製造商對包裝廢棄物負起更多責任的立法。路邊回收計畫變成強制押金和可回收禁令的替代方案，這是一個要求全面修正的系統，而不是附加垃圾減少措施的補充辦法。

這些計畫最吸引立法官員的地方是，選民看不見它們的成本，回收計畫是由州、地方及聯邦層級收取的一般稅金來支付，再加上小額的使用者手續費。正如無酒精飲料、啤酒釀造及包裝說客對立法者的說明，回收與強制押金不同，不會從他們的選區奪走工作機會，或是以激起美國消費者憤怒的方式增加納稅人的納稅金額。[69]

企業推銷回收瓶罐計畫的說詞：節約能源

飲料產業把自己定位成回收系統的標準規範。直到一九八〇年代結束，無酒精飲料、啤酒釀造及飲料包裝公司設法說服大眾和立法者，容器廢棄物是驅動初期回收計畫的基本燃料。產業發言人主張，因為鋁罐與玻璃容器占據路邊回收桶裡七〇％以上的殘餘價值，刪除這個收入來源，會摧毀全美各地的資源回收計畫。

一九八七年，華盛頓特區進行強制押金措施的全市投票時，可口可樂、百事可樂、安海斯布希及美樂啤酒，再加上其他企業，共同出資超過一百萬美元製作一支廣告，推廣飲料罐對回收計畫不可或缺的觀念。《華盛頓郵報》報導這些企業的聲明：「假如消費者將瓶罐拿回雜貨店，取回押金，那些瓶罐就不會流入獨立回收中心，而這些中心需要來自玻璃和鋁的收入才能維持。」

全國無酒精飲料協會的副總裁吉弗德．史塔克（Gifford Stack）概述該產業在強制押金立法的立場，以及在一九八九年將不回收容器保留在市立廢棄物流的重要性。他主張：「假如這些包裝不包括在路邊回收計畫裡，市府要付出的成本將會高得嚇人。」在不斷演化的可樂公民神話裡出現了奇異轉折，可口可樂現在宣布要成為整個系統成功運作的推手，而不是它實際上並沒有付出多少金援的公共計畫受益人。[70]

談到鋁罐時，無酒精飲料產業有一套特別強大的說詞。在一九八〇年代，廢鋁的價值大大超過回收玻璃或塑膠。飲料公司若是使用回收鋁，而不是來自鋁礬土礦石的原生原料製作，就可以減少高達九五%的能源需求；玻璃的能源節約就普通許多，大約是二五%；而塑膠可悲的再生率，使得回收那種合成原料在經濟上毫無吸引力。大型企業急於購買回收鋁的存貨，以便減少前端成本，讓那種金屬成為回收系統的搖錢樹。可口可樂及其產業盟友不斷宣揚，從回收計畫裡挪用鋁罐，將會導致剛起步的回收系統走向毀滅一途。[71]

從未回收的一千億個飲料容器

無酒精飲料產業的訴求證實十分有效。在三大無酒精飲料商的壓制下，各州退出押金計畫，投身回收革命。一九八六年以後，只有一個州（夏威夷州）通過強制押金法。大多數的地方政府提供大量資源與政治支持，發展業界所謂的「綜合」回收計畫。一九八六年，只有羅德島登記全州強制回收法，不過在短短三年後就有二十六個州通過立法，要求把回收當成固體廢棄物減量的一部分，還有七個州要求成立全州路邊回收計畫。美國的路邊回收計畫數量，因而從一九八九年的只有六百個，增加到一九九二年的四千個左右。隨著路邊回收的興起，產業放棄自家買回計畫，開始大量仰賴不需要額外付費的市立服務。[72]

到了一九九〇年代末，民眾接受公共資助回收計畫，將其視為清除產業容器廢棄物的一種方法。雖然產業把路邊回收計畫吹捧為自給自足的系統，然而多年來卻都是仰賴著補助金。根據一九九九年進行的一項研究顯示，美國販售回收物所產生的收益，只夠支付不到三五%的市府回收計畫費用。《紐約時報》更於一九九三年報導：「這個國家開始實施回收五年後，情況變得十分明顯，留在路邊的回收物市價不可能長期支付收回與處理成本。」[73]

到了二〇一四年，沒有人真正知道路邊回收究竟花費民眾多少錢。總費用分散在數百萬的民眾身上，大多數家庭為這種服務支付小額稅金或費用。美國公民一向反對為企業謀利，實質上卻協助那些大多免於繳納垃圾處理費的企業脫困。不過，他們之所以會繼續這麼做，部分是因為回收的分散資金結構掩飾系統的整體成本，沒有幾個人會停下來質疑未來的替代財務機制。到了二〇一〇年代末，情況變得十分明顯，政府強制減少資源與企業汙染者付費等計畫，已經不再被視為是減少國內汙染問題的可行方法。[74]

路邊回收並不是飲料產業聲稱的萬靈丹。二〇〇一年，鋁罐回收率約為四九%。同年，垃圾處理機構卻將七十萬公噸的鋁罐載進全美各地的垃圾掩埋場。過去十年來，情況並沒有多大的改善。到了二〇一〇年代初期，全美的鋁罐回收率大約在五五%，消費者回收的寶特瓶則只有大約二九%。二〇一一年，有超過一千億個飲料容器從未收回到回收中心。[75]

廢棄物問題的責任歸屬

簡而言之，廢棄物持續堆積，雖然統計數據顯示出廢棄物管理實施的缺點，但是飲料業巨頭卻繼續接受他們為回收努力而得到的讚美。可口可樂以它對包裝回收計畫的支持，獲得特別的表揚。二〇〇九年，媒體盛讚可口可樂公司提供財務協助，在南卡羅萊納州斯巴坦堡興建全世界最大的塑膠再生塑膠（plastic-to-plastic）回收廠，儘管該廠於兩年後便關門大吉，因為它無法產生足夠的利潤來支付成本。還有人讚揚可口可樂在二〇〇七年和再生銀行（Recyclebank）攜手合作，展開一個全國性的回收計畫，提供消費者折價券來換取回收容器。最近幾年，該公司把數千個印有可口可樂商標的回收垃圾桶分發到全美各地，並且繼續製作關於它的「綠色」包裝的宣傳資料。對大眾而言，可口可樂儼然是永續事業發展的鬥士。[76]

儘管企業綠化運動的號角吹得響亮，但若是少了公共資助，目前的路邊回收計畫根本就不可能進行。企業回收計畫奠基在基礎建設之上，地方政府花費數十年才打造完成。多年來，回收計畫證明無利可圖，私人機構想要打造綜合計畫來大幅減少垃圾，但卻不斷失敗。

昂貴的回收計畫會成為全美固體廢棄物處理的優先與專門解決方案，只因私人企業利用遊說能力，把回收企業垃圾的責任轉嫁給公部門。到頭來，消費者做了大部分的工作（透過他們的勞力付出與納稅），來補貼飲料產業的包裝回收系統，容許公司擴展營運，卻不會增加成本。

可口可樂的回收垃圾桶處處可見，可能是該企業有心投入綠化策略的證明，但是依照過去的經驗顯示，企業的

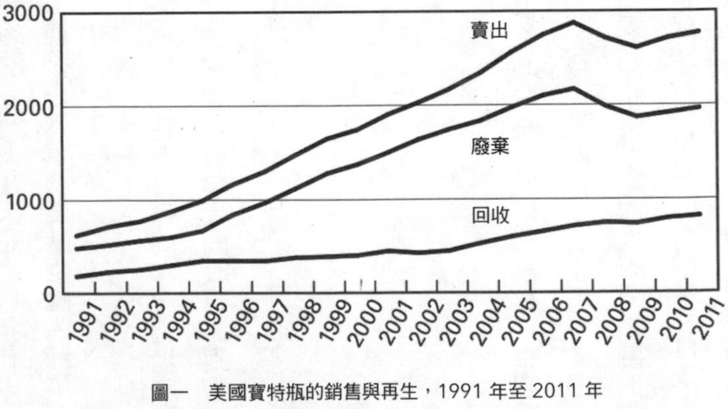

圖一　美國寶特瓶的銷售與再生，1991 年至 2011 年

資料來源：容器回收協會（Container Recycling Institute，CRI）

承諾永遠只占大眾努力付出的一小部分，該做的事還有很多。透過公共政策來資助浪費的行為，並不是解決國家垃圾問題的處方。從地方政府開始進行回收的三十年來，美國公司製造出大量的包裝垃圾，光是二〇一二年就高達一千五百億磅，而它們基本上不需要任何成本，可以毫無限制地這麼做。這個國家還要進行多久的實驗，才能開口要求大型企業為它們製造的垃圾付出代價？[77]

第九章

藏在人體的卡路里

——肥胖是個人選擇嗎？

雖然可口可樂在二十世紀最後數十年裡的成長，確實伴隨著許多的浪費，但是這些以鋁和塑膠為主的大量汙染，依舊不會映入大部分公民的眼簾，而是埋藏在他們永遠看不見的掩埋場裡。然而，包裝只是持續成長造成的隱藏問題之一而已。

到了二〇〇〇年，可口可樂的大舉入侵造成其他令人不悅的許多副產品，都不是一般人能見到的。例如，可樂裝瓶廠就是靠著耗油量極大，並且排放出大量溫室氣體到大氣中的卡車來運作。到了二〇〇六年，全世界把可樂運送到市場的卡車已經超過二十萬輛，消耗數百萬加侖的石化燃料。同樣地，多年來無數冷藏可樂的冷卻裝置和冰箱也排放大量的氟氯碳化物到大氣中，造成臭氧層的損耗，而這一切都只是為了推廣一種奢侈品。[1]

飲用過量的代價

但是，就算可口可樂有許多我們看不見的汙染物，其中一項有害副產品的成長，卻在一九八五年以後變得十分顯著：人類脂肪堆積。隨著可口可樂的消費者放縱自己狂飲超大容量的碳酸飲料，每年吞下肚的含糖飲料也越來越多，而他們的身體開始反映出這種過量的代價。

越來越多的消費者健康推廣人士開始對此做出回應，攻擊可樂及其他無酒精飲料公司是造成人類肥胖的元凶。他們強烈主張可口可樂本身就是廢物，是垃圾食品，是越來越常見的肥胖流行病主因。可口可樂一度只是一種簡單的享受，以「心曠神怡的那一刻」作為廣告詞。但是，到了一九九〇年代，可口可樂已經成為美國人日常飲食的必需品，整天不離手，讓人體吸收遠遠超過所需的熱量。

統計數字似乎說明一切。在美國，每人每年消費的含熱量無酒精飲料，從一九五五年開始已經超出原本的三倍；在一九五〇年代，這個國家曾經每人每年消費十一加侖的可口可樂，在五十年後這個數字更是增加到三十六加侖以上。這代表在二〇〇〇年，美國人平均一年吃下超過三十五磅的糖精，而且這只是在無酒精飲料的部分而已。這是一大問題。[2]

發生了什麼事？無酒精飲料的消費量為什麼會出現這麼劇烈的增加？可樂和其他無酒精飲料，又怎麼會對公民的肥胖造成如此嚴重的影響？

雲霄飛車般的糖價起伏

放縱狂飲的故事是從糖價再度劇烈波動的一九七〇年代中期開始的。在一九四七年十二月，美國國會同意撤銷控制美國每年進口砂糖數量的《蔗糖法》（*Sugar Act*），終結三十年來為了保護美國糖農，並維持消費者價格穩定的定量配給體制。砂糖使用者團體（Sugar Users Group）是一個新的遊說組織，由糕點製作業者及其他主要的砂糖買主所組成，可口可樂也包括在內；它們想打破配額限制，誤以為少了美國聯邦政府的保護措施，可口可樂和其他無酒精飲料公司就能以更低的價格買到砂糖。多年來，可口可樂都被禁止以低於含關稅價的「傾銷價格」價格向海外購買砂糖，現在該公司相信此時自己已取得掌控權，期待能從鬆綁的市場中大賺一筆。[3]

然而，這些買家的淘金夢一下子就碎了。隨著保護性障礙消失，砂糖的價格一飛沖天。到了一九七四年年底，糖價已經逼近每磅六十美分。隨著亞洲及其他開發中世界的消費市場日益成長，對糖的需求量也跟著大增；全球的生產者面對源源不絕的買主，便繼續提高售價。然而，生產過剩卻在一九七五年造成砂糖價格崩跌，使得宣稱無法以低於免稅市價的價格出售砂糖的美國糖農，面臨破產的命運。為了保護美國糖農，政府在一九七六年重新採行限額制度，造成工業用糖買家起而抗議。他們想回到糖價穩定的市場，但卻不想付出更高的價格。[4]

可口可樂和業界夥伴對於這種雲霄飛車般的價格起伏感到厭倦。他們覺得自己受制於全球砂糖市場趨勢的興衰，認為這種波動永遠都不會有結束的一天。他們想要為自己解套。如果有任何砂糖的替代方案，讓可口可樂不需再依賴美國難以預測的交易市場，該公司必然會放手一試。

高果糖玉米糖漿的出現

可口可樂十分幸運，因為這時候出現一種新的甜味劑：高果糖玉米糖漿（High Fructose Corn Syrup，HFCS）。從一九二〇年代開始，美國中西部的玉米精製業就開始實驗將玉米澱粉加工，製造出分子組成和蔗糖類似的濃稠金黃色糖漿。然而，直到一九六〇年代中期，商業使用者對這些玉米製甜味劑差強人意的味道，大多不甚滿意。然而，糖價在一九七〇年代的上漲，使得這項投資再度引發大家的興趣，精製業者必須想辦法改善他們的加工系統。

帶頭的是愛荷華州克林頓（Clinton）的克林頓玉米加工公司（Clinton Corn Processing Company），該公司在一九六七年成為人工甜味劑的同義詞，它們的人工甜味劑和蔗糖一樣甜，甚至更甜，而且沒有任何不好的餘味。克林頓玉米加工公司使用名為異構酶（isomerase，最早在日本分離成功）這種新的專利細菌酵素製作新的糖漿，能把從玉米澱粉中萃取的葡萄糖分子轉換成較甜的果糖分子。克林頓甜味劑的味道確實比之前的產品都來得好，該公司也在一九七〇年代投入重金，大量生產自己的玉米糖漿。[5]

這種新糖漿的名字有點誇大。畢竟，高果糖玉米糖漿五五，也就是無酒精飲料主要使用的變種玉米甜味劑，其實只含有五五%的果糖，大約四五%的葡萄糖。可是蔗糖就是一個果糖分子和一個葡萄糖分子的連結：比例就是五十比五十。換句話說，所謂高果糖玉米糖漿的「高」，與蔗糖之間也只有五%的差別而已。至於用在某些水果罐頭與冰淇淋的甜味劑：高果糖玉米糖漿四二，更是令人誤解的標示，因為這種甜味劑其實比正常的糖所含的果糖更少（大約四二%）。

美國農業部的干預措施

克林頓玉米加工公司的成功，是建立在聯邦政府的協助之上。高果糖玉米糖漿之所以能以低於糖價的價格販售，是因為玉米很便宜，而玉米很便宜則是政府造成的。在經濟大蕭條時期，美國農業部開始利用《農業調整法》（*Agricultural Adjustment Act*）對玉米生產執行減耕貸款計畫，希望把美國生產過剩的農產品鎖在糧倉裡，不要進入零售大賣場；簡單來說，表面上就是政府付錢給農民，要他們生產少一點的作物。這個政策的目標在於，當農民苦於賺不夠錢養家時，政府能透過限制供應來支撐商品價格。

這個補助制度用的是美國納稅人的錢，但並不是以可見的消費稅形式進行，而是透過美國農業部的農產品信貸公司（Commodity Credit Corporation），用美國財政部分配到的稅收，來支付豐收年生產玉米過剩的農民貸款。這些被當作抵押品的玉米就存放在美國聯邦政府的倉庫裡，統一稱為「常平倉」（ever-normal granary），直到價格上揚，農民可獲得足夠的市場價值並獲得利潤時，才會釋出。[6]

美國農業部的干預措施在一九三〇年代的蕭條時期是合理的，但是習慣這種保護措施的農業界卻團結一致對政府施加壓力，使得這些方案延續到第二次世界大戰後。就如同保護性政策使得國內糖農在二十世紀開始擴張，一九三〇年代至一九七〇年代的玉米支援方案，也使得大規模的美國農業綜合企業開始增加生產力，並且免於承受嚴重的財務損失。

大型農場的主人會把政府貸款資金投入購買新機器、水利系統及氮肥，使得他們的土地利用更密集。他們受惠於美國農業部在一九四〇年代的合作延伸服務，也就是提供技術訓練，教導農夫使用高產量的混種玉米，而這是來自於政府單位研究人員在二十世紀初發展交叉育種技術培養出的新品種玉米。這些措施證明美國中西部的密集單一作物種植文化能產生驚人的利潤，因此玉米的產量在一九四五年至一九七二年間增加一六六%。政府原先想透過農業部方案抑制生產的目標，完全宣告失敗。[7]

處理堆積如山的農產品

當時生產的玉米遠遠超過美國人所能消耗的數量，政府每年囤積的農產品越來越多，不只玉米，其他接受類似新政貸款方案的農產品也在增加。到了一九五二年，美國聯邦政府在全美各地的糧倉裡，已經存放價值約十三億美元的生產過剩農產品。[8]

而這些過剩的農產品，將在一九七二年大舉進入美國市場。因為在那一年，美國聯邦政府意識到新政已經無法達到原本的期望，因此宣布終止新政。全國上下進入能源危機，通貨膨脹加上停滯的經濟，導致消費者商品價格上揚得更嚴重。理查·尼克森（Richard M. Nixon）總統執政時期的美國農業部部長厄爾·布茲（Earl Butz）相信，美國農業部過時的農業政策其實是在傷害這個國家。政府居然付錢給人民，要他們在食物價格高漲時暫時不要生產作物，這看起來很荒謬。因此，布茲提出全面翻轉的農業政策，希望利用美國富庶的農業，紓解通貨膨脹的趨勢。

布茲鼓勵美國農夫「擴大，不然就改行」，捨棄將價格支援機制與減產方案掛勾的新政方案，在一九七三年的《農業與消費者保護法》（*Agriculture and Consumer Protection Act*）下實施一套新制度，這個法案也稱為《農場法》（*Farm Bill*），提供豐富的金援鼓勵生產，不再支持為了避免過剩的農產品進入市場而提供的貸款方案。現在農夫不但能接受政府補助，還不再受到控制。他們可以一手領補助，一手增加產量，任意進入開放市場。[9]

布茲的政策帶來的後果可以預期。因為新的增產方案瓦解了常平倉，供過於求的農產品（多年來堆積在美國內陸的政府出資糧倉裡）此時大舉流入全國的消費市場，價格應聲下跌；一九七四年年底，一蒲式耳（bushel，約三十五升）的玉米價格為三美元，三年後下跌到二美元以下。雖然在接下來幾年裡價格出現波動，但是到了一九八六年年底，買入一蒲式耳玉米的價格大約是一·五美元。[10]

可口可樂改採玉米糖漿

對美國的玉米精製業者來說，這些便宜的玉米代表龐大的商機。克林頓玉米加工公司、A・E・斯特利（A. E. Staley）及阿徹丹尼爾斯米德蘭（Archer Daniels Midland）是美國中西部的三大玉米精製廠商，此時更是喜不自勝。這是賺錢的大好機會：糖價不斷上升，玉米精製業的原料價格又直線下滑。到了一九七八年，他們的高果糖玉米糖漿售價已經比蔗糖或甜菜糖的價格低一〇%至一五%，現在只需要新的買主。[11]

一開始，他們還不確定這些砂糖的大買主會不會支持這項變革。就如同他們的所有決策，可口可樂面對改變供應商這件事時是很謹慎的。這是一種劃時代的新產品，是在實驗室而不是農場上做出的棕色糖漿。消費者會買單嗎？可口可樂並不確定，於是在一九七四年夏天，該公司決定用一個實驗測試看看。那一年，該公司改變非可樂產品（雪碧、匹伯先生（Mr. Pibb）及芬達）的配方，加入二五%的高果糖玉米糖漿，打算先用比較沒有那麼受歡迎的飲料測試，之後再修改主打品牌。由於消費者沒有任何強烈反應，因此可口可樂在一九七〇年代末期，漸漸地將所有非可樂的飲料，換成使用百分之百的玉米糖漿。

這項決定鼓舞阿徹丹尼爾斯米德蘭和克林頓玉米加工公司這些高果糖玉米糖漿廠商，他們相信無酒精飲料巨擘很快就會同意簽訂大量玉米糖漿的合約。一年之後，可口可樂同意在銷售第一的產品，也就是可口可樂中使用五〇%的玉米糖漿；到了一九八五年，該公司在美國銷售的所有可樂與非可樂飲料，都使用百分之百的玉米糖漿。[12]

可口可樂的適應性再度讓公司帶來紅利。當高果糖玉米糖漿面世時，可口可樂並不需要出售蔗糖加工廠，因為公司根本沒有經營。該公司只要更換新的供應商就好了。美國聯邦政府改變甜味劑產業的遊戲規則，而可口可樂已經準備好，和贏家站在同一邊。可口可樂替換甜味劑，保障高果糖玉米糖漿的成功。截至目前為止，可口可樂是美國最大含有熱量甜味劑的消耗者，因此它的認可至為關鍵。其他各種甜點企業紛紛跟進，到了一九八〇年代中期，所有產品的甜味劑都換成百分之百的玉米糖漿。糖分過多的新紀元就此展開。

重量瓶隱藏的健康陷阱

高果糖玉米糖漿讓可口可樂的糖漿銷售額呈現指數型成長，但是該公司並沒有把節省的數百萬美元生產成本反映在價格上（據說在一九七八年，甜味劑的成本每下降一美分，就能省下二千萬美元），而是打算以更高利潤的價格，賣出更多的飲料給消費者。

在《雜食者的兩難》（*The Omnivore's Dilemma*）一書中，身為記者的作者麥可．波倫（Michael Pollan）解釋可口可樂在一九八〇年代的心態：「既然無酒精飲料主要的原料（玉米糖漿）現在這麼便宜，為什麼不讓大家多付幾塊錢，就能買到更大瓶的可樂呢？讓每盎司的價格下降，但是賣出更多盎司。

於是，本來苗條的八盎司可樂瓶，開始變身成為胖胖的二十盎司重量瓶。」[13]

麥當勞是可口可樂在一九九〇年代最大的消費者，一九九三年在全世界有一萬四千多家分店（其中三千六百五十四家在海外），而它們才是超大容量銷售策略的幕後主腦。一九九三年，麥當勞的零售策略師大衛·渥斯坦（David Wallerstein）第一次提出加大分量的概念。

這是一種剝削性的系統，但是很少消費者了解它的計算方式。可口可樂發現，就算增加的分量只值二美分至三美分的額外甜味劑，消費者還是願意多花數十美分把產品的分量加大。因為高果糖玉米糖漿實在太便宜了，所以加大很有賺頭。因此，無酒精飲料公司與零售經銷商創造出新的飲料包裝，先是推出二十盎司的容量，到了一九九〇年代中期，還開始鼓勵消費者購買六十四盎司的重量瓶。結果就是含熱量無酒精飲料的人均消費量大幅增加，從一九八五年的二十八·七加侖，增加到一九九八年的三十六·八加侖。[14]

對高果糖糖漿的需索無度之所以會有問題，是因為美國人根本就沒有糖分攝取不足的困擾，他們消費大量身體所不需要的熱量。一九五〇年，美國的人均含有熱量甜味劑消費量，達到每人超過一百磅的高峰（一八八五年的人均糖攝取量是四十九·二磅，幾乎是兩倍）；但是到了一九八〇年代末期，年度人均消費量更上升到一百二十五磅以上。

這種向上的趨勢一直持續到一九九〇年代，而且到了二〇〇〇年，美國每年人均含有熱量甜味劑的消費量達到一百五十二·四磅。因此，過去一年只要不到五十磅含有熱量甜味劑就能活蹦亂跳的公民，到了二十一世紀每年的消耗量已經是這個數字的三倍以上。美國對這些超級農場的補助，並不是在填補公民尚未滿足的熱量存量，而是助長過度消費含豐富碳水化合物甜味劑這種不健康的趨勢。[15]

社會與生活型態的轉變

社會已經改變了。美國人已經不再像十九世紀那樣會長時間在農地工作。到了一九九〇年代，這個國家的都市化程度已經突破過往。潘伯頓在一八八六年創造可口可樂時，居住在都市的人口不到三〇％，但是到了一九二〇年這個數字已經上升到五四．一％，一九九〇年更達到七五．二％。部分原因是政府的農業政策，使得大型企業化經營的農業比小型農場具有優勢。

對於這種現象幫助最大的，莫過於在一九三三年通過的《農業調整法》，將資金大量轉移到在美國南方和

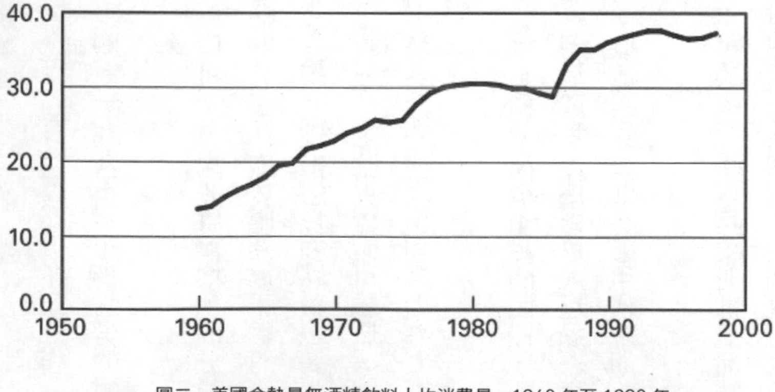

圖二　美國含熱量無酒精飲料人均消費量，1960 年至 1998 年

資料來源：美國農業部經濟研究服務，碳酸飲料人均可取得試算表（2003 年）

中西部擁有大型農場的富有農夫身上，而向這些農場主人租地的佃農，卻從未看過《農業調整法》帶來的資金。這些優秀的農場主人可以積聚政府的資金，使得耕作機械化，減少對農業勞動力的需求。因此，原本設計來幫助農夫的政策，反而使得美國鄉下的人口銳減，帶來大型農業綜合企業成長的新紀元。過去以農立國的美國，變成以都市工人為主體的國家。[16]

美國人在二十世紀末的都市裡發現新的就業機會。到了一九九〇年代，美國非農場勞工的典型工作地點，已經是辦公室而非工廠。一九九四年，全美有八〇%的都市勞動者都任職於服務業。一般來說，這類工作與工廠的工作相比，比較沒有那麼勞力密集，所以這些勞工一般工作日消耗的熱量也較少。而美國人在工作場所以外，也沒有消耗這些多餘的熱量，只有少數人會走路去工作，大部分的人都是從郊區的住家，長途通勤到位於市中心的辦公室工作。在一九六〇年至二〇〇〇年間，用個人汽車往來工作場所的人數幾乎上漲三倍（從四千萬人到將近一億一千萬人），到了二十一世紀，美國人平均來回通勤時間將近五十分鐘。在路上度過漫長的下午後，很少有美國人下班後會從事額外的活動。根據疾病管制中心在一九九一年進行的一項研究顯示，約有六〇%的美國人表示在下班後幾乎沒有從事任何運動。二〇〇三年，只有不到二〇%的人表示每天都會運動。美國的生活型態已經是久坐不動了。[17]

隨著美國人的熱量需求下降，他們取得便宜熱量的管道卻增加了。商品支援計畫維持低廉的食品價格，而美國人的收入又正在上升，結果就是消費者花更少比例的薪水，就能購買基本所需的糧食。在一九三〇年代，一般美國人幾乎要花費二五%的可支配所得購買食物；但是到了二〇〇〇年，這個數字就降到約一〇%。美國人不再有匱乏之苦，想要的食物都唾手可得。在這個物質豐富的世界裡，可口可樂更是少數美國人過多熱量的強大來源。[18]

過多糖分變成脂肪的惡性循環

儘管美國的食物需求已經獲得滿足，甚至供過於求，這個浪費的農業機械卻越長越大。消費者之所以接受這種暴食性的成長，一開始是因為他們根本看不見這些原料成本。食評記者貝蒂．法索（Betty Fussell）描述一九九〇年代布茲的農業支援政策在政治上的成功，聲稱：「美國人只相信眼見為憑，但控制玉米生產的美國農業綜合企業的上層結構是隱形的，和玉米的工業化產品一樣無所不在。」促使玉米生產過剩的政府經費，在一九八〇年代晚期總計有數十億美元（光是一九八三年就有五十七億美元）來自一般稅收，而不是項目化的消費稅，因此限縮了消費者對農業補助成本的實際感受。[19]

然而，過了一段時間之後，消費者的腰圍卻讓他們開始有感於維持供過於求的玉米市場，所需的昂貴儲存成本。這場超大容量革命完全沒有為消費者帶來營養方面的好處，消費者的功用只是這些過剩農產品的新儲存場所而已；他們的身體變成塞滿農產品的倉庫，取代聯邦倉庫儲存過剩的玉米，減少零售貨架的商品，以刺激商品稀有性。美國人每年消費越來越多的熱量，體型也越來越胖。

根據疾病管制中心進行的國家健康與營養調查（National Health and Nutrition Examination

Survey），從一九七一年至一九七四年，只有一四．一％的美國人屬於過胖體型（BMI大於等於二十五），但是到了一九九〇年代初，已經有二二．四％的美國人過胖。二〇〇八年，三四％以上的美國人BMI超過二十五，消費者攝取超出身體所需的碳水化合物，因此大部分美國人體內過多的糖分都變成脂肪。[20]

美國人並非同等地承受過胖問題。舉例來說，少數族群過胖的比例一直偏高。疾病管制中心在二〇一〇年發現，大約有一半（四九．五％）非拉丁裔的非裔美國人過胖，而非拉丁裔的白人過胖比例只有三四．三％。墨西哥裔美國人的過胖比例也偏高，當年超過四〇％。雖然研究人員對於這種顯著差異的成因尚無定論，但種族與貧困之間的關係似乎是這種差異的中心。

科學家指出，很多低收入的少數族群都住在缺乏新鮮、當地生產食物的「過胖環境」中。除此之外，這些社群裡的很多人都無法賺取維生的薪資，所以就算那裡有農民市集，他們也沒有時間和金錢去購買這些價格遠高於現成便宜速食的食材。簡單來說，對於貧困的少數族群而言，大口吃下便宜的熱量，灌下可口可樂與吞進麥當勞的漢堡，似乎是餵飽肚子最經濟的方式。[21]

唯一的問題是，這種飽足感是虛幻的。大量攝取糖分會造成短期的訊號，血液裡的葡萄糖和果糖會使大腦釋放出引發愉悅感的化學物質多巴胺，但是一下子就會退潮，讓消費者想吃更多糖的欲望更加強烈。這是一種惡性循環，悲劇性的上癮，結果就是越來越大、永遠吃不飽的胃。

暴食甜味劑的財務與生理後果

暴食甜味劑不只會帶來外表的改變，不滿足的胃還有會有其他和攝取過多熱量有關的健康問題出現，糖尿病可能是攝取過多甜味劑所帶來最嚴重的副作用。從一九八〇年至二〇〇〇年，零歲至四十四歲的糖尿病患者數量已經加倍，從〇・六%增加到一・二%（樣本數超過兩百萬人）。同樣地，低收入、少數族群受到這種疾病的影響程度也不成比例地高。

疾病管制中心也發現，在同一段時間內，六十五歲至七十四歲的公民被診斷出罹患糖尿病的比例，從九・一%上升到一五・四%。到了一九九六年，成年發病的糖尿病被重新命名為第二型糖尿病；大多數的醫師都相信，這種糖尿病與過度攝取糖和含有熱量甜味劑有關，而更名則

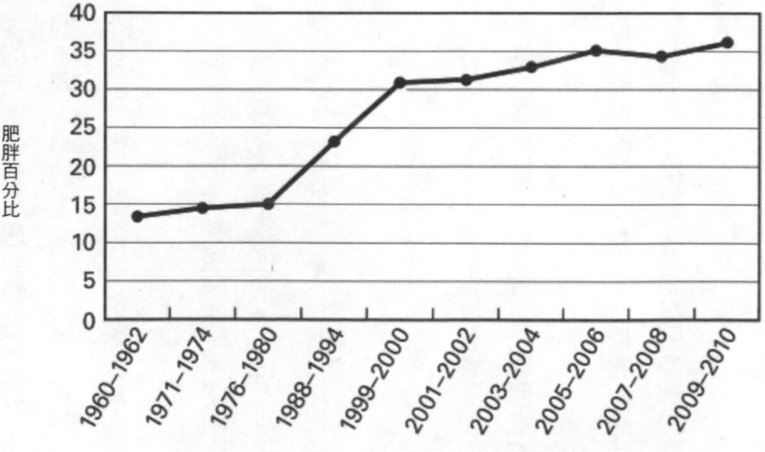

圖三　20 歲至 74 歲美國成人的肥胖體型分布情況，依年齡區分，1960 年至 2010 年
資料來源：疾病管制中心的國家健康調查（National Health Examination Survey），以及國家健康與營養調查

是因為已經有太多兒童表現出這種疾病的症狀。在二十一世紀初期，過去只影響少部分人的糖尿病，似乎快速在美國人之間蔓延，成為普遍的流行病。[22]

美國的脂肪問題也出現金融上的反彈。到了二〇〇五年，據估計，治療與過胖有關病痛的醫療成本已經大幅增加；一九九八年約是七百八十五億美元，到了二〇〇八年卻已經增加到一千四百七十億美元以上。過胖代表消費者會有立即的財務成本（醫療支出）以及生理成本（健康問題），因而強迫他們仔細檢視，數十年來讓可口可樂及其他大型食品飲料公司致富的複雜農工集團。[23]

無熱量飲料的大發利市

可口可樂對於這項危機難辭其咎。以加侖計的無酒精飲料銷售在一九八〇年代與一九九〇年代爆炸性地增加，長久以來可樂消費者所消費的碳酸飲料數量已經創下歷史紀錄。美國農業部的報告顯示，一九七二年至一九九八年之間，一般成人消費的含熱量無酒精飲料已增加五三%。這種人均消費量的增加，使得《美國醫學會雜誌》（*Journal of the American Medical Association*）稱含有熱量甜味劑的無酒精飲料是二〇〇四年美國飲食中，熱量最大的單一食物來源。可口可樂是美國過胖問題的主要源頭。[24]

該公司在開始使用高果糖玉米糖漿之前，就已經知道自己是飲食健康擁護人士最主要的目標。早在一九六二年，可口可樂就委託進行一項研究，結果揭露超過二八％的美國消費者都擔心攝取的食物與飲料對體重的影響。這些結果讓該公司決定推出新的無熱量飲料，飲用後不會在人體內留下絲毫熱量。該公司在一九六三年推出第一款低卡飲品 Tab，它混合一八七七年發現的煤焦油衍生物——糖精，以及科學家在一九三七年研究抗發炎藥物時，意外發現的環己胺磺酸鹽（cyclamate）這種合成物。

在數個月內，Tab 的銷售量就為公司賺進大把鈔票。一九六六年，公司想要進一步進軍低卡可樂的市場，於是推出第二款低卡飲品 Fresca。這時候，百事可樂和榮冠果樂已經成功推出各自的零卡競爭產品，分別是 Patio 與 Diet Rite。[25]

成立卡路里控制委員會操控輿論

儘管有早期的成功，當食品藥物管理局在一九六〇年代晚期揭露大量攝取環己胺磺酸鹽甜味劑相關的致癌風險後，無酒精飲料產業巨擘還是擔心零卡飲品銷售的未來。在一九五八年通過的一九三八年《食品、藥品及化妝品法》的《德萊尼修正案》（*Delaney Clause*，即「禁止致癌條款」）開始執行後，食品供應鏈中不得使用已知的致癌物質，因此食品藥物管理局在一九六九年禁止全美使用環己胺磺酸鹽甜味劑。食品藥物管理局引用的證據是，科學研究發現實驗室老鼠若大量攝取富含環己胺磺酸鹽甜味劑溶液，將會增加罹患膀胱癌的情況。可口可樂、百事可樂及榮冠果樂的零卡飲品，幾乎在一夜之間全面下架。[26]

在一九六九年的環己胺磺酸鹽甜味劑禁用令公布後，可口可樂要求聯邦政府撤回這項決定，宣稱缺乏足夠的證據，證明環己胺磺酸鹽甜味劑真的會致癌。同年的其他研究顯示，老鼠攝取大量環己胺磺酸鹽甜味劑後會罹患膀胱癌。但是，該公司的總裁奧斯丁宣稱政府的發現不具有決定性，並且表示：「我們當然意識到環己胺磺酸鹽甜味劑目前是注目的焦點，但是目前的證據還不夠充分，特別是以目前的使用劑量來說，我們至今尚未看到確切的證據，證明此物質並不安全。」[27]

該公司將此事付諸公論，提出一個直接的論點：政府不應該介入消費者是否購買該產品的決定。為了擴大宣傳這個訊息，可口可樂在一九六六年聯合另外一家人工甜味劑企業，成立名稱避重就輕的卡路里控制委員會（Calorie Control Council，CCC），這又是一家專門操作輿論的公司，目標是激勵大眾對抗政府對人工甜味劑的禁止令，理由是這樣的干預違反他們身為公民的權利。卡路里控制委員告訴大眾，現在面臨風險的不只是國家的健康而已。透過反對這項禁令，公民可以保護自由本身，保護消費者在不受約束與限制的市場中選擇的自由。[28]

這是很熟悉的故事情節。可口可樂在一九六〇年代初期也曾透過保持美國美麗組織，在反廢棄物活動中使用類似的辭藻。它在早期環保活動中學習到，消費者對於威脅自己憲法權利的事特別有反應。當時是冷戰的最高峰，一般美國人都認為真的會有一個強大、控制一切的國家接管美國。訴諸這種恐懼正是贏得大眾支持，達成企業目標的關鍵。

但是，儘管這種說詞好像很有吸引力，卡路里控制委員會在一九七七年還是陷入苦戰。那年冬天，食品藥物管理局發布新的指令，引用最近發現糖精有致癌可能的研究作為佐證，禁止在碳酸飲料中使用糖精。為了反制食品藥物管理局，卡路里控制委員會撥款五十萬美元給負責可口可樂廣告的麥肯廣告（McCann-Erickson），意圖在全國三十多份報紙上製造並散布贊成使用糖精的文宣。

卡路里控制委員會的成員在解釋這次廣告活動的目標時告訴媒體，阻擋食品藥物管理局的禁令，只是要讓不論是糖尿病患，或是關注糖尿病患的消費者，向華府表達不滿。卡路里控制委員會的報紙廣告鼓勵消費者寫信給選區國會議員，表達他們支持延緩禁令生效，先進行獨立並透徹的科學審查，以評估所有關於糖精的證據。除了平面廣告以外，卡路里控制委員會也進行一系列的廣播廣告，強調這項禁令對一般公民的自由會造成多大的限制。[29]

卡路里控制委員會在遊說方面的努力總算得到回報，數千名的消費者寫信給國會議員（通常是轉寄卡路里控制委員會廣告的影本），表達他們反對食品藥物管理局限制糖精使用的不滿。國會對大眾的不滿做出回應，同意延後執行對糖精的禁令，讓無酒精飲料製造商可以繼續使用糖精到一九七九年五月。最後，這項延期令又獲得更新，直到一九八〇年代晚期，糖精終於成為食品藥物管理局同意使用的人工甜味劑。[30]

阿斯巴甜的隱憂

然而，當時糖精在市場上已經開始輸給一種新的人工甜味劑：西爾公司（Searle Company）生產的阿斯巴甜（aspartame）。西爾公司在一九六五年發現的這種合成添加物有很多優點，它的甜度是糖的兩百倍，而且沒有苦苦的後味（這是糖精製造商一直無法完全解決的問題）。更重要的是，食品藥物管理局並未發現阿斯巴甜會致癌的證據。

隨著食品藥物管理局在一九八三年核准阿斯巴甜，可口可樂也開始使用這項新產品，在該公司最新的低卡飲料品牌：健怡可樂（Diet Coke）中加入阿斯巴甜。但是，因為糖精還是比西爾公司的新產品便宜許多，因此可口可樂在低卡飲品中還是會混合使用糖精與阿斯巴甜，藉此降低生產成本。如此一來，一種某些科學家認為可能會導致嚴重健康問題的食品添加物，依舊存在於美國銷售數百萬的飲品中。

到了二十一世紀初，糖精已經不再使用於瓶裝與罐裝的健怡可樂，但還是會出現在零售市場上事後混合糖漿的汽水機中（部分原因是糖精可以幫助事後混合的糖漿維持更長的保存期限）。[31]

支持卡路里控制委員會的消費者相信，無熱量甜味劑可以幫助他們減重，可是到了一九九〇年代，統計證據顯示，所謂攝取低卡飲品所帶來的好處，其實低於這些重視體重的消費者預期。一九七五年至一九八四年間，儘管無熱量甜味劑的人均消費量上升一五〇%，但是糖的人均消費量在這段時間也從一百一十八·一磅增加到一百二十六·八磅。在阿斯巴甜問世以後，一九八〇年代末到二〇〇〇年之間所有含有熱量甜味劑的人均消費量，增加二〇%以上。

人工甜味劑歷史學家卡蘿琳·德拉·佩娜（Carolyn De la Pena）解釋，這種歷史紀錄清楚顯示出低卡或零卡飲料和低熱量食品是被用來銷售，而非讓人變瘦。消費者繼續吞下越來越多的高果糖玉米糖漿和糖。無熱量甜味劑並沒有改善這個國家的過胖問題，只是暫時減緩這些過重消費者的罪惡感。[32]

二〇〇八年至二〇〇九年的科學研究提出一個可能的解釋，也許能說明低卡或零卡飲料為什麼無法讓人變瘦。普渡大學（Purdue University）的一項研究顯示，食用無熱量甜味劑的老鼠食欲會增加，平均而言會比對照組攝取更多的食物。研究人員的結論是，攝取人工甜味劑可能會導致體重增加與過胖，因為它干擾基本的自我平衡生理過程。也許最令人驚訝的發現是，就算食用人工甜味劑的老鼠攝取的熱量比對照組的老鼠來得少，卻會比對照組胖得更多。

馬克．賀曼（Mark Hyman）醫師解釋這項發現的潛在意義：「人工甜味劑會欺騙你的新陳代謝，以為糖分就要來了，而使得你的身體產生胰島素，這是儲存脂肪的荷爾蒙，會讓你的肚子變得更胖，也會讓你的新陳代謝感到困惑，因而放慢速度，所以你每天消耗的熱量就會變少。」[33]

不論究竟真相如何，有一件事卻很清楚：健怡可樂的出現並未減少對含熱量無酒精飲料的需求。就算在低卡或零卡飲料的時代，原味的經典可口可樂依舊是該公司最暢銷的產品。在一九八〇年代和一九九〇年代，可口可樂的人均消費量依舊不斷增加，而美國的過胖流行病也日益惡化。[34]

對抗臃腫的肥胖稅

由於民間的對策無法解決美國人的體重問題，地方政府認為是該拿出新武器的時候了：過胖稅。一九八〇年代晚期，耶魯飲食與體重失調中心（Yale Center for Eating and Weight Disorders）的凱利・伯奈爾（Kelly Brownell）博士開始推廣對美國垃圾食物加徵費用，以控制過胖問題。就很多方面來說，這項攻擊計畫並非首見。對菸酒產品課徵惡行稅（vice tax），在一九八〇年代是很受歡迎的做法。

但是，此時的差異在於，與被課徵惡行稅的菸草相比，這是美國衛生局局長在一九六四年宣布已知的致癌物質，大部分的美國人都不認為可樂這種無酒精飲料是有害的。畢竟，有些父母會給小孩喝很多的可口可樂，還有很多人把可口可樂和快樂與聖誕老人連結在一起。在麥當勞快樂兒童餐裡能買到的東西，怎麼可能會是壞東西？

所以，一九九〇年代推廣健康運動人士的首要任務，就是改變無酒精飲料的形象。科學家參加非常公開的辯論，運用新科學解釋無酒精飲料的攝取與疾病的連結。舉例來說，伯奈爾就公開支持一項研究，指出人類只要一有機會，就會放縱暴食高含糖量的食物，這是一種天生的基因傾向。他在《紐約時報》發表他的發現，強調很多消費者，特別是兒童，根本不是「自由」地做出有智慧的飲食選擇。他呼籲聯邦政府制定額外法規，限制針對學童的垃圾食物廣告，並籲請政府規定公立學校的餐廳與商場不得設置速食和無酒精飲料的販賣機。[35]

都市與州層級的官員都聽見伯奈爾的呼籲，部分原因是因為這些單位都破產了。隨著經濟衰退，地方政府在一九八〇年代晚期與一九九〇年代初開始面臨節節上升的預算赤字，對於非民生必需的食物課徵消費稅，似乎是一石二鳥的提議。除了能立刻增加稅收以外，肥胖稅也有可能讓人民瘦身，代表負責治療許多過胖相關疾病的公共健康計畫就可以減少支出。

因此，堪薩斯州（一九九二年）、加州（一九九一年）、緬因州（一九九一年）、馬里蘭州（一九九二年）、紐約州（一九九〇年）、俄亥俄州（一九九三年）及華盛頓州（一九八九年）都通過以汽水與含糖食物為目標的某種形式的增收州稅法案。包括馬里蘭州的巴爾的摩（一九八九年）、芝加哥（一九九三年）和華盛頓特區（一九九三年）等都市也都加入這場戰鬥。伯奈爾之後描述，「對抗臃腫之戰」此時開始展開。[36]

生化問題演變成為政治問題。人體的分子世界改變，激發健康食物運動，挑戰過去讓數百萬美國人花費數十億美元的美國聯邦政府與企業聯合體制。多年來，美國人都忽略與玉米生產過剩（導致過多甜味劑）相關的前端成本。現在，他們被驅策要對農業商品鏈末端產生的浪費，也就是他們超出的體重採取行動。

企業的猛烈反擊

企業當然會對此立刻做出猛烈反擊。在堪薩斯州，可口可樂威脅政府如果不取消一九九二年通過的增稅，將會撤出在當地裝瓶廠的投資。全國無酒精飲料協會在俄亥俄州資助廣告宣傳，張貼海報指出，這項加稅措施是政府史上最離譜的貪婪症狀。在芝加哥，無酒精飲料產業威脅若政府繼續徵收汽水稅，將停辦該市年度的國際飲料（InterBev）研討會；碳酸飲料發言人預估，這會對市政府帶來三千五百萬美元的損失。百事可樂在馬里蘭州嘗試類似的策略，表示如果政府不撤銷這項決定，該公司就會停止在該州擴張經銷與生產設施。

當然，無酒精飲料產業並不是百戰百勝，因為堪薩斯州和芝加哥就維持汽水稅，但在美國的很多地方還是有錢最大。加州（一九九二年）、緬因州（二〇〇〇年）、紐約州（一九九八年）、俄亥俄州（一九九四年）及華盛頓州（一九九四年）都在實施短短幾年後，就取消徵收汽水稅。[37]

儘管有這些取消的情況，在一九九〇年代快要結束時，要求徵收過胖稅的聲浪依舊持續升高。例如，消費者權益代言人麥克·賈伯森（Michael F. Jacobson）於一九九八年在公共利益科學中心（Center for Science in the Public Interest）發表一份報告〈液體糖：無酒精飲料對美國人的傷害〉（Liquid Candy: How Soft Drinks Are Harming Americans' Health），藉此促使美國聯邦政府對碳酸飲料徵收惡行稅。

這份報告登上全國新聞，引起全國無酒精飲料協會的注意，該協會質疑賈伯森的論點，並且宣稱無酒精飲料稅是一種歧視，因為是針對單一產業，而非對所有造成美國過胖現象的因素一視同仁。但是，就算全國無酒精飲料協會想要建立抗稅運動的態勢，新的醫學研究卻持續地侵蝕遊說團體的宣傳平台。這些科學報告顯示，無酒精飲料確實是美國普遍過胖問題的主因，特別對於兒童更是如此。

波士頓兒童醫院（Boston Children's Hospital）的大衛·路德維格（David Ludwig）博士就在二〇〇

一年發表一份報告，指出一天至少喝一罐無酒精飲料的學童，只要在日常飲食中多加一份無酒精飲料，過胖的風險就會增加六〇%。其他報告也提出證據，說明人體只能吸收部分的液體形式熱量，一些研究人員推測，這種現象正解釋大量攝取無酒精飲料的消費者，會吃下過多高熱量食物的原因。[38]

無酒精飲料可能毒害美國年輕人的說法，特別打動全國家長的心，逐漸形成一股態勢，要求政府立法限制校園內不得販售無酒精飲料。此外，疾病管制中心還提供令人不安的新證據：超過一五%的美國年輕人體重過重。於是，在二〇〇二年，洛杉磯市議會通過禁止學校餐廳與校內販賣機販售無酒精飲料。

同時，北加州參議員黛博拉．奧提茲（Deborah Ortiz）也發起一項運動，提出最早的禁止全州學校販售無酒精飲料的提案，到了該年年底，已經有超過十四個州出現類似的提案。奧提茲的法案經過嚴格修正後，終於在二〇〇三年通過，並且只適用於幼稚園到八年級的學童。言語終於在此時轉化為實際的行動。[39]

可口可樂的黑暗時期

這些攻擊正是在可口可樂格外艱困的時期出現。一九九八年，可口可樂的董事長暨執行長古茲維塔死後僅僅數個月，該公司開始經歷嚴重的財務危機。古茲維塔的繼任者艾維斯特眼睜睜看著銷售額停滯不前，造成公司股價大幅下滑。根據可口可樂財務長的說法，問題在於該公司被經常費用拖累。不同於數年前的風光，可口可樂現在投資裝瓶作業，致使公司出現巨額負債，對公司的盈虧造成重大打擊。[40]

可口可樂企業是可口可樂部分持有的大型裝瓶廠，而這家公司在十二年前開始買下小型的裝瓶經銷廠，是可口可樂最大的肉中刺之一。主要的問題在於，可口可樂企業無法賣出母公司分配給它的所有糖漿。誠如《紐約時報》的記者賀斯指出，可口可樂經常必須為旗下的大型裝瓶公司解套，在每一個財務年度的年底，為裝瓶廠提供剛剛好的行銷支援，以彌補昂貴經銷業務的損失。賀斯解釋道：「整套系統幾乎全靠可口可樂在支撐。」

可口可樂企業永遠都要靠每年年底母公司提供的錢，才不會出現帳面虧損。可是可口可樂企業的股東依舊對公司信心滿滿，因為他們並不知道這些損失。母公司用來支撐可口可樂企業的花費被「埋」在年底的報告裡。但是，事實上對可口可樂來說，越大並不一定越好，生產作業外包已經違反該公司長久以來遵守的商業做法，現在就只好為此付出代價。[41]

可口可樂的董事長艾維斯特為了把公司導回正軌，在一九九八年嘗試公司瘦身，先從母公司的薪資下手。但是，裁員五千人後，情況反而更糟。可口可樂財務長對此的解釋是：「我們士氣低落，從此真的開始一蹶不振。」艾維斯特開除很多主管級的員工，他們擁有特殊技能與豐富的商業知識。於是可口可樂從內部開始瓦解。

「那是可口可樂的黑暗期。」前高階主管伊斯德爾在回憶錄中如此描述。沒有人抱著鐵飯碗，就連艾維斯特也不例外。一九九九年，董事華倫．巴菲特（Warren Buffett）和赫伯特．艾倫（Herbert Allen）逼迫艾維斯特辭職，讓亞洲區營運資深副總裁道格拉斯．達夫特（Douglas Daft）接任。所有人都很驚訝，包括達夫特本人在內。

根據記者賀斯的描述，達夫特彷彿被自己的命運嚇傻了，感到畏怯、不知所措。畢竟古茲維塔在選擇董事長時曾對他不屑一顧，他也幾乎已經放棄，認為自己頂多只能做到資深副總裁而已。在接下來的幾年裡，他會為公司面臨的問題找到一些答案，進一步動搖大家對公司體制的信心。在這種動盪的氛圍裡，過胖問題更是壓得可口可樂喘不過氣。[42]

消費者自由中心的主張

目前最迫切的問題是校園禁售令。在一九九〇年代，該公司及其他主要的無酒精飲料公司都開始和學區簽訂合約，提供教育獎學金，交換校園內獨家的銷售權。這項銷售成長策略在當時是創新的，並且打開過去無酒精飲料公司無法進入的龐大市場。在一九八三年之前，美國農業部限制無酒精飲料與垃圾食物不得在學校內銷售，因為這些產品會造成兒童的健康問題；但是，同年聯邦法庭宣布農業部干預學區事務有違憲法。

可口可樂及其他主要的無酒精飲料公司立刻見縫插針，學校也張開雙臂歡迎它們，因為學校需要錢。在一九九〇年代，很多學校的財務狀況都很艱難，尤其是在市中心的那些學校，因為白人搬到郊區的趨勢使得這些地方的稅收銳減。可口可樂的合約讓這些缺乏經費的學區校長得以支付經營成本，甚至建立新的計畫。因此，到了二〇〇二年，已經有超過兩百四十個學區和大型無酒精飲料公司簽訂這種合約。[43]

可口可樂靠著在學校的銷售獲利數百萬美元，所以不會束手就擒，放棄這個新市場。在二十一世紀初期，無酒精飲料與速食業聯手發起一系列針對美國年輕人的健康生活行銷活動。透過名為「踏出步伐」（Step To It!）和「均衡第一」（Balance First!）的這些計畫，食品與飲料產業提供放學後的運動和飲食調整課程，以鼓勵年輕人發展健康的生活習慣。這些計畫的領導者宣揚賦權的訊息，與美國對個人自由和個人責任的信念不謀而合。學生不想要政府告訴他們怎麼瘦身，他們可以靠著自己透過流汗和運動來做到。[44]

可樂公民想透過向成人與兒童傳達「自立自強」這樣的訊息，藉此抵擋在千禧年開始時新一波橫掃全國的肥胖稅提案。二〇〇三年，紐約州議員菲利斯．奧提茲（Felix Ortiz）提議對州內所有販售的垃圾食物都課稅，他相信這項措施每年可以增加五千萬美元稅收，用以對抗肥胖問題。同年，世界衛生組織也支持肥胖稅是一種能控制全球肥胖問題的有效策略。[45]

為了對抗這些主張，可口可樂在消費者自由中心（Center for Consumer Freedom）這家位於華盛頓特區的輿論操作公司的幫助下，展開抗稅遊說活動。在這次的合作裡，可口可樂是一個糟糕的枕邊人。一九九六年，儘管已經有強烈的科學證據證明二手菸會增加致癌風險，菸草業還是發起消費者自由運動，希望能打破公共場所禁菸的規定。雖然消費者自由中心在那一役中失利，但在二十一世紀卻依舊是讓自由市場改變立場的一股強大力量。

在著名的律師與政界有力人士李察．伯曼（Rich Berman）的主導下，該組織將自己重新定位為「食物自由」的擁護者。就像當初卡路里控制委員會對抗糖精使用禁令一樣，消費者自由中心在全國廣告中也把自己打造成美國第一原則（譯注：即指自由）的守護者。伯曼呼籲消費者對抗政府的「食品警察」，站出來維護自己選擇要吃的食物與飲料種類的權利，政府不應該有權利決定人民應該吃什麼或喝什麼。[46]

當時有一些人試圖戳破消費者自由中心所謂「自由市場」神話的歷史謬誤，這些戰士的領袖包括暢銷書作家記者艾瑞克．西洛瑟（Eric Schlosser）和波倫，兩人各自在二〇〇一年出版《速食共和國》（*Fast Food Nation*）與二〇〇六年出版《雜食者的兩難》。這兩本書大受歡迎，挑戰了我們認為現代工業食物體制是自由選擇產物的觀念。他們指出，政府一直都透過鼓勵高果糖玉米糖漿生產過剩的補助，操縱美國人可以選擇的食物選項。他們的主張是，既然是政府幫助建立這個揮霍的體系，要政府採取行動修正自己也有部分責任的錯誤，那也很合理。[47]

不過，儘管波倫呼籲要把重點放在他所謂的「原因背後的成因」，也就是垃圾食物之所以會這麼便宜的補助，但卻幾乎沒有人起身攻擊一開始造成熱量破表的玉米補助計畫。長期的《農場法》在二〇〇二年通過，在二〇〇八年也沒有受到議員的阻撓，再度順利通過。波倫認為，很多人都假設《農場法》照名稱來看就是關於農場的，而農業是一種越來越古雅的活動，我們沒有認識任何從事農業的人，也幾乎不認為這和我們有任何的利害關係。

對抗《農場法》是一件苦差事，[48] 對抗學校裡的汽水卻是一場備受擁戴的聖戰，不是可口可樂可以動搖的。二〇〇六年，該公司決定從此不回應任何批評。原本是社工，之後成為公司高階主管的伊斯德爾，當時擔任該公司的董事長，他在二〇〇四年取代花費四年都無法提振銷售量的達夫特，準備對可口可樂做出重大改革。他展開全面的企業責任計畫，稱為「發展宣言」（Manifesto of Growth），試圖重振公司士氣。伊斯德爾的計畫主軸是重新定義可口可樂：「這不只是一個無情、利潤掛帥的機器，而是要轉型成為負責任的公民，透過建立並支持永續的社區而帶來改變。」

至於如何控制肥胖問題，伊斯德爾的解釋是，可口可樂會是解決方案的一分子，它和柯林頓基金會（William J. Clinton Foundation）、美國心臟協會（American Heart Association）、百事可樂，以及英國的吉百利史威士（Cadbury Schweppes）共同成立更健康世代聯盟（Alliance for a Healthier Generation），誓言消除美國公立學校的全熱量飲料。看來可口可樂終於承認它在兒童變胖這件事裡，扮演關鍵的角色。[49]

政府禁令與個人自由之爭

不過，批評可口可樂的人還是不滿意。在無酒精飲料公司自主發起學校禁令的同一年，六個州的眾議員起草針對無酒精飲料的肥胖稅法條。五年後，超過十四個州考慮類似的措施。可口可樂這套把無酒精飲料趕出校園的高調公開宣傳活動，未能阻擋健康食品的反叛。[50]

在提倡利用政府法治的力量限制汽水攝取的人中，最投入的應該就屬紐約市市長邁可・彭博（Michael Bloomberg），他贊成二〇一二年的一項修正案，禁止銷售容量大於十六盎司的無酒精飲料。彭博相信，這項禁令會強迫消費者對自己的飲食選擇三思。「我們並沒有剝奪任何人的任何權利，」彭博在接受 MSNBC 的訪問中如此表示：「我們只是強迫你了解，你在喝下一杯飲料的時候，必須是出自有意識的決定。」[51]

彭博的禁令在輿論界的命運是可以預期的。很少人會喜歡這種政府的鐵腕力量，就算是政治傾向左派，對公共健康議題堅定不移的擁護者也不例外。舉例來說，在禁令通過的當天，自由派媒體名嘴暨喜劇演員強・史都華（Jon Stewart）就在電視頻道「喜劇中心」（Comedy Central）的《每日秀》（*The Daily Show*）上，痛批紐約的飲料容器禁令。他挖苦地說：「我超愛這個主意……一方面顯示怪獸政府管得太寬，干預人民喜愛的事物，同時又有可能無法達成他們預期的結果。」

大眾也同意他的看法。民調顯示，只有三六％的紐約市民支持彭博的決定，反對的人超出市長所能應付的數量。同年七月，奚落市長的抗議人潮塞滿市政廳，舉著字跡潦草但刻薄的標語，例如「彭博保母：滾出我們的廚房」，還有「別碰我的膀胱」。[52]

業界在此時更是火上加油。捍衛紐約客飲料選擇（New Yorkers for Beverage Choices）是另外一家輿論操作組織，接受無酒精飲料企業資助，到處向市民發送T恤，上面寫著「我自己選我的飲料」。消費者自由中心則在報紙上刊登全版廣告，寫著挑釁的標題，像是「紐約客要的是市長，而不是保母」，以及「你以為自己住在自由之邦」。它們把爭議重新導向個人自由，而非如何解決美國肥胖問題這個重大議題。[53]

反彈聲浪背後的悲傷真相

二○一二年十月，飲料公司把戰場從街頭拉到法院，提出請願書，要求禁止市政府實施飲料禁令，而且還帶了祕密武器：紐約市工會與少數族群聯盟。在十月的請願書裡，除了列出美國飲料協會（American Beverage Association）以外，還有許多意料外的朋友，包括紐約州拉丁裔商業聯盟（New York State Coalition of Hispanic Chambers of Commerce）、紐約韓裔美人雜貨商協會（New York Korean-American Grocers Association），以及無酒精飲料與釀造勞工工會（Soft Drink and Brewery Workers Union, Local 812）、國際卡車司機工會（International Brotherhood of Teamsters）。

它們一致反對彭博的禁令，理由是這會減少無酒精飲料的銷售，從而對無酒精飲料產業裡低收入的雜貨商與勞工造成負面影響。美國有色人種協進會（National Association for the Advancement of Colored People，NAACP）和拉丁裔聯盟（Hispanic Federation）也與請願者的立場一致，提出一位法庭之友（amicus curie，譯注：在法庭上提出相關資訊和法律解釋的臨時法律顧問，協助訴訟進行）的簡報，支持撤銷彭博的禁令。[54]

美國有色人種協進會和勞工團體會支持撤銷汽水禁令，似乎是一件奇怪的事。畢竟，這些組織代表的社群，就是在經濟上與生理上受到美國日益嚴重的肥胖流行病影響最大的那些人。為什麼這些團體會反抗改善他們健康的政策呢？

有些人認為，答案和這些組織的經費來源有關。舉例來說，美國有色人種協進會接受可口可樂公司提供數以千計的經費，推廣該協會的健康飲食、生活、生理活動計畫（Healthy Eating, Lifestyles, and Physical Activity，HELP）。其他少數族群的組織也和可口可樂有類似的夥伴關係。因此，支持飲料禁令很容易反過來危及這些組織所提供的服務。[55]

但是，儘管背後有一些私相授受的關係，在經濟面上還有更基本、更邪惡的現實導致這樣的現象：汽水禁令對小型企業有害。低收入雜貨店大部分的收入正是來自這些含糖食物，因為消費者在吃喝過後，這些便宜的產品會刺激他們的心理強化機制，鼓勵他們形成習慣性購買。

簡單來說，可樂愛好者（也就是業界所謂的「主顧客」），對小商店來說就是金雞母。二〇一二年，紐約市電影院利潤的五分之二都來自無酒精飲料的銷售，其他小商店來自碳酸飲料的收益比例也同樣驚人。以連鎖便利商店7-Eleven為例，大約有一〇%的淨利來自碳酸飲料的銷售。諷刺的是，彭博的禁令卻將這些全國連鎖店排除在外，因為它們和超市一樣隸屬於州政府，而非由市政府管轄。最後，受到禁令影響最大的是那些成敗繫於微薄毛利的小商店與餐廳，而不是大型連鎖商店。[56]

這就是令人悲傷的真相。貧窮的社群有雙重上癮的情況，經濟上的依賴與生理上的上癮。想要除去地方大型賣場裡的重量瓶碳酸飲料，就會讓那些最無法承受經濟問題的族群面臨嚴重的財務缺口。是的，這項訊息的確來自於可口可樂的宣傳機器，但基本上也是真的。可樂帝國的擴張，事關數以百計的小型企業老闆的利益，他們要靠銷售可樂的利潤才能免於困苦。不只是多巴胺，金錢的流動也刺激人們對可樂的渴望。

可口可樂的反撲策略

這就是可口可樂資本主義最聰明的地方。它在美國各地城鎮創造出當地的利害關係人，當政府想立法控制碳酸飲料銷售時，他們就會一呼百應，應用自己的政治與社會資本出面抗爭。可口可樂已經成為地方經濟不可動搖的一部分，從非必需食物的地位，搖身一變成為小型零售店利潤的關鍵。可口可樂從一九七〇年代與反廢棄物的環保分子戰役中學到教訓，知道成功的關鍵在於動員小型企業加入龐大的政治行動網路裡，藉此把地方人士拉入企業目的中。

這個策略也被證實非常有效。二〇一三年三月，這個由勞工與業界組成的聯盟得到他們想要的東西。紐約州高等法院法官米爾頓．廷格林（Milton Tingling）判定彭博逾越職權，未經市議會同意就執行無酒精飲料禁令。廷格林在判決書中表示，若是贊成此飲料容量禁令，不只是違反，而是奪去三權分立的精髓。這種奪去精髓的行為，可能會比含糖飲料帶來的問題更嚴重。目前這項禁令已經不存在了，但是彭博並未就此放棄，最後在二〇一三年秋天向紐約最高法院提起上訴，在本書寫作當時仍在審理中。[57]

除了在紐約對抗彭博的政策以外，在美國西岸也有類似的事件展開。在加州里奇蒙，無酒精飲料產業花費二百五十萬美元，對抗向無酒精飲料徵收一美分肥胖稅的提議。最後，這些無酒精飲料大型公司打敗這次公投，最大功勞就是把這些企業活動置於他們體重問題之前的美國有色人種協進會與美國黑人政治行動委員會（Black America's Political Action Committee）。同樣地，它們之所以會這麼做，也是出於經濟因素。

研究顯示，碳酸飲料售價只要增加六．八%，就會減少七．八%的銷售額。如果用元和分來計算，對於藉由銷售碳酸飲料賺錢的零售業者來說，累積的金額就非常龐大。這就是可口可樂及其盟友緊抓不放、再三強調的論點，也因此擊敗加稅提案。[58]

無酒精飲料產業在紐約與里奇蒙的成功是可以預期的。一次又一次的民調顯示，美國人不分階級，都不喜歡惡行稅的制度，因為他們認為這是國家權力未經授權的延伸。例如，CBS在二〇一〇年進行的一份民調就顯示，六〇%的美國人反對針對高熱量甜食徵收肥胖稅，超過七二%的受訪者認為稅制無助於減少美國的肥胖比例。美國人相信，政府不應該插手他們的飲食選擇。[59]

改變工業食品體制的必要性

但是，歷史顯示，消費者從未真正享有自由選擇權。多年來，大型食品公司一直默默為農業補貼政策遊說，維持垃圾食物原料的價格，特別是高果糖玉米糖漿的低廉價格。政府在食品體制的最前線扮演一個強大得彷彿隱形的角色，決定美國人要吃什麼、不吃什麼；而要做出改變，也必須在這個最前線開始。[60]

這個國家需要的是，徹底改變整個工業食品體制，不再只重視不計代價擴大生產。表面上是在大蕭條期間為了幫助美國農民，改善貧病交迫的美國人健康的農業政策，實際上在這兩方面卻都徹底失敗。這些農產品支持方案使得很多小農被迫離開自己的土地，或是把地賣給大型農業企業，因為他們無法在這個重量不重質的市場中競爭。最後剩下來的那些人根本不是真正的農夫，他們只負責監督那些為了使利潤最大而設計出來的大型機器。這些都是為了增加生產過剩、讓人變胖的商品產量。[61]

二〇一三年與二〇一四年，美國聯邦政府面對波倫及其他《農場法》批評者所鼓舞的食品運動分子抵抗，差一點就要開始縮減這些揮霍的補助計畫。巴拉克．歐巴馬（Barack Obama）總統提出的二〇一三財政年度預算裡，就計畫減少對農民的直接補助金額，到二〇一七年總金額可達二百億美元以上。歐巴馬政府對這些裁減的解釋是：「經濟學家已經指出，直接補助會使得想從事農業的美國人租賃或擁有土地的代價過高。在財政嚴重緊縮的時代，這些支出已經沒有存在的理由。」

二〇一四年，國會通過的《農場法》終止每年五十億美元的農民直接補助金，實現裁減計畫。可是在政府出資的作物保險計畫裡，卻增加大約一兆美元的帳單。CNN記者莉莎．德賈汀（Lisa Desjardins）簡潔有力地掌握這項措施的精髓：「這會將風險轉移到美國聯邦政府；如果農作物價格下跌或災難發生，就能對政府予取予求。」簡單來說，政府又再次成為農業綜合企業成長的最大金主。62

付出的環境代價

這種擴張帶來的環境代價令人擔憂。美國大平原區各州脆弱的生態系統已經變成綿延數英里的單一作物玉米田，在二〇〇七年總面積達到九千二百九十萬英畝，為了維持廣大玉米田的產量，對殺蟲劑、肥料及水資源有龐大需求。這種無情的擴張對於已經過載的土地帶來龐大的壓力，吸收這些超大規模田地四竄的化學物質的水路，也承受相同的負擔。科學家已經證明，從玉米田沖刷到密西西比河的肥料，是造成墨西哥灣海藻一再茂盛生長的原因；這些海藻造成將近兩千平方英里的生態「死城」。

除此之外，玉米農的灌溉系統也對珍貴的水資源造成極大壓力，受害最深的就是在大平原區下方的淺層奧加拉拉蓄水層（Ogallala Aquifer）。在農田不斷擴張灌溉系統的同時，奧加拉拉的蓄水高度在過去三十年逐年下降。大自然已經發出許多清楚的警告，顯示這個國家的農業政策及其所支持的食品路線是無法永續經營的。此時要體認到，增加產量並不是解決我們問題的方法，它就是問題的本身。[63]

與甜味劑生產相關的環境成本，並不限於美國和美國生產的玉米。在海外，可口可樂的國際裝瓶廠大多還是使用糖，而非高果糖玉米糖漿當作飲料的甜味劑，這也對熱帶生態繼續造成極大的負擔。

到了二〇一三年，開始出現指控可口可樂及其裝瓶分支企業掠奪熱帶資源的聲音，它們利用大型產糖公司，把過去生態多元的森林，變成單一作物的甘蔗田。在巴西的南馬托格羅索州（Mato Grosso do Sul），蔗糖的產量從二〇〇七年至二〇一二年成長為原來的三倍；可口可樂其中一家糖供應商邦基（Bunge）就擴大甘蔗田，侵入當地原住民瓜拉尼卡尤娃族（Guarani-Kaiowá）的土地。該族人表示，這些甘蔗田的殺蟲劑汙染他們的水源，焚燒甘蔗莖也造成相關的空氣汙染問題。在柬埔寨，可口可樂的糖供應商之一也被指控與當地公司合作，驅逐超過五百個家庭，以獲得大約六十九平方英里的空地種植甘蔗。

國際樂施會（Oxfam International）在二〇一三年十月提出一份名為〈種糖熱潮〉（Sugar Rush）的報告，除了引用上述提到的各種國際蔗糖交易的問題之外，也指出可口可樂未能譴責其供應商違反人權、破壞環境的行為。對維護品牌形象不遺餘力的可口可樂幾乎立刻對這些指控做出回應，在一個月後表示絕不容許掠奪土地的行為。[64]

可口可樂公司很清楚自己的糖供應鏈面臨很嚴重的生態問題。二〇一四年，可口可樂環境與水資源副總裁傑佛瑞・希布萊特（Jeffrey Seabright）向《紐約時報》坦言，糖價正因為全球氣候變遷和水資源缺乏而上揚，他提到氣候變遷造成越來越多的乾旱、難以預測的變化，以及每兩年就發生一次百年一見的水患，都被我們視為威脅。儘管如此，希布萊特也再三向媒體保證，可口可樂正在規劃策略，以因應這些新的環境需求。[65]

可口可樂對肥胖問題的因應與轉移

儘管承諾要在海外停止這種無情的甘蔗田擴張，但是在該公司針對肥胖的全球管制訊息中，處理供過於求與攝取過多的問題顯然是次要的。事實上，可口可樂宣稱，解決肥胖問題與縮小規模無關，只要生產並消費更多樣的產品就好。

二〇一二年五月，接任伊斯德爾成為可口可樂總裁的肯特，在一年一度的GBC健康大會（GBC Health Conference）中擔任專題演講者，提出十餘項對抗肥胖的策略，重點都放在開發新產品線。肯特推崇新配方可樂的潛力，這種新配方包含新的天然、無熱量甜味劑，例如甜菊。此外，該公司還會推出各種健康果汁和低卡飲料，在二〇一二年占可口可樂飲品銷售量的二五%。

肯特的結論是：「選擇，是我們幫助消費者避免攝取過多營養的方法。」關鍵在於透過提供透明的熱量資訊，幫助消費者在獲得充分資訊後再做出決定，肯特如此解釋該公司新的營養標示目的。他也指出，該公司最近開始採用更小的迷你罐，提供「控制分量的好喝飲料」。[66]

但是，即使可口可樂打算銷售較小的包裝，越長越大卻依舊是它的企圖。年復一年，可口可樂總是在年底的財務報告中，餵養公司股東健康的「數量增長」統計資料。在二〇一三年年底提交給美國證券交易委員會（Securities and Exchange Commission）的報告中，可口可樂指出該公司增值的計畫不變。「以箱計算的銷售量成長，是管理階層用來評估公司表現的關鍵尺度，因為這可以衡量我們產品在消費者層面的需求。」該公司對「一箱」的解釋是「相當於一百九十二美制液體盎司的飲料完成品」。因此，可口可樂很清楚地表明，未來的成功關鍵在於銷售更多的產品，而不是減少。該公司的終極任務就是「在已開發、開發中及新興市場裡擴大市場占有率，增加我們以箱計算的銷售量」。[67]

在這種成長模式下，要是以為可口可樂會以某種方式拋棄含熱量無酒精飲料，根本就是荒謬的想法。可口可樂的熱量碳酸飲料銷售額確實從二〇〇四年開始下滑，但是依舊在該公司的收益中占有極大的部分。二〇一二年，添加高果糖玉米糖漿的可口可樂還是美國銷售第一的碳酸飲料品牌，它在生理上具有誘惑力，是設計用來讓人重複消費的產品。如果可口可樂想要賺錢，就無法承受這項產品出現顯著的銷售量下降。[68]

這就是為什麼在二十一世紀初期，可口可樂含熱量無酒精飲料的海外行銷預算會變成兩倍。就如同在一九八〇年代和一九九〇年代時，因為美國人對抽菸的致癌影響恐懼達到最高峰，大型菸草公司紛紛把業務轉向海外；可口可樂在二十一世紀對肥胖危機的回應，就是把這些高熱量的商品賣到其他國家。舉例來說，二〇一二年是美國反肥胖運動的高峰，可口可樂的年度財務報告卻宣告，在印度等開發中國家的熱量碳酸飲料銷售量享有兩位數的成長，市場擴張前景看好。在二十一世紀初期，很多海外國家的可口可樂人均消費量都不到美國國內的一半。該公司知道如果含糖無酒精飲料可以賣到這些海外消費者的手中，就能大賺特賺。[69]

根本的解決之道

在讓可口可樂賺錢的財務守則裡，「少」就不能「多」，不管它在家鄉的宣傳活動裡說什麼「分量控制」都是假的，這家公司一直都想增加銷售量，而達到這個目標的唯一方法，就是要有豐富的天然資源餵養這個帝國。所以，可口可樂的解決方法，就是在供給面和需求面都不斷擴大，而不是縮減規模。這家公司從未考慮所謂「極限」的概念。

有鑑於可口可樂從過去到現在一直無法規範對便宜蔗糖與高果糖玉米糖漿的消耗，美國未來最好還是要質疑提名這些企業監管人擔任我們個人健康訓練師的智慧。事實上，一般人民應該要求這些企業公民縮減規模才是合理的，而不該反其道而行。不幸的是，很多美國人並沒有承接這項任務所需的經濟自由。可口可樂以各種方式深植於地方經濟體系中，幾乎不可能將它拔除。它為我們社會中一些經濟最困難的人帶來收入，所以只是針對它的存在而加徵惡行稅，但不為低收入的零售業者提供其他財源的政策，只有死路一條。簡單來說，要解決我們的肥胖流行病，所涉及的層面不僅限於向不好的產品徵稅，還要修正讓貧窮者仰賴可口可樂資本主義生存的根深柢固不平等。要打破這種依賴文化，才能在二十一世紀創造一個確實能維持公民經濟與生理健康的健康經濟體。

結語

可口可樂的永續經營？

可口可樂與蘋果（Apple）有著令人訝異的共同點。沒錯，一家公司販售無酒精飲料，另一家則販售電腦，但是在最近幾年兩家公司都採取類似的商業策略，成功獲得豐富的利潤。自從二十一世紀初期以來，長期被認為是垂直整合典範的蘋果決定把物料生產外包，成為第三方賣家，分散公司營收，由中介廠商進行材料取得、處理及組裝。結果公司賺了大錢，蘋果在二〇一三年是世界排名第二賺錢的企業，其中收益的最大宗來自於利用中國廉價勞工與資源生產的 iPhone。一年後，蘋果擠下可口可樂，成為最具價值的全球性品牌。[1]

其他頂尖與落後的公司

其他頂尖的公司也有著類似的故事，微軟（Microsoft）在《財星》雜誌二〇一二年的排行榜上，是世界第四賺錢的公司，營收主要來自於銷售軟體，也可以說是一種資訊集中，而讓其他公司投資昂貴的硬體生產設備。值得注意的是，微軟近來初步嘗試開發微軟 Surface 反制蘋果 iPad；而微軟在二〇一三年併購諾基亞（Nokia）的舉動，顯示該公司正在嘗試以未經考驗的方法，突破過往避免垂直整合的傳統。然而，從過往大多數的時候看來，微軟的金雞母還是軟體。

數位時代的另一個巨擘 Google（排名第十八），大部分利潤是來自扮演商品的推動者而非製造者。該公司坦言做的生意是「傳達具相關性與成本效益的線上廣告」，向使用 Google 軟體在線上刊登品牌商品的公司收取費用。[2]

在速食產業中，麥當勞（排名第十三）想出不用做漢堡也能賺錢的方法。如同第五章所提及，這家公司藉由出租房地產給經銷商獲得高額營收，用以支付興建並營運餐廳所需的大部分資金。其他頂尖的食品連鎖企業差不多也都採取相同模式。

銀行與投資公司是可口可樂資本主義的理想典範，幾乎完全沒有投資房地產、工廠或設備，而是靠著虛擬交易他人所生產的商品或其他物品，來謀取龐大的利潤。它們同樣也名列世界最賺錢的公司清單中，因為當今的資本主義品牌，獎勵的就是這樣的公司。

許多實業家創立的公司，製造出讓二十世紀的經濟得以蓬勃發展的機械設備與基礎建設，但是公司的下場卻不怎麼好。垂直整合的公司如美國鋼鐵公司和通用汽車（General Motors）在二十世紀前半葉非常強大，到二十一世紀初期卻都喝西北風了。通用汽車得以存活是仰賴二〇〇八年歐巴馬政府的紓困方案，而美國鋼鐵公司已成為美國市場中名列前茅的賠錢公司。

這些公司的問題重重，其中較為嚴重的一項問題是，它們在大規模生產設備上的投資榨乾營收，缺乏供應面的靈活性，無法捨棄不賺錢的投資。整合並沒有把這些公司孤立在市場變化之外，反而讓它們備受箝制，因此它們的適應能力受限，在二十世紀全球化經濟中無法面對在地生產的文化、政治及環境情勢變遷。[3]

有些大公司則抵擋住這個趨勢，例如：艾克森（Exxon，排名第一）和雪佛龍（Chevron，排名第二）都有非常高額的產業固定資產，卻仍是二〇一二年美國最賺錢的兩家公司，不過這主要是因為它們享有全世界最珍貴的天然資源的壟斷控制權。如果有一天世界不再使用石化燃料，只有時間能證明這些大量投資基礎建設的石油大亨是否具有足夠的靈活性，來因應新的能源體制。靈活性並不是這個產業的強項，長遠看來，把賭注放在石油上的代價可能會非常高。

祕密配方的重要性

當然，可口可樂並不是一直以來都堅持我所謂的「可口可樂資本主義」商業策略。如同前述，公司也曾試著持有並營運咖啡公司、水質淨化技術、包裝、私營回收中心等，但是後來通常都證實，這只會榨乾公司的資源。對可口可樂來說，這些產業通常都無法創造出足夠利潤，使它持續投資經營。

以可口可樂企業為例，這家由可口可樂控制的大型裝瓶廠成立於一九八六年，財務狀況一直都很吃緊，債務逐年升高。在二〇〇六年《財星》雜誌的評比中，可口可樂企業以十一億美元的虧損名列全球五百大賠錢公司的前十名。部分考慮到可口可樂企業的獲利能力孱弱，可口可樂在二〇一三年重組，將專營的裝瓶權分配給個別的包裝業者。看來可口可樂再次得到教訓：對可口可樂而言，把努力生產的工作交給他人才划算。[4]

儘管可口可樂曾嘗試投入裝瓶和其他產業，但是從歷史紀錄來看，該公司大多數時候的成功，取決於找到合作夥伴的能力。不論這些合作夥伴是私人企業或政府部門，重點是它們能負擔支援生產便宜商品的技術性系統大部分的成本，因為便宜的商品對低價值的消費性商品交易來說占有關鍵地位。可口可樂最好的時光，就是它做得最少的時候。

這正是為什麼對可口可樂來說，祕密配方的信仰如此重要；既然公司並不擁有製造生產的系統，就必須使商業夥伴信服它可以提供珍貴的東西。因此，祕密配方不只是用以吸引消費者的聰明行銷花招，更是可口可樂用來讓製造商與經銷商持續為其工作的談判籌碼：可口可樂的合作夥伴們相信自己的生存，繫於這個「真品」（Real Thing）之上。

對可口可樂來說，讓社會大眾相信「可口可樂是通往幸福的關鍵」也同樣重要。想當然耳，可口可樂一直以來存在的中心恐懼，就好比《綠野仙蹤》（*The Wizard of Oz*）裡的高潮場景：當屏風被拉倒時，可口可樂現出原形，其實它是一家沒有製造工具的公司，無法生產自己所兜售的產品或幸福。

可口可樂資本主義的蔓延

現在可口可樂持續致力於推銷自己是能夠建立基礎建設，造福公眾整體的世界公民。不過，想要計畫性地要求最賺錢的企業，在未來幾年內提供公共服務，從歷史看來並不可行。有限政府（limited government）的擁護者始終堅持立場，認為私人企業應該承擔若干工作，目前由州政府提供的市鎮給水系統就是一例。他們主張由企業營運這些系統會更有效率，還可以減少公共成本。

不過，從本書依時間順序說明可樂公民得勢的過程，可以看出在我們這個時代裡最賺錢的公司之所以會成功，正是因為它們沒有投資昂貴的基礎建設計畫。可口可樂及其他有獲利的低價值消費性商品公司的命運並非自行創造，而是攀附在他人提供的架構之上。與其說它們是帶來整體公共利益的技術性系統的原料開發者，倒不如說是它們在更多時候，其實是政府支持計畫的既得利益者。簡言之，可口可樂需要的永遠比它所能提供的更多，它是消費者而非生產者，是一家將公共資源重新包裝後作為私人商品販售圖利的公司。

由於可口可樂這個商業帝國散布高額的財務回饋，有些人認為可口可樂理應有權享受公共投資。畢竟，可口可樂公司宣稱光是在二〇〇六年，該公司向全球八萬四千家獨立供應商採買原料的花費，估計就高達一百一十億美元。此外，可口可樂的報告指出，二〇一三年全球有超過七十萬家事業夥伴，藉由販售可口可樂賺錢（儘管只有少部分的事業夥伴（也許小於一五％）與可口可樂公司有正式商業關係）。

上述公司所繳交的所得稅超過二十八億美元。[5]

不過，以刺激經濟活動為理由支持可樂帝國擴張的公共政策，並沒有把隨之而來的生態成本和人體健康成本計算在內，也未能掌握產出這些利潤所需付出的公共投資。形同流行病的肥胖症在美國日益嚴重，而可口可樂是造成這個問題的主因之一。這場危機估計一年花費美國人一千四百七十億美元的醫療支出，但是該公司卻規避迫使它必須分攤這些費用的稅金。

同樣地，這家公司在世界各地的營運幾乎都是依附宿主，仰賴市鎮回收與垃圾處理計畫讓包裝的廢棄物不被人看見，從而規避汙染的罰款。二〇一二年全球固態垃圾處理的成本逼近二千零五十億美元，這些無形的市政補貼幫助可口可樂省下大錢。可以確定的是，只要這些成本稍微反映在該公司飲料的價格上，買一罐可樂就沒有那麼划算了。[6]

生態永續性的深思

總而言之，在各個社會輸出重要的天然與金融資本，去壯大利用這個體系來賺錢的企業之前，最好對於可口可樂資本主義的生態永續性再三深思。現在可口可樂的財務報表裡挑不出毛病，彷彿永續經營已經唾手可得，只要這裡改一下、那裡補一下，該公司在未來幾年內就能轉化為完全綠能，並符合社會公義的企業。

但是，從本書所舉出的歷史看來，可口可樂的系統存在一個根本性的問題：它是揮霍浪費的產物。一百多年來，該公司維持著永續的假象，從經濟和環境兩方面來看皆是如此，因為供給其成長充足的非永續性供應鏈始終沒有記入帳冊裡。不管可口可樂的財務報表看起來有多麼完美，該公司在根本上就是超支的產物。

打從一開始，可口可樂就從庫存過多供應商理出的剩餘物中搜尋可用之物，量產便宜的消費性商品。在供應商埋首於外逃生產（runaway production）時，該公司的生意得以蓬勃發展，因為在這樣的情況下，它就可以用最低的價格買進原料，繼而用低廉的成本增加銷售量。從字面含義就能看出，「永續性」會遭到可口可樂的厭惡排斥，是因為可樂的事業模式根本上就是設法牟取更多，可能是更大量的商品物資，也可能是更廣大的消費市場。

在可口可樂的一百二十八年歷史中發生很多改變，甚至連應該不受時間影響、神聖不可侵犯的神祕配方都變了。但是，儘管有了新的包裝、新的甜味劑，該公司的獲利體系卻仍保持原狀，這才是可口可樂確實不曾改變的部分，根本就不是那個糖水配方，而是為公司賺進利潤的財務方針。

儘管可樂誕生的鍍金時代，在生物物理環境上已經極度有別於一百年後的環境，但是可口可樂的公司高層卻從未質疑過他們的使命，依舊持續擴張十九世紀時公司創辦人所爭取到的版圖。到了二十世紀末，已經有清楚的跡象顯示，這個世界不需要更多的可樂了，人體已經因為被甜味劑填滿而臃腫不堪，垃圾掩埋場裡的飲料容器多到滿出來、裝瓶工廠用的水也已經超過一些社會所能負荷的量。

但是，「多還要更多」的魔咒卻還是延續下來，儘管有改革的建言，但卻只專注在治療病症，而不處理讓事業無法永續發展的病灶。企業社會責任倡議提出有效回收與再利用廢棄物的承諾，想藉此解決大型企業的問題，卻沒有認知到美國現代大規模公司成功的根本因素，就是長期依賴「用過多創造更多」的策略。

企業社會責任年代的反省

因此，若要為二十一世紀設計出一套永續的經濟體制，歷史便會顯得相當重要。回顧過去，我們必須緊緊抓住在十九世紀晚期時，餵養出大規模公司的特定條件，並且必須質疑這些企業最初的治理原則是否依舊適用於今日環境、政治及經濟的情勢。面對永無止境的銷售量擴張，我們的世界在生理和環境上都已經達到極限，那麼為何全體市民要投資那些已經到了二十一世紀，卻還在遵守十九世紀無限制成長使命的公司？

協助建立二十一世紀的永續經濟體制，對可口可樂及其企業夥伴會是一項困難的工作，畢竟不管它再怎麼公開吹噓，可樂公民其實從來都不懂得動手建造。可口可樂一直依賴著全球各地納稅人出資建造的回收系統、公共管線及受補助的農田，卻還傳達這樣的訊息給今日世界，宣稱自己是生產公共資源的公司，而非消費者。

在企業社會責任的年代，可樂公民要我們給出珍貴的公共資源，由它來妥善處理，宣稱該公司的優越技術與精明營運可以供給這個世界需要的東西。可口可樂公開表明：把水給我，我就會給你工作、讓你繁榮，並且得到幸福。但是，我們一定得接受這種交易嗎？本書提出的歷史建議我們不要接受。身為企業消費者的我們，有資源也有足夠的能力去創造一個光明的未來。

不過，我們要做到這一點，就必須保持警覺，更謹慎地看顧我們最珍貴的天然資本，使用公共資源的價格應該由我們來設定，而不是要我們為企業的揮霍無度買單。重新取回公民權的那段歷史：理直氣壯地挑戰企業依賴性的文化，重新相信個別公民的力量可以發展出公共體制來處理集體的問題，這是邁向永續性的第一步，我們務必要了解這一點。

註釋

作者序
來自可樂帝國的子民

1. "Mayor Makes a Bubbly Pitch for Coca-Cola Party Monday," *Atlanta Journal and Atlanta Constitution*, May 2, 1986, D/1。這兩份報紙後來在二〇〇一年正式合併為 *Atlanta Journal-Constitution*。
2. Display Ad, *Atlanta Constitution*, June 20, 1886, 14. *In Rebirth of a Nation: The Making of Modern America, 1877–1920* (New York: HarperCollins, 2009)。文化歷史學家李爾斯（Jackson Lears）曾巧妙地將十九世紀後半葉，描述為美國尋找靈魂的時期。他解釋，專利藥物作為「透過購買達成重生」的幻想主角，讓消費者可以體驗到一種魔術般的自體變化，這在這段時期中漸趨系統化的資本主義市場裡並不容易找到。
3. "Mr. Asa G. Candler, Sr.," *Coca-Cola Bottler*, April 1929, 15–21; Mark Pendergrast, *For God, Country & Coca-Cola* (New York: Scribner, 1993), 91; Frederick Allen, *Secret Formula: How Brilliant Marketing and Relentless Salesmanship Made Coca-Cola the Best-Known Product in the World* (New York: HarperBusiness, 1994), 82.
4. Michelle Ye Hee Lee, "The 30-Year Gift That Keeps on Giving," *Emory Wheel*, September 24, 2009, http://www.emorywheel.com/archive/detail.php?n=27370.
5. Speech by Ralph Hayes, 50th Anniversary Celebration of the Coca-Cola Bottling Company (Thomas), October 3, 1949, box 137, folder 7, Robert W. Woodruff Papers (hereinafter RWW Papers), Manuscript, Archives, Rare Book Library, Emory University (hereinafter MARBL); "What Coke Has Wrought," *Coke's First Hundred Years* (Shepherdsville, KY: Keller, 1986), 86; "The Sun Never Sets on Coca-Cola," Time, May 15, 1950.
6. "The Sun Never Sets on Coca-Cola," *Time*, May 15, 1950.

前　言
經營神話的背後

1. "Coca-Cola Company Announces 50th Consecutive Dividend," Coca-Cola Press Release, February 16, 2012; "Coca-Cola Retains Title as World's Most Valuable Brand," Bloomberg.com, October 2, 2012, http://www.bloomberg.com/news/2012-10-03/coca-cola-retains-title-as-world-s-most-valuable-brand-table-.html; Interbrand Press Release, "Interbrand Releases 13th Annual Best Global Brands Report," October 2, 2012; Coca-Cola Company 2012 10-K Securities and Exchange Commission (SEC) Report, 1, 79.
2. Alfred W. Crosby's *Ecological Imperialism: The Biological Expansion of Europe, 900–1900* (Cambridge: Cambridge University Press, 2004)。這本書對於這樣成品的超級策略為何，賦予我們啟發性的創見。作者要求學者關注全球史上廣泛的模式。他說：「問簡單的問題，因為複雜問題的答案可能也會複雜到難以證實，或更糟糕的是，迷人到難以放棄。」
3. 「創造需求」一詞來自記者克拉克（Eric Clark）的 *The Want Makers: The World of Advertising–How They Make You Buy* (New York: Viking, 1989); Mark Pendergrast, *For God, Country & Coca-Cola: The Unauthorized History of the Great American Soft Drink and the Company That Makes It* (New York: Maxwell Macmillan, 1993; New York: Collier Books, 1994; New York: Basic Books, 2000, 2013), 2. 本書引用的部分若無特別標明，皆來自二〇〇〇年 Basic Books 出版的版本。至於其他獨立記者對可口可樂公司歷史的報導，參見 Frederick Allen, *Secret Formula: How Brilliant Marketing and Relentless Salesmanship Made Coca-Cola the Best-Known Product in the World* (New York: HarperBusiness, 1994); Thomas Oliver, *The Real Coke, the Real Story* (New York: Random House, 1986); Constance L. Hays, *The Real Thing: Truth and Power at the Coca-Cola Company* (New York: Random House, 2004); Michael Blanding, *The Coke Machine: The Dirty Truth Behind the World's Favorite Soft Drink* (New York: Avery, 2010); Mark Thomas,

Belching Out the Devil: Global Adventures with Coca-Cola (New York: Nation Books, 2008)。可口可樂公司相關人等撰寫的公司歷史，參見 Pat Watters, *Coca-Cola: An Illustrated History* (New York: Doubleday, 1978); E. J. Kahn Jr., *The Big Drink: The Story of Coca-Cola* (New York: Random House, 1960); Neville Isdell with David Beasley, *Inside Coca-Cola: A CEO's Life Story of Building the World's Most Popular Brand* (New York: St. Martin's Press, 2011). 迄今，沒有任何學院派的歷史學家嘗試撰寫這家公司的全面歷史。

4. Frederick Allen, *Secret Formula*, 104; "Investor's Guide," *Chicago Daily Tribune*, February 3, 1940, 23; Letter from Ralph Hayes to Robert Woodruff, May 5, 1954, box 138, folder 3, RWW Papers, MARBL Coca-Cola Company 2007/2008 Sustainability Review, 34.

5. 想看關於企業版圖邊界，以及為何公司選擇購買或選擇自行製造商品的經濟理論，參見 Oliver E. Williamson, "Transaction-Cost Economics: The Governance of Contractual Relations," *Journal of Law and Economics* 22, no. 2 (October 1979): 233–261, 以及Ronald Coase, "The Nature of the Firm," *Economica* 4, no. 16 (November 1937): 386–405. 以及 Ronald E. Coase, "Accounting and the Theory of the Firm," *Journal of Accounting and Economics* 12 (1990): 3–13; Oliver E. Williamson, "Strategizing, Economizing, and Economic Organization," *Strategic Management Journal* 12 (Winter Special Issue, 1991): 75–94. 近期的評論與修正則有 Coase, Williamson 與早期的交易成本理論家，參見 Anoop Madhok, "Reassessing the Fundamentals and Beyond: Ronald Coase, The Transaction Cost and Resource-Based Theories of the Firm and the Institutional Structure of Production," *Strategic Management Journal* 23, no. 6 (June 2002): 535–550. 經濟學家朗洛伊斯（Richard N. Langlois）在一九七〇年代寫了企業經濟中「去垂直化」的廣泛論述，最知名的或許可參見 "The Vanishing Hand: The Changing Dynamics of Industrial Capitalism," *Industrial and Corporate Change* 12, no. 2 (2003): 351–385.

6. 二十一世紀，巴洛夫（Brian Balogh）、柯爾科（Gabriel Kolko）、麥克勞（Thomas McCraw）、斯克拉（Martin J. Sklar）及韋恩斯坦（James Weinstein）都發表了傑出的作品，記述嘉蘭波斯（Louis Galambos）與派瑞特（Joseph Pratt）所謂二十一世紀的「企業聯盟」。這些作品呈現了企業如何利用聯邦法庭，並「俘虜」政府的主管機關，例如聯邦貿易委員會、州際商務委員會，甚至食品藥物管理局，好讓壟斷性的成長合法化，並創造適合大型企業擴張的國內市場。同時，懷特（Richard White）也檢視了公部門中對鐵路與基礎建設的可觀投資，這些都在二十一世紀促進了商業的成長。本書再度貢獻了這些文獻，並強調州政府對創造與維持全球提煉業的重要性，而且國際性的商品網路對於低價值消費性商品企業的成長有多麼關鍵。參見 Brian Balogh, *A Government out of Sight: The Mystery of National Authority in Nineteenth Century America* (Cambridge: Cambridge University Press, 2009); Gabriel Kolko, *The Triumph of Conservatism: A Reinterpretation of American History*, 1900–1916 (New York: Free Press of Glencoe, 1963); Thomas K. McCraw, *Prophets of Regulation: Charles Francis Adams, Louis D. Brandeis, James M. Landis, Alfred E. Kahn* (Cambridge: Belknap Press of Harvard University Press, 1984); Martin J. Sklar, *The Corporate Reconstruction of American Capitalism, 1890–1916* (Cambridge: Cambridge University Press, 1988); James Weinstein, *The Corporate Ideal in the Liberal State, 1900–1918* (Boston: Beacon Press, 1968); Louis Galambos and Joseph Pratt, *The Rise of the Corporate Commonwealth: U.S. Business and Public Policy in the Twentieth Century* (New York: Basic Books, 1988); Richard White, *Railroaded: The Transcontinentals and the Making of Modern America* (New York: Norton, 2011). 鑽研新政、一九四〇年代與冷戰的歷史學家，也發表了新的研究，有助於揭穿「弱勢美國政府的迷思」，呈現二十一世紀中期以後，政府在促進新產業扮演的中心角色。例如舒爾曼（Bruce Schulman）、丹尼爾（Pete Daniel）與柯比（Jack Temple Kirby），便描繪了《農業調整法》（*Agricultural Adjustment Act*）及其他蕭條時期的助農方案如何讓聯邦收益流向南方的地主，這些地主利用這些新湧入的資本，創造了機械化的農業綜合企業，並將小農逐出南部鄉村的地盤。賀根（Michael Hogan）

與史帕洛（Sparrow）針對二次大戰與冷戰的研究，則強調一九四〇、五〇年代軍事工業複合體的擴張，並呈現聯邦防禦基金如何支持新的高科技產業。霍華德（Christopher Howard）等人也指出，甚至在一九八〇年代，所謂「去管制時代」，雷根政府也協助擴張「隱形的福利國家」，並發展新自由主義政策，讓稅式支出能流向特定的產業。參見 William J. Novak, "The Myth of the 'Weak' American State," *American Historical Review 113*, no. 3 (June 2008): 752–772; Jason Scott Smith, *Building New Deal Liberalism: The Political Economy of Public Works, 1933–1956* (Cambridge: Cambridge University Press, 2009); Bruce J. Schulman, *From Cotton Belt to Sunbelt: Federal Policy, Economic Development, and the Transformation of the South, 1938–1980* (New York: Oxford University Press, 1991); Pete Daniel, *Breaking the Land: The Transformation of Cotton, Tobacco, and Rice Cultures Since 1880* (Urbana: University of Illinois Press, 1985); Jack Temple Kirby, *Rural Worlds Lost: The American South, 1920–1960* (Baton Rouge: Louisiana State University, 1987); Michael Hogan, *A Cross of Iron: Harry S. Truman and the Origins of the National Security State, 1945–1954* (Cambridge: Cambridge University Press, 1998); James T. Sparrow, *Warfare State: World War II Americans and the Age of Big Government* (Oxford: Oxford University Press, 2011); Christopher Howard, *The Hidden Welfare State: Tax Expenditures and Social Policy in the United States* (Princeton: Princeton University Press, 1997). 關於監理俘虜的歷史與史料的詳盡調查，參見 Daniel Carpenter and David A. Moss, eds., *Preventing Regulatory Capture: Special Interest Influence and How to Limit It* (Cambridge: Cambridge University Press, 2014).

7. 對資本主義歷史有興趣的學者，近來發表了許多卓越的作品，探討一九七〇年代金融資本主義的興起。這些研究將上半世紀視為企業集團放棄了競爭商品生產市場，重新整頓後開始透過股票市場上金融工具的策略性交易，來賺取暴利。歷史學家海曼（Louis Hyman）總結了這股新的企業治理典範，寫道：「新的精實企業可以很快地擴張到美國與全球經濟體，在企業外部推動營運，透過管理技能、金融資本等任何它們無法壟斷價值鏈的事物，仰賴這個市場。」本書補充了海曼與其他人的著作，回到十九世紀下半葉，遠遠早於美國金融市場在一九七〇年代的樣貌，藉此解釋精實大型企業的根源。在鍍金時代，金融化仰賴的基礎建設開始扎根，同時我們也看到全球外包的源頭。在金融化時代的企業發展歷史，參見 Louis Hyman, "Rethinking the Postwar Corporation: Management, Monopolies, and Markets," in *What's Good for Business: Business and American Politics Since World War II, ed.* Kim Phillips-Fein and Julian Zelizer (Oxford: Oxford University Press, 2012), 208; Louis Hyman, *Debtor Nation: The History of America in Red Ink* (Princeton: Princeton University Press, 2011); Greta R. Krippner, *Capitalizing on Crisis: The Political Origins of the Rise of Finance* (Cambridge: Harvard University Press, 2011). Richard N. Langlois, "The Vanishing Hand"; William Lazonick, "The Financialization of the U.S. Corporation: What Has Been Lost, and How It Can Be Regained," *Seattle University Law Review* 36 (2013): 857–909; Dirk Zorn, Frank Dobbin, Julian Dierkes, and Man-Shan Kwok, "Managing Investors: How Finance Markets Reshaped the American Firm," in *The Sociology of Financial Markets*, ed. Karen Knorr-Letina and Alex Preda (New York: Oxford University Press, 2009). 二十一世紀早期證券市場大眾投資的起源，可參見 Julia Ott, *When Wall Street Met Main Street: The Quest for an Investors' Democracy* (Cambridge: Harvard University Press, 2011).

8. 當代最具影響力的重要企業歷史學家錢德勒（Alfred Chandler），終其職涯皆在論述垂直整合乃是現代企業發展的表徵。他相信公司會透過結合大量生產的過程，以及大量分銷，以增加獲利能力並減低風險。他承認許多消費性產品公司從未達成這種後端整合，但他將這些公司視為有別於美國製糖公司、通用汽車與美國鋼鐵公司等等的例外。本書提供了對於美國大企業興起的新觀點，呈現可口可樂未整合的組織架構，如何在其企業系統中加速商品的流動。追蹤一家公司在鍍金時代誕生與成熟，直到二十一世紀末，我認為將科技系統外部化與榨取及處理自然資源高度相關，而且被證實為對許多有利可圖的低價值消費性產品企業而言，是個重要的商業策略。換句話說，本書描述了避開垂直整合的大型企業，在二十一世紀企業發展規則中並非例外，而是重要的商品渠道，連結了垂直整合的企業帝國與當地市場。參見 Alfred Chandler, *The Visible Hand: The Managerial Revolution in American Business* (Cambridge: Belknap Press of Harvard University Press, 1977), 11, 285; 關於錢德勒理論的彈性，參見 Louis Galambos, "Global Perspectives on Modern Business," *Business History Review* 71, no. 2 (Summer 1997): 287; William J. Hausman, "U.S. Business History at the End of the Twentieth Century," in *Business History Around the World*, ed. Franco Amatori and Geoffrey Jones (Cam bridge: Cambridge University Press, 2003), 96-97. 有趣的是，錢德勒將可口可樂視為垂直整合的公司，相關資料參見 *The Visible Hand* 第三一三與三九〇頁。也可參考錢德勒其他強調垂直整合重要性的傑作："The Beginnings of 'Big Business' in American Industry," *Business History Review* 33, no. 1 (Spring 1959): 1-31; "Development, Diversification, and Decentralization," in *Postwar Economic Trends in the United States*, ed. Ralph E. Freedman (New York: Harper and Brothers, 1960); *Strategy and Structure: Chapters in the History of the Industrial Enterprise* (Cambridge: MIT Press, 1962); 以及 *Scale and Scope: The Dynamics of Industrial Capitalism* (Cambridge: Belknap Press of Harvard University Press, 1990). 對於錢德勒著作的傑出研究可見 Thomas McCraw, ed. *The Essential Alfred Chandler: Essays Toward a Historical Theory of Big Business* (Boston: Harvard Business School Press, 1988). 史魁頓（Philip Scranton）提供了錢德勒垂直整合理論模型或許是最直接的修正，參見 *Endless Novelty: Specialty Production and American Industrialization, 1865-1925* (Princeton: Princeton University Press, 1997). 史魁頓揭露了一八〇〇年代末與二十一世紀早期，專業工作者與手工工作者展現的經濟活力。

9. 許多環境歷史學家出色的物質流研究，激發了我對這個主題的興趣，參見 Richard Tucker, *Insatiable Appetite: The United States and the Ecological Degradation of the Tropical World* (Berkeley: University of California Press, 2000); John Soluri, *Banana Cultures: Agriculture, Consumption, and Environmental Change in Honduras and the United States* (Austin: University of Texas Press, 2005); William Cronon, *Nature's Metropolis: Chicago and the Great West* (New York: Norton, 1991). 我的著作是奠基於上開著作的組織方法學，該研究探討了芝加哥與支撐著都市成長的鄉村供應者之間的連結。我的著作讓企業取代了城市，讓全球取代了美國中西部，提供一個模型來闡釋現代企業的興起。這些企業聚焦於結構化的大企業發展，在二十一世紀的環保要求。參見 Steve Ettinger's Twinkie, *Deconstructed: My Journey to Discover How the Ingredients in Processed Foods Are Grown, Mined (Yes, Mined), and Manipulated into What America Eats* (New York: Hudson Street Press, 2007). 該書激勵本書去探討以原料為基礎的結構。可口可樂有很多「天然原料」，但我選擇其中一種——古柯葉，討論它對這個指標性品牌的重要性。

10. 我這裡提到的傑作來自記者潘得蓋瑞斯（Mark Pendergrast）和艾倫（Frederick Allen）。兩位作者都研究過可口可樂對眾多原料的取得，但大多聚焦於當可口可樂無法取得所需資源的時候。

PART I
1886 ~ 1950
帝國的崛起

1. Speech by Ralph Hayes to the 50th Anniversary Convention, Coca-Cola Bottling Co. (Thomas), Inc., at Waldorf-Astoria Ballroom, New York City, October 2, 1949, box 137, folder 7, RWW Papers, MARBL. 想了解新南方經濟情勢的歷史，參見 Ed Ayers, *The Promise of the New South: Life After Reconstruction* (New York: Oxford University Press, 1992).

第一章

水龍頭滴出的黃金

——公共水源變身企業搖錢樹

1. 國家總用水量以及基本烹飪、清潔及飲用的用水統計，資料來源為 United Nations Water Assessment Programme, http://www.unwater.org/statistics/statistics-detail/en/c/211765（聯合國主張人們平均每天需要二十至五十公升的水，以確保獲得飲水、烹飪及清潔的基本需求）；M. M. Mekonnen and A. Y. Hoekstra, *National Water Footprint Accounts: The Green, Blue and Grey Water Footprint of Production and Consumption*, Value of Water Research Report no. 50, UNESCO Institute for Water Health, May 2011, 30–31. 可口可樂的用水量統計來自於 "Water Stewardship," Coca-Cola Company 2010/2011 Sustainability Report, 20; Coca-Cola Company and Nature Conservancy, "Product Water Footprint Assessments: Practical Application in Corporate Water Stewardship," September 2010, 8–15; Coca-Cola Enterprises 2009 Corporate Responsibility and Sustainability Report, 24–31; Coca-Cola Company 2010 Replenish Report, 4; Coca-Cola Company 2012 Global Response Initiative Report, 69; Paul Brown, Water Technologies Director, Coca-Cola, "Our Commitment to the Environment," Presentation given to Coca-Cola employees in San Jose, Costa Rica, September 24, 2009, 19（在伯朗博士的談話中，他具體指出可口可樂常提到的三千億公升水足跡，並不包含用來製造可樂原料或包裝的用水）；Coca-Cola Hellenic (bottler) 2011 Corporate Social Responsibility Report, 21–24; Coca-Cola Company Water Footprint Sustainability Assessment (Europe), August 2011, 1; Coca-Cola Company 2012/2013 Global Reporting Initiative.
2. James Harvey Young, "Three Atlanta Pharmacists," Pharmacy in History 31, no. 1 (1989), 16; Wilbur G. Kurtz Jr., "Dr. John Pemberton—Originator of the Formula for Coca-Cola: A Short Biographical Sketch," no date, p. 1, box 14, folder 1, Mark Pendergrast Research Files, MARBL; Frederick Allen, *Secret Formula*, 18–22; Mark Pendergrast, *For God, Country, and Coca-Cola*, 19–20.
3. "The Patent Medicine Problem," *Atlanta Constitution*, September 5, 1884, 4; Classified Ad, *Atlanta Constitution*, May 10, 1888, 2; Display Ad, *Atlanta Constitution*, May 7, 1884, 3; Display Ad, *Atlanta Constitution*, April 1, 1885, 8; Classified Ad, *Atlanta Constitution*, February 20, 1887, 14.
4. Frederick Allen, *Secret Formula*, 18–22; Mark Pendergrast, For God, *Country & Coca-Cola*, 19–20.
5. "Who is Mariani? How He Came from Corsica and Grew to Be One of the Great Men of Paris," *New York Times*, May 31, 1898, 7; Frederick Allen, *Secret Formula*, 23; Mark Pendergrast, *For God, Country & Coca-Cola*, 22–23.
6. Ed Ayers, *The Promise of the New South*, 102; Mark Pendergrast, *For God, Country & Coca-Cola*, 19–20, 25; Frederick Allen, *Secret Formula*, 34.
7. Mark Pendergrast, *For God, Country & Coca-Cola*, 24, 26–27; Frederick Allen, *Secret Formula*, 24; Monroe Martin King, "Dr. John S. Pemberton: Originator of Coca-Cola," *Pharmacy in History* 29, no. 2 (1987): 86–87.
8. 當然，潘伯頓的原始配方受到可口可樂公司嚴密的保管，我一直無法透過特殊管道一探究竟。但是在一九九〇年代，新聞記者潘得蓋瑞斯在可口可樂的檔案室找到一份內部文件，推測很有可能是潘伯頓的可樂配方。參見 Mark Pendergrast, *For God, Country & Coca-Cola*, 附錄四五六至四六〇頁。根據其他證據，我在此列出的成分幾乎可以確定就是潘伯頓的糖漿配方。顯然，磷酸成為之後可口可樂主要的酸化劑。參見該書第三十頁。
9. Frederick Allen, *Secret Formula*, 26.
10. Mark Pendergrast, *For God, Country & Coca-Cola*, 28; Frederick Allen, *Secret Formula*, 24.
11. Frederick Allen, *Secret Formula*, 28–29; James Harvey Young, "Three Atlanta Pharmacists," 17.

12. 可口可樂公司的刊物中表示公司第一年總共賣出二十五加侖糖漿，這是可口可樂創業初期的主管羅賓森，在一九二〇年的商標訴訟中提供的資訊。然而，根據《亞特蘭大憲法報》一八八七年五月一號的報導，當時的銷售數字比這個還大得多：「可口可樂糖漿過去幾週的銷售量總計為六百加侖。」這段內容被引述在以下著作：Mark Pendergrast, *For God, Country & Coca-Cola*, 32; Frederick Allen, *Secret Formula*, 29.《亞特蘭大憲法報》一八八八年八月五號的分類廣告有刊出喬．雅各布藥局中，潘伯頓法國葡萄酒古柯飲料的售價。
13. Mark Pendergrast, *For God, Country & Coca-Cola*, 43–46, 53–58.
14. 同上。若需要這場爭奪戰的細節，參見許多法庭紀錄與 Manuscript, Archives, and Rare Book Library 的潘得蓋瑞斯研究檔案，第一資料夾，第十四號箱的文件。
15. Letter from Asa Candler to Dr. A. W. Griggs, September 11, 1872, box 1, folder 1, Asa Griggs Candler Papers, MARBL; 史帝文斯的陳述被引用在 Mark Pendergrast, *For God, Country & Coca-Cola*, 44–45, 49–50. 坎德勒早期人生的詳盡歷史，可參見 Charles Howard Candler, *Asa Griggs Candler* (Atlanta: Emory University, 1950), 38–94.
16. 引用於 Charles Howard Candler, *Asa Griggs Candler*, 45–46; Mark Pendergrast, *For God, Country & Coca-Cola*, 47; Frederick Allen, *Secret Formula*, 32.
17. Franklin M. Garrett, "Coca-Cola in Bottles," *Coca-Cola Bottler*, April 1959, 79; Mark Pendergrast, *For God, Country & Coca-Cola*, 47–53, 61, 65; Frederick Allen, *Secret Formula*, 37.
18. "Death of Asa G. Candler, Sr.," *Coca-Cola Bottler*, April 1929, 14; Charles Howard Candler, *Asa Griggs Candler*, 186.
19. 可口可樂公司在一八九二年一月二十九日正式成立公司。參見 Mark Pendergrast, *For God, Country & Coca-Cola*, 52, 57–58; Frederick Allen, *Secret Formula*, 39.
20. 這個可口可樂使用的公式便是「不少於一盎司的糖漿，配上八盎斯的水」。參見 Bottling Contract between Coca-Cola Bottling Company and Alexandria Coca-Cola Bottling Company, January 21, 1910, 引用在 *Coca-Cola Bottling Co. of Elizabethtown, Inc. v. Coca-Cola Co.*, 654 F. Supp. 1388, 1392 (D. Del. 1986); Mark Pendergrast, *For God, Country & Coca-Cola*, 62.
21. Display Ad, *Atlanta Constitution*, May 20, 1890, 2; Display Ad, *Atlanta Constitution*, November 29, 1896, C20.
22. Display Ad, *Atlanta Constitution*, March 26, 1886, 7; Mark Pendergrast, *For God, Country & Coca-Cola*, 14. 胡椒醫生名稱由來的歷史仍有爭議。參見 Tristan Donovan, *Fizz: How Soda Shook Up the World* (Chicago: Chicago Review Press, 2014), 69.
23. Deposition of Veazey Rainwater, June 3, 1920, Coca-Cola Bottling Co. v. Coca-Cola Co., Fulton County Superior Court, 1920, 引用在 Frederick Allen, *Secret Formula*, 68. 以及 Mark Pendergrast, *For God, Country & Coca-Cola*, 70.
24. "Joseph A. Biedenharn," *Coca-Cola Bottler*, April 1959, 95–97.
25. Biedenharn quoted in ibid., 95; Charles Elliott, A Biography of the "Boss": Robert Winship Woodruff (Robert W. Woodruff Estate, 1979), 111. 一九八四年，可口可樂公司也開始在亞特蘭大以外的地方，經營第一間糖漿製造廠。參見 Coca-Cola Company Public Relations Department, *Chronological History of the Coca-Cola Company* (Atlanta: Coca-Cola Company, 1971); "Early History of Coca-Cola Bottling," *Coca-Cola Bottler*, August 1944, 25; Franklin M. Garrett, "Coca-Cola in Bottles," *Coca-Cola Bottler*, April 1959, 79.
26. 欲參考可口可樂早期的裝瓶歷史，可參考 Coca-Cola Bottling Co. v. Coca-Cola Co., 269 F. 796, 800 (D. Del.1920); "Early History of Coca-Cola Bottling,"*Coca-Cola Bottler*, August 1944, 25.
27. "Benjamin Franklin Thomas," *Coca-Cola Bottler*, April 1959, 85–86; "Joseph Brown Whitehead," *Coca-Cola Bottler*, April 1959, 87–88; Mark Pendergrast, *For God, Country & Coca-Cola*, 74–75; Frederick Allen, *Secret Formula*, 106; *Coca-Cola Bottling Co. v. Coca-Cola Co.*, 269 F. 796 (D. Del.1920) 提供了關於懷德海與湯瑪士的營運細節。
28. J. F. Curtis, "The Overseas Story," *Coca-Cola Overseas*, June 1948, 5;

Frederick Allen, *Secret Formula*, 108.

29. Letter from Asa Candler to Charles Howard Candler, June 3, 1899, box 1, folder, 3, Asa Griggs Candler Papers, MARBL; Mark Pendergrast, *For God, Country & Coca-Cola*, 62, 89, 94; Frederick Allen, *Secret Formula*, 64.

30. Mark Pendergrast, *For God, Country & Coca-Cola*, 188.

31. 引用在 Charles Howard Candler, "Coca-Cola Company Bottling Company 50th Anniversary Address," November 21, 1950, box 15, folder 4, Charles Howard Candler Papers, MARBL; Charles Howard Candler, *Asa Griggs Candler*, 143; Mark Pendergrast, *For God, Country & Coca-Cola*, 80.

32. 關於羅伯茲與喬治亞州早期裝瓶商的故事，參見 Mike Cheatham, *"Your Friendly Neighbor": The Story of Georgia's Coca-Cola Bottling Families* (Macon, GA: Mercer University Press, 1999), 61, 65, 67, 71.

33. Mark Cheatham, "Your Friendly Neighbor," 94; "Comparative Statement of Sales, Net Profits, and Net Profits per Case, for the Years Ending December 31, 1942, and December 31, 1941," box 1, folder 13, Central Coca-Cola Bottling Company (Richmond, Virginia) Manuscript Collection, Virginia Historical Society, Richmond. 一九二八年，瓶裝可樂銷量首次突破飲料機可樂的銷量。Mark Pendergrast, *For God, Country & Coca-Cola*, 61–62, 79, 138, 501. 關於無酒精飲料在一九二一年的平均獲利，參見 House Committee on Ways and Means, *Internal-Revenue Revision*, 67th Cong., 1st Sess., July 26–29, 1921, 220–221; Frederick Allen, *Secret Formula*, 109.

34. Mike Cheatham, "Your Friendly Neighbor," 103–104; J. J. Willard, "Some Early History of Coca-Cola Bottling," *Coca-Cola Bottler*, August 1944, 27.

35. 修正主義歷史學家只對可口可樂「自然發生說」的企業神話質疑，卻忽略在「進步時代」公共水資源網路的擴張，其實是攸關重大的外界因素，因為政府的介入，降低了銷售量大的公司在製造方面的成本。研究進步時代政府出資的水文系統計畫的學者，將研究重心主要放在「進步時代」期間，美國開墾局（Bureau of Reclamation）在美國西部對於此區大規模的農業綜合企業擴張的貢獻。或許沒有像聯邦主導的大型水壩計畫以及西部灌溉計畫那麼受人矚目，但對於在二十世紀前幾十年，製造低價商品販售全美各地的大量用水企業而言，由當地政府出資的小型水系統計畫仍然是一大功臣。參見 Donald Worster, *Rivers of Empire: Water, Aridity, and the Growth of the American West* (1985; Oxford: Oxford University Press, 1992); Marc Reisner, Cadillac Desert: The American West and Its Disappearing Water (New York: Viking, 1986). 關於修正歷史主義學家如何破解進步時代的「弱勢美國政府迷思」，參見 William J. Novak, "The Myth of the 'Weak' American State," 752–772; Martin J. Sklar, *The Corporate Reconstruction of American Capitalism, 1890–1916*; Gabriel Kolko, *The Triumph of Conservatism: A Reinterpretation of American History, 1900–1916*; James Weinstein, *The Corporate Ideal in the Liberal State, 1900–1918* (Boston: Beacon Press, 1968).

36. Joel A. Tarr and Patrick Gurian, "The First Federal Drinking Water Quality Standards and Their Evolution: A History from 1914 to 1974," in *Improving Regulation: Cases in Environment, Health, and Safety*, ed. Paul S. Fischbeck and R. Scott Farrow (Washington, DC: Resources for the Future, 2001), 46. 關於在鍍金時期市政供水系統的討論，參見 Maureen Ogle, "Water Supply, Waste Disposal, and the Culture of Privatism in the Mid-Nineteenth-Century American City," *Journal of Urban History 25* (1999): 321–347; Michael Rawson, "The Nature of Water: Reform and the Antebellum Crusade for Municipal Water in Boston," *Environmental History 9, no. 3* (July 2004): 411–445; Robin L. Einhorn, *Property Rules: Political Economy in Chicago, 1833–1872* (Chicago: University of Chicago Press, 1991); Ted Steinberg, *Nature Incorporated: Industrialization and the Waters of New England* (Cambridge: Cambridge University Press, 1991); Nelson Manfred Blake, *Water for the Cities: A History of the Urban Water Supply Problem in the United States* (Syracuse, NY: Syracuse University Press, 1956).

37. Martin Melosi, *The Sanitary City: Urban Infrastructure in America from*

Colonial Times to the Present (Baltimore: Johns Hopkins University Press, 2000), 123, 120; Elizabeth Royte, *Bottlemania: How Water Went on Sale and Why We Bought It* (New York: Bloomsbury, 2008), 72.

38. Martin Melosi, *Sanitary City*, 153, 213; Tarr, "First Drinking Water," 52.
39. United States Department of Commerce, Bureau of the Census, *General Statistics of Cities: 1915: Including Statistics of Governmental Organizations, Police Departments, Liquor Traffic, and Municipally Owned Water Supply Systems, in Cities Having a Population of Over 30,000* (Washington, DC: USGPO, 1916), 41; Martin Melosi, *Sanitary City*, 140, 127; "Philadelphia Water," *Coca-Cola Bottler*, July 1909, 14; Ray F. Weirick, "The Park and Boulevard System of Kansas City, Mo.," *American City* 3 (November 1910): 212; John Ellis and Stuart Galishoff, "Atlanta's Water Supply, 1865–1918," *Maryland Historian 8* (Spring 1977): 11–17; Atlanta Board of Water Commissioners, Annual Report of 1914, 18, quoted in John Ellis and Stuart Galishoff, "Atlanta's Water Supply," 5.
40. Martin Melosi, *Sanitary City*, 244, 460; "War Burdens of Water-Works in the United States," *American City 19* (September 1918): 193; Joel Tarr, "The Evolution of Urban Infrastructure in the Nineteenth and Twentieth Centuries," in *Perspectives on the Urban Infrastructure, ed. Royce Hanson* (Washington, DC: National Academy Press, 1984), 8, 18. 市府供水系統的交易情形並非總是為人矚目。例如一九二二年，《全國裝瓶公報》（*National Bottlers' Gazette*）聲稱：「城市或鎮上使用公共水源的裝瓶商，應該向掌控公共用水系統的主管機關，持續表達堅持的立場，好獲得至少一個月一次的可靠化學分析，擁有更好的保障。」參見 W. W. Skinner, "Beverage and Beverage Flavor: Their Federal and State Control," *National Bottlers' Gazette*, July 15, 1922, 88; United States Department of Commerce, Bureau of the Census, *General Statistics of Cities: 1915, 44, 148, 154*; Annual Report of the Surgeon General of the Public Health Service of the United States (Washington, DC: USGPO, 1915), 108.
41. Constance Hays, *The Real Thing, 11*; "Meters Called Best Route to Filtered Water," *Chicago Daily Tribune*, February 12, 1925, 6; "Planning New Mains," *Washington Post*, October 6, 1911, 14; Niva Kramek and Lydia Loh, *The History of Philadelphia's Water Supply and Sanitation System: Lessons in Sustainability for Developing Urban Water Systems* (Philadelphia: Philadelphia Global Water Initiative, June 2007), 28; "Industry Esteem Reflected in City Rates for Water," *Los Angeles Times*, August 30, 1973, SE1. ○．○一這個數字是保守估計，反映了一九一五年在超過三萬人的城市中的調查結果。資料來源為 United States Department of Commerce, Bureau of the Census, *General Statistics of Cities: 1915, 158–164*. 一九一七年，約翰．坎德勒（John Candler）表示裝瓶商平均花費○．五美分在水、電與其他雜項公共設施費用上。這些成本綁在一起的事實，展現可口可樂把用水成本看得多不重要。這個估計值是在勸退國會議員支持汽水稅的聽證會中獲得，所以數字必然很高。參見 United States Senate Committee on Finance, Revenue to Defray War Expenses, 65th Cong., 1st Sess., May 11, 1917, 131.
42. Coca-Cola Company 1923 Annual Report, 15.
43. 關於進步時代聯邦政府出資興建的橫貫全美鐵路網，參見 Richard White, *Railroaded: The Transcontinentals and the Making of Modern America*. 當時可口可樂總公司負擔運送糖漿給分銷場的運費，但一九一七年修訂合約，要求分銷廠負擔運費，作為分擔總公司的廣告費用。然而，當時全美各地運費計價方式都不同。一九一七年，艾薩．坎德勒的弟弟約翰．坎德勒身兼可口可樂的律師，他在參議院財務委員會中報告時表示，可口可樂每加侖糖漿的運費平均為七美分。這個數字可能有灌水，因為當時約翰．坎德勒正企圖說服大家相信可口可樂的成本飆漲，政府提出的新稅制可能會重創產業。United States Senate Committee on Finance, *Revenue to Defray War Expenses*, 65th Cong., 1st Sess., May 11, 1917, 128; Coca-Cola Company Annual Reports, 1920–1923.
44. Chart of Coca-Cola's Gallon Sales, Grand Consolidated (The Coca-Cola Co. and Its Subsidiaries), undated, box 22, folder 14, Mark

Pendergrast Research Files, MARBL; Coca-Cola Company 1920 Annual Report, 14–18; Coca-Cola Company 1923 Annual Report, 15, 18–19.

45. 艾薩・坎德勒對於將公司交給兒子霍華接手已規劃了好幾年，他在一九〇八年七月二十七號寫給兒子的家書中提及：「一旦我按照計畫，把可口可樂的生意交棒到你的手中，我希望你能盡快徹底搞懂整個事業。」艾薩在一九一三年一月十三號寫給弟弟華倫的信中表達想退休的想法：「不能光當守財奴。」Letter from Asa Candler to Warren Candler, January 13, 1913, box 1, folder 8, Asa Griggs Candler Papers, MARBL; Memorandum from Asa G. Candler Announcing Retirement, February 1, 1916, box 3, folder 1, Charles Howard Candler Papers, MARBL; Mark Pendergrast, *For God, Country & Coca-Cola*, 126.

46. 引用在 Mark Pendergrast, *For God, Country & Coca-Cola*, 127.

47. Letter from Charles Howard Candler to Asa Candler, March 12, 1903, box 1, folder 6, Asa Griggs Candler Papers, MARBL; Frederick Allen, *Secret Formula*, 54.

48. Letter re: Memorial to Mr. S. C. Dobbs, from Hughes Spalding to Robert W. Woodruff, with attachment, November 7, 1950, box 73, folder 3, RWW Papers, MARBL; Frederick Allen, *Secret Formula*, 79–83, 91; Mark Pendergrast, *For God, Country & Coca-Cola*, 52.

49. Frederick Allen, *Secret Formula*, 92–93.

50. Mark Pendergrast, *For God, Country & Coca-Cola*, 130–131.

51. 同上。""KO Stock Year-End Market Value Since 1919," box 43, folder 1, Joseph W. Jones Papers, MARBL.

52. Letter from Asa Candler to Charles Howard Candler, September 11, 1919, box 3, folder 1, Charles Howard Candler Papers, MARBL; Frederick Allen, *Secret Formula*, 100; Mark Pendergrast, *For God. Country & Coca-Cola*, 131–134.

53. Mark Pendergrast, *For God, Country & Coca-Cola*, 135–136; Frederick Allen, *Secret Formula*, 108–110.

54. Mark Pendergrast, *For God, Country & Coca-Cola*, 138.

55. Frederick Allen, *Secret Formula*, 108–110.

56. 同上，118–119, 127; "KO Stock Year-End Market Value Since 1919," box 43, folder 1, Joseph W. Jones Papers, MARBL; Mark Pendergrast, *For God, Country & Coca-Cola*, 139–142.

57. 由好友艾略特（Charles Elliott）寫的小伍德瑞夫傳記參見 *A Biography of the "Boss"*; Employee History for Robert W. Woodruff, Coca-Cola Company and Domestic Subsidiary Companies, March 17, 1960, box 358, folder 6; Letter from William R. Brewster Jr., President of Georgia Military Academy, to Mrs. Lucille Huffman, Secretary to Mr. Robert W. Woodruff, September 7, 1962, box 358, folder 6; Letter from J. William Pruett to J. W. Jones, Subject: R. W. Woodruff—Biography, with attached biographical sketch, box 358, folder 6; RWW Papers, MARBL; "KO Stock Year-End Market Value Since 1919," box 43, folder 1, Joseph W. Jones Papers, MARBL; Robert Woodruff quoted in Mark Pendergrast, *For God, Country & Coca-Cola*, 153–154.

58. 引用在 Mark Pendergrast, *For God, Country & Coca-Cola*, 152.

59. National Carbonator and Bottler, June 15, 1932, 19; *Southern Carbonator and Bottler*, May 1922, 54; Southern Carbonator and Bottler, August 1926, 65; Martin Melosi, *Sanitary City*, 144. 即使氯化在許多城市開始流行，遲至一九三九年，美國仍只有三分之一供水系統使用這種化學處理程序。Melosi, *Sanitary City*, 223.

60. *National Carbonator and Bottler*, February 15, 1937, 32.

61. Letter from Paul Austin to Robert W. Woodruff, November 28, 1969, box 16, folder 1, RWW Papers, MARBL.

62. "The Quest for Quality Never Ends," *Coca-Cola Bottler*, April 1959, 165–166; Charles Elliott, *A Biography of the "Boss,"* 130; Martin Melosi, *Sanitary City*, 224.

63. *National Carbonator and Bottler*, November 15, 1937, 71.

64. Bert Wells, Chemist, Chemical Control Department, Coca-Cola Company, "Traveling Laboratory Control of Bottlers' Operation," *Journal of the American Water-works Association 34*, no. 7 (July 1942):

1035–1041; "Mobile Labs Guard Product Quality," *Refresher*, June 1954, 19–21; Charles Elliott, *A Biography of the "Boss,"* 131.

65. Martin Melosi, *Sanitary City*, 240, 218, 213, 137.
66. "The Quest for Quality Never Ends," *Coca-Cola Bottler*, April 1959, 167; Memorandum from C. R. Bender dated July 22, 1957, box 123, folder 4, RWW Papers, MARBL. 一九五〇年，可口可樂包裝廠針對無酒精飲料業依賴市政府自來水供應做出評論，解釋此產業每年使用的公共用水量約為六十二億五千萬加侖。美國十二座可口可樂包裝廠的用水量每年高達五千萬加侖，等同於一個兩千五百人的小鎮一年的用水量。"Processing Water for the Carbonated Beverage Industry," *Coca-Cola Bottler*, January 1950, 42.
67. "Statement of Income, Profit, and Loss for All Plants: January 1, 1951 to December 31, 1951," box 1, folder 22, Central Coca-Cola Bottling Company (Richmond, Virginia) Manuscript Collection, Virginia Historical Society, Richmond.
68. "Processing Water for the Carbonated Beverage Industry," *Coca-Cola Bottler*, January 1950, 42; "The Overseas Story," *Coca-Cola Overseas*, June 1948, 5; Frederick Allen, *Secret Formula*, 108.
69. "Statement of Income, Profit, and Loss for All Plants: January 1, 1944 to December 30, 1944," and "Comparative Statement of Sales, Net Profits, and Net Profits Per Case, For the Years Ending December 30, 1944, and December 31, 1943," box 1, folder 15, Central Coca-Cola Bottling Company (Richmond, Virginia) Manuscript Collection, Virginia Historical Society, Richmond.

第二章 咖啡因爭奪戰
——來自廢棄茶葉的迷人物質

1. Dr. John S. Pemberton, "Essay on Guarana, Caffeine, and Coca," Proceedings of the Twelfth Annual Meeting of the Georgia Pharmaceutical Association, April 1887, box 14, folder 1, Mark Pendergrast Research Files, MARBL; Mark Pendergrast, *For God, Country & Coca-Cola*, 29. 一八九五年十一月《紐約時報》刊載：「可樂果萃取物在醫學上取代所有興奮劑。」、「來自非洲的可樂果」、「可樂果是上帝的禮物：農產品，出口倡議，阿桑特與黃金海岸的可樂果產業。」"That Nut from Africa," *New York Times*, November 3, 1895, 11; Edmund Abaka, *"Kola Is God's Gift": Agricultural Production, Export Initiatives, and the Kola Industry of Asante and the Gold Coast c. 1820–1950* (Athens: Ohio University Press, 2005), 85. 潘伯頓發明可口可樂獨門祕方後七十年，可口可樂高級主管歐勒特（Benjamin Oehlert）與福利奧（Ed Forio）於一九六五年七月二十一日寫了一封信給美國食品藥物管理局的拉瑞克（George Larrick），解釋為何可口可樂選擇添加從其他產品萃取出的咖啡因，像是巧克力與咖啡，而非來自可樂果的咖啡因。這完全是基於經濟考量，萃取自可樂果的咖啡因相對產量低，成本高，造成巨大的經濟浪費。參見 Letter from Ed Forio and Benjamin Oehlert to George Larrick, July 21, 1965, box 243, folder 2, RWW Papers, MARBL.
2. George B. Kauffman, Professor of Pharmacology, Ohio State University, "Pharmacology of Caffeine," *Merck's Archives of Materia Medica and Drug Therapy* 3, no. 10 (October 1901): 394. 當時其他產業明白不只可以回收廢茶葉，其他廢棄物回收物也有製造新產品的價值。參見 George Powell Perry, *Wealth from Waste; or, Gathering Up the Fragments* (New York: F. H. Revell, 1908) and Henry J. Spooner, *Wealth from Waste: Elimination of Waste a World Problem* (London: G. Routledge and Sons, 1918).
3. "Dr. Louis Schaeffer," *American Perfumer and Essential Oil Review 7*, no. 10 (December 1912): 246; Edward S. Kaminski, *Maywood: The Borough, the Railroad, and the Station* (Charleston, SC: Arcadia Publishing, 2010), 8.
4. House Committee on Ways and Means, *Tariff Hearings*, 1896–97 , Vol. 1, 54th Cong., 2nd Sess., December 28, 30, 31, 1896, and January 4,

5, 8, 9, 11, 1897, 133–134; Patricia J. B. DeWitt, "A Brief History of Tea: The Rise and Fall of the Tea Importation Act" (Third Year Writing Requirement, Harvard Law School, 2000), 32.

5. 孟山都公司前公關主管詳述孟山都發展史，參見 Dan J. Forrestal, *Faith, Hope and $5,000: The Story of Monsanto* (New York: Simon and Schuster, 1977). 孟山都公司感謝可口可樂公司在公司草創階段的協助，參見 http://www.monsanto.com/whoweare/Pages/ monsanto-history.aspx; "P.S. Just Got Our Special on Monday," undated document, series 3, box 1, Caffeine (General), Monsanto Company Records, 1901–2008, University Archives, Department of Special Collections, Washington University Libraries, St. Louis, MO (hereinafter Monsanto Company Records).

6. "Early Days," undated document; "Caffeine," undated document, series 3, box 1, Caffeine (General), Monsanto Company Records.

7. Senate Committee on Finance, *Schedule A: Duties on Chemicals, Oils, and Paints*, 62nd Cong., 2nd Sess., March 14, 15, 19,-22, 1912, 36; "Caffeine," undated document, series 3, box 1, Caffeine (General), Monsanto Company Records; Frederick Allen, *Secret Formula*, 90.

8. Mark Pendergrast, *Uncommon Grounds: The History of Coffee and How It Transformed Our World* (New York: Basic Books, 1999), 107; Richard Tucker, *Insatiable Appetite*, 181. Steven Topik, "Historicizing Commodity Chains: Five Hundred Years of the Global Coffee Commodity Chain," in *Frontiers of Commodity Chain Research*, ed. Jennifer Blair (Stanford: Stanford University Press, 2009), 50; United States Government Printing Office, *Summary of Tariff Information* , prepared for the Use of the Committee on Ways and Means, United States House of Representatives (Washington, DC: USGPO, 1920), 798. 記者卡潘特（Murray Carpenter）巧妙地指出，在美國咖啡比茶受歡迎，是因為較容易向鄰近生產者取得。參見 Murray Carpenter, *Caffeinated: How Our Daily Habit Helps, Hurts, and Hooks Us* (New York: Hudson Street Press, 2014), 34.

9. "Like Opium Eaters, Coffee Drinkers Become Slaves," *Washington Post*, October 27, 1900, 10; "Postum," *New York Times*, October 4, 1904, 5.

10. " 'Dope' Bill Defeated," *Washington Post*, January 26, 1907, 13; "Bills Favorably Reported," *Washington Post*, January 15, 1907, 13; "Bills Prohibits [sic] Sale of Coca-Cola," *Atlanta Constitution*, August 16, 1909, 4; "Texas House Proceedings," *Dallas Morning News*, February 27, 1909; "Many New Bills in House," *Charlotte Observer*, January 26, 1909; "The Week's News," *Cincinnati Lancet-Clinic*, July 9, 1910, 30; "Judge Stark's Bill Would Include Soft Drinks in Anti-Shipping Bill," *Macon Telegraph* (Macon, GA), November 16, 1915; "Fight on Sale of Coca-Cola in Georgia Is on in Assembly," *Macon Telegraph*, July 15, 1919; "Possible Coca-Cola May Be Barred," *Daily Herald* (Biloxi, MS), February 24, 1911.

11. "Texas House Proceedings," *Dallas Morning News*, February 27, 1909.

12. Letter from Asa Candler, January 18, 1907, box 4, folder F, James L. Fleming Papers, Collection No. 437, East Carolina Manuscript Collection, J. Y. Joyner Library, East Carolina University, Greenville, NC.

13. 這項分析是根據歷史學家柯恩（Benjamin Cohen）針對十九世紀末期食品添加黑心成分的研究。柯恩的論述是，製造商與消費者之間的距離是關於來自天然的真實性所代表的特質、概念與知識上的文化挑戰，暫且不談製造食品的場地，消費者已逐漸將化學家與營養學科學家視為判斷純淨食物的最後仲裁者。Benjamin R. Cohen, "Analysis as a Border Patrol: Chemists Along the Boundary Between Pure Food and Real Adulteration," *Endeavor* 35 (2011), 3; James Harvey Young, *Pure Food: Securing the Federal Food and Drugs Act of 1906* (Princeton: Princeton University Press, 1989), 66.

14. Pure Food and Drug Act of 1906, sec. 7. 威利的確暗示並非所有取自天然的食物，都應該被認為有益人體健康。好比說威利在一九〇七年寫給可口可樂總裁艾薩．坎德勒的信中，批評坎德勒咖啡因無害的說法，純粹只是因為茶與咖啡中有咖啡因。威利主張：「你可能也會說鹽酸也是無害的，因為桃子與杏仁中也有鹽酸。」引用在 Quoted in Mark Pendergrast, *For God, Country & Coca-Cola*, 111.

15. "Is The Drinking of Tea or Coffee Harmful to Health?," *New York Times*, September 15, 1912, SM11.
16. Mark Pendergrast, *For God, Country & Coca-Cola*, 115.
17. Harvey Wiley, *Harvey W. Wiley: An Autobiography* (Indianapolis, IN: Bobbs-Merrill, 1930), 2.
18. "Claims Coca-Cola Unsanitary," *Montgomery Advertiser*, March 14, 1911, 12; "The Caffeine in Eight Coca-Colas Would Kill If Concentrated in One Dose, Says an Expert on the Witness Stand," *Columbus Daily Enquirer* (Columbus, GA), March 19, 1911, 1; "Coca-Cola on Trial," *Times-Picayune* (New Orleans, LA), March 14, 1911, 9; "Coca-Cola Wins Fight," *Charlotte Daily Observer*, April 7, 1911; "Coca-Cola Wins in Government Suit," *American Druggist and Pharmaceutical Record*, April 24, 1911, 45.
19. Mark Pendergrast, *For God, Country & Coca-Cola*, 118.
20. Transcript of Testimony at 25, *United States v. Forty Barrels and Twenty Kegs of Coca-Cola*, 191 F. 431 (E.D. Tenn. 1911).
21. Mark Pendergrast, *For God, Country & Coca-Cola*, 102–104; Frederick Allen, *Secret Formula*, 78.
22. Transcript of Testimony at 48–57, *United States v. Forty Barrels and Twenty Kegs of Coca-Cola*, 191 F. 431 (E.D. Tenn. 1911).
23. 同上，499, 562.
24. 同上，541; Frederick Allen, *Secret Formula*, 60.
25. Transcript of Testimony at 3037, *United States v. Forty Barrels and Twenty Kegs of Coca-Cola*, 191 F. 431 (E.D. Tenn. 1911).
26. 同上，3179, 3184–3185.
27. "Coca-Cola's Victory Was Very Sweeping," *Columbus Daily Enquirer*, April 9, 1911; *Daily Oklahoman*, February 18, 1913; Display Ad, *Chicago Daily Tribune*, May 12, 1912, D4; Display Ad, *New York Times*, May 16, 1912, 8.
28. *United States v. Forty Barrels and Twenty Kegs of Coca-Cola*, 241 U.S. 265, 284–285, 276 (1916); Frederick Allen, *Secret Formula*, 84.
29. United States Government Printing Office, *Summary of Tariff Information* , 30; Senate Committee on Finance, *Tariff Act of 1921, Vol. 2: Schedule 1: Chemicals, Oils, and Paints; Schedule 2: Earths, Earthenware, and Glassware*, 67th Cong., 2nd Sess., 1921, 886, 898.
30. Senate Committee on Finance, *Schedule A: Duties on Chemicals, Oils, and Paints*, 62nd Cong., 2nd Sess., March 14, 15, 19,–22, 1912, 36; "Caffeine," undated and untitled Monsanto Company document, series 3, box 1, Caffeine (General), Monsanto Company Records; Dobbs quoted in Frederick Allen, *Secret Formula*, 88.
31. Frederick Allen, *Secret Formula*, 90; Murray Carpenter, *Caffeinated* , 5.
32. Mark Pendergrast, *For God, Country & Coca-Cola*, 102; Letter from Samuel C. Dobbs to Robert W. Woodruff regarding Hirsch's courtroom tenacity, May 4, 1937, box 73, folder 3, RWW Papers, MARBL.
33. *Coca-Cola Co. v. Koke Co. of Am.*, 235 F. 408, 414 (D. Ariz. 1916); *Coca-Cola Co. v. Koke Co. of Am.*, 254 U.S. 143, 145 (1920).
34. *Koke Co. of Am. v. Coca-Cola Co.*, 255 F. 894, 896 (9th Cir. 1919).
35. Humphrey McQueen, *The Essence of Capitalism: The Origins of Our Future* (Montreal: Black Rose Books, 2003), 185.
36. Frederick Allen, *Secret Formula*, 86–87, 123.
37. Humphrey McQueen, *The Essence of Capitalism*, 185; Mark Pendergrast, *For God, Country & Coca-Cola*, 130.
38. *Coca-Cola Co. v. Koke Co. of Am.*, 254 U.S. 143 (1920), Petitioner's Brief, 39, 67, 28.
39. *Coca-Cola Co. v. Koke Co. of Am.*, 254 U.S. 143, 146 (1920).
40. Coca-Cola Company, *Opinions, Orders, Injunctions, and Decrees Relating to Unfair Competition and Infringement of Trade-mark* (Atlanta, 1923, 1939); Coca-Cola Company 1935 Annual Report, 3.
41. David S. Clark, "Adjudication to Administration: A Statistical Anal-

ysis of Federal District Courts in the Twentieth Century," *Southern California Law Review* 55 (1981-1982), 69-72; Justice Swayne statement quoted in Morton J. Horwitz, *The Transformation of American Law, 1870-1960: The Crisis of Legal Orthodoxy* (New York: Oxford University Press, 1992), 145. 關於十九世紀和二十世紀早期美國法律制度的出色歷史，參見 Lawrence M. Friedman, *A History of American Law* (New York: Simon and Schuster, 1973), and Lawrence M. Friedman, *American Law in the Twentieth Century* (New Haven: Yale University Press, 2002).

第三章
糖價大崩盤
——買糖比製糖更有利可圖

1. M. Lenoir, F. Serre, L. Cantin, S. H. Ahmed, "Intense Sweetness Surpasses Cocaine Reward," *PLoS ONE* 2, no. 8 (August 2007): 1. 在一篇討論糖類上癮的相關文章中，普林斯頓大學的研究人員於結論中指出：「糖這種物質之所以值得注意，在於它會導致類鴉片物質以及多巴胺釋放，因此很可能成癮。」N. M. Avena, P. Rada, and B. G. Hoebel, "Evidence for Sugar Addiction: Behavioral and Neurochemical Effects of Intermittent, Excessive Sugar Intake," *Neuroscience and Biobehavioral Reviews* 32, no. 1 (2008): 20.
2. Frederick Allen, *Secret Formula*, 104. 磷酸對於甜味所造成的影響，參見 Giora Agam, *Industrial Chemicals: Their Characteristics and Development* (Amsterdam: Elsevier, 1994), 54; W. H. Waggaman, "Welcome, Little Fizz Water," *Collier's Weekly* 65, January 17, 1920, 22; B. Taylor, "Acids, Colours, Preservatives, and Other Additives," in *Formulation and Production of Carbonated Soft Drinks*, ed. A. J. Mitchell (Glasgow: Blackie, 1990), 92. 二〇〇六年，美國交通部曾發了一封可能違法通告給可口可樂公司，表示該公司不當運輸危險物質——腐蝕性液體、酸性、有機，未列明（檸檬酸液體），編號：8, UN 3265, III；以及磷酸，液體，編號：UN 1805, III。參見 United States Department of Transportation, Pipeline and Hazardous Materials Safety Administration (PHMSA), Notice of Probable Violation to Respondent, Coca-Cola Enterprises, Docket #PHMSA- 2006-24464, April 1, 2006.
3. Daniel Levy and Andrew T. Young, "'The Real Thing': Nominal Price Rigidity of the Nickel Coke, 1886-1959," *Journal of Money, Credit and Banking* 36, no. 4 (August 2004): 768-769; Letter from Ralph Hayes to Robert Woodruff, October 22, 1951, box 138, folder 2, RWW Papers, MARBL.
4. 人類學家明茲（Sidney Mintz）曾於著作中說明糖如何逐漸受人歡迎，參見 *Sweetness and Power: The Place of Sugar in Modern History* (New York: Penguin Books, 1985); Sidney L. Mintz, "Sweet, Salt, and the Language of Love," MLN 106, no. 4 (September 1981): 853; Sidney L. Mintz, *Sweetness and Power*, 31; Richard Tucker, *Insatiable Appetite*, 16-17. 其他以長期觀點探討糖類作物種植文化史的佳作包括：Elizabeth Abbott's *Sugar: A Bittersweet History* (London; New York: Duckworth Publishers, 2009); Peter Macinnis's *Bittersweet: The Story of Sugar* (St. Leonards, New South Wales: Allen and Unwin, 2002); and J. H. Galloway's *The Sugar Cane Industry: An Historical Geography from Its Origins to 1914* (Cambridge: Cambridge University Press, 1989); 美國煉糖業如何於十九世紀垂直整合，參見 César J. Ayala, *American Sugar Kingdom: The Plantation Economy of the Spanish Caribbean, 1898-1934* (Chapel Hill: University of North Carolina Press, 1999).
5. 奴隸與糖的議題參見 David Brion Davis, *Inhuman Bondage: The Rise and Fall of Slavery in the New World* (Oxford: Oxford University Press, 2006); Ira Berlin, *Generations of Captivity: A History of African-American Slaves* (Cambridge: Belknap Press of Harvard University Press, 2003); Ira Berlin, *Many Thousands Gone: The First Two Centuries of Slavery in North America* (Cambridge: Belknap Press of Harvard University Press, 1998); W. R. Aykroyd, *Sweet Malefactor: Sugar, Slavery,*

and Human Society (London: Heinemann, 1967). 種植甘蔗的生態代價參見：Richard Tucker, *Insatiable Appetite: The United States and the Ecological Degradation of the Tropical World*, 15–63.

6. Sidney Mintz, *Sweetness and Power*, 148, 180.

7. US Department of Agriculture, Economic Statistics and Cooperative Service, *A History of Sugar Marketing Through 1974* (hereinafter USDA, *A History of Sugar Marketing*), Agricultural Economic Report No. 382, prepared by Roy A. Ballinger (Washington, DC: March 1978), 6.

8. 歷史學家阿亞拉（César J. Ayala）有一張表格清楚呈現了一七八六年至一八六一年間原糖與精糖的關稅差異，參見 *American Sugar Kingdom*, 49; "The Sugar Refiners' Trust," *New York Times*, October 13, 1887, 8; César J. Ayala, *American Sugar Kingdom*, 50.

9. Richard Zerbe, "The American Sugar Refinery Company, 1887–1914: The Story of a Monopoly," *Journal of Law and Economics* 12, no. 2 (October 1969): 340; John N. Ingham, *Biographical Dictionary of American Business Leaders*, vol. 2 (Westport, CT: Greenwood Press, 1983), 559; USDA, *A History of Sugar Marketing*, 11.

10. "A Strike for Eight Hours; Havemeyers & Elder Lose Their Firemen and Boiler- men," *New York Times*, June 15, 1893, 1.

11. Richard Zerbe, "The American Sugar Refining Company, 1887–1914," 350–351.

12. *People v. North River Sugar Refining Co.*, 24 N.E. 839 (N.Y., 1890); César J. Ayala, *American Sugar Kingdom*, 39; Richard Zerbe, "The American Sugar Refining Company, 1887–1914," 354.

13. Brian Balogh, *A Government out of Sight*, 329–331.

14. 麥金萊關稅（McKinley Tariff）於一八九〇年頒布，取消了進口原糖的關稅，進口精糖則課以每磅半美分的稅率，針對國內糖農則給予每磅二美分的直接補貼（此時期糖料種植多以路易斯安那的蔗農為主，但已包含加州以及美國中西部其他地區的少數甜菜農）。政策之所以轉向，部分原因是過去數年來國庫陸續有盈餘，美國糖類精製公司受益於新政策，能以史上新低價購糖。一八九四年後經濟不景氣，政府必須另覓財源，國會再次對原糖課徵小額關稅，但保護美國國產精糖的措施仍未取消。參見 USDA, *A History of Sugar Marketing*, 11; Richard Zerbe, "The American Sugar Refining Company, 1887–1914," 341. 關稅歷史學家陶西格（Frank William Taussig）曾說過：「一八九〇年的關稅對於國外競爭者造成極大阻礙，像這樣的障礙，帶來的利益極其龐大。」參見 Frank William Taussig, *The Tariff History of the United States* (New York: G. P. Putnam's Sons, 1914), 312.

15. Thomas J. Heston, *Sweet Subsidy*, 48–50; Lippert S. Ellis, *The Tariff on Sugar* (Freeport, IL: Rawleigh Foundation, 1933), 44–46; USDA, *A History of Sugar Marketing*, 12; César J. Ayala, *American Sugar Kingdom*, 37.

16. Bill Albert and Adrian Graves, eds., *The World Sugar Economy in War and Depression, 1914–1940* (London and New York: Routledge, 1988), 1; Thomas J. Heston, *Sweet Subsidy: The Economic and Diplomatic Effects of the U.S. Sugar Acts, 1934–1974* (New York and London: Garland, 1987), 31.

17. 歷史學家阿亞拉描述過里維爾和美國精製糖類公司之間的關係，他直指：「美國唯一一家獨立糖廠是波士頓的里維爾糖類精製公司，該公司與美國糖業精製公司合作愉快，又透過股票經紀商奈許斯伯丁公司（Nash, Spaulding, and Company）成為此托拉斯的最大少數股東，實難稱為獨立的煉糖商。」參見 César J. Ayala, *American Sugar Kingdom*, 37; Charles Howard Candler, *Asa Griggs Candler* (Atlanta: Emory University 1950), 113.《紐約時報》一八九二年一月的報導曾經談到里維爾與美國糖業精製公司的關係，表示這家位於波士頓的糖廠，一直是此糖類托拉斯的盟友而非競爭對手。"The Sugar Trust," *New York Times*, January 15, 1892, 4. 此處的三十多萬噸是由一八九五年可口可樂賣出的七萬六千二百二十四加崙糖漿推估，而且是極為保守的估算。加崙數所參考的圖表為：Chart of Coca-Cola's Gallon Sales, Grand Consolidated (The Coca-Cola Co. and Its Subsidiaries), undated, box 22, folder 14, Mark Pendergrast Research Files, MARBL.

18. 一九三五年，有家保險公司在介紹可口可樂精簡的企業結構時曾評論道：「由於製造過程十分容易，經常開銷很低。人力多半是非技術勞工，且與銷售相比，人力成本極低。」參見 Letter from William T. Dorsey to Bernard M. Culiver, September 23, 1938, box 371, folder 13, RWW Papers, MARBL; Frederick Allen, *Secret Formula*, 69. See photo of Coca- Cola employees, 1899, middle insert herein.
19. USDA, *A History of Sugar Marketing*, 9; Richard Tucker, *Insatiable Appetite*, 40-41. 雖然根據《巴黎和約》（*Treaty of Paris*），西班牙王室正式將菲律賓及波多黎各讓渡給美國，但並未兼及古巴。然而根據《泰勒修正案》（*Teller Amendment*）及其後的《普拉特修正案》（*Pratt Amendment*），直到一九三〇年初期，美國於古巴的控管勢力仍十分強大。
20. 外交政策轉變為擴張主義的過程，有本扛鼎之作曾專門介紹，參見 Walter LaFeber, *The New Empire: An Interpretation of American Expansion, 1860-1898* (Ithaca: Cornell University Press, 1963).
21. USDA, *A History of Sugar Marketing*, 18; César J. Ayala, *American Sugar Kingdom*, 83-84, 120, 100, 76, 217, 218.
22. Earl Babst, *A Century of Sugar Refining in the United States* (New York: De Vinne Press, 1916), 15-17.
23. Richard Tucker, *Insatiable Appetite*, 41; John N. Ingham, *Biographical Dictionary of American Business Leaders*, 559.
24. "Sugar Position as of March 9, 1928," Sugar Inventory and Commitments Balance Sheet, box 58, folder 5, RWW Papers, MARBL; *Sugar Institute, Inc. v. United States*, 297 U.S. 553 (1936), Transcript of Record, 969; Frederick Allen, *Secret Formula*, 104.
25. USDA, *A History of Sugar Marketing*, 21-22; Frederick Allen, *Secret Formula*, 104; Michael Blanding, *The Coke Machine*, 43; "Making a Soldier of Sugar," internal company memorandum, unknown date, box 58, folder 6, RWW Papers, MARBL.
26. Pendergrast, *For God, Country & Coca-Cola*, 127-128; "Making a Soldier of Sugar,"internal company memorandum, box 58, folder 6, RWW Papers, MARBL; Bland- ing, *The Coke Machine*, 25; Frederick Allen, *Secret Formula*, 90, 104. 艾倫（Frederick Allen）提到：「此次事件預告了未來二戰期間對於可口可樂大有助益的策略：在幕後大力遊說，但若無法達成目的也會瀟灑讓步，並確保能把產品和最高的國家利益扯上關連。」Frederick Allen, *Secret Formula*, 89-90.
27. John E. Dalton, *Sugar: A Case Study of Government Control* (New York: Macmillan, 1937), 59; Daniel Levy and Andrew T. Young, "'The Real Thing,'" 773; Mark Pendergrast, *For God, Country & Coca-Cola*, 137-139, 142.
28. Mark Pendergrast, *For God, Country & Coca-Cola*, 188.
29. "Coca-Cola Co. Amplifies Its '20 Statement," Atlanta Georgian, February 24, 1921, 引用在 Mark Pendergrast, *For God, Country & Coca-Cola*, 139; J. C. Louis and Harvey Z. Yazijian, *The Cola Wars* (New York: Everest House, 1980), 49; Michael Blanding, *The Coke Machine*, 53.
30. 好時巧克力工廠的精采歷史，參見 Michael D'Antonio, *Hershey: Milton S. Hershey's Extraordinary Life of Wealth, Empire, and Utopian Dreams* (New York: Simon and Schuster, 2006), 130, 174.
31. 同上，128-32.
32. 同上，160-165.
33. "Seeing Hershey, Cuba, with Mr. M. S. Hershey," *Hershey Press News*, April 12, 1923, 1 (complete copies of these newspapers can be found in the Hershey Community Archives, Hershey Online Collection); Oral History Interview with James E. Bobb, March 22, 2001, 2001OHO1, 11, Hershey Community Archives Oral History Collection, Hershey, PA. 戰時面臨哪些壓力才使好時採取行動，參見 James D. McMahon Jr., *Built on Chocolate: The Story of the Hershey Chocolate Company* (Santa Monica, CA: General Publishing Group, 1998), 82. 值得注意的是，一八九九年艾薩・坎德勒的弟弟華倫・坎德勒在古巴建立了一所衛理公會學校，後來稱為坎德勒學院（Candler College）。參見 www.candlercollege.org.
34. Hershey Chocolate Corporation 1920 Annual Report, 2; "Seeing

Hershey, Cuba, with Mr. M. S. Hershey," *Hershey Press News*, April 12, 1923, 1; Michael D'Antonio, *Hershey*, 163, 167–168.

35. Thomas R. Winpenny, "Milton S. Hershey Ventures into Cuban Sugar," *Pennsylvania History* 62, no. 4 (Fall 1995): 492, 494–495.

36. "Seeing Hershey, Cuba, with Mr. M. S. Hershey," *Hershey News Press*, April 12, 1923, 1.

37. *Coca-Cola Bottling Co. of Elizabethtown, Inc. v. Coca-Cola*, 988 F.2d 386 (1993).

38. Address by William E. Robinson, President of the Coca-Cola Company, at a meeting of the New York Society of Security Analysts, January 12, 1956, box 3, folder 5, Mark Pendergrast Research Files, MARBL; Mark Pendergrast, *For God, Country & Coca-Cola,* 197.

39. Sugar Position as of March 9, 1928," Sugar Inventory and Commitments Balance Sheet, box 58, folder 5, RWW Papers, MARBL. 一九二〇年霍華．坎德勒的確曾批准在公司的糖漿廠建造實驗性的煉糖基礎建設，是另一個少見的垂直整合例子。相關的文件紀錄很少，但目的似乎是找出方法直接將原糖加工放入糖漿，方法則是利用一種稱為「諾瑞特製程」（Norit process）的純化技術。一九二〇、二一、二二年的報紙報導，亞特蘭大、巴爾的摩、波士頓的廠址都已開始興建煉糖設施，還有其他報導提到，類似的「實驗性」擴張也在該公司的古巴哈瓦那糖漿廠展開，但長期而言，上述計畫的成果似乎不豐。無論如何，一九二〇年代可口可樂仍然向獨立糖廠買糖。可口可樂試驗諾瑞特製程的相關紀錄，請見一九八六年可口可樂包裝商狀告可口可樂公司一案中，施瓦茲（Murray M. Schwartz）法官的評論：「一九二〇年代該公司開發的『諾瑞特製程』直接由原糖製造出『水白色』的糖漿。此製程全屬實驗，顯然並不成功，且從未使用過。」參見 *Coca-Cola Bottling Co. of Elizabethtown, Inc. v. Coca-Cola Co.,* 654 F. Supp. 1388 (D. Del. 1986); "Coca-Cola to Build in Boston," *Wall Street Journal*, January 6, 1922, 3; "New Sugar Refineries in Operation and Additional Expansion Contemplated," *Chemical and Metallurgical Engineering* 26, no. 4 (January 25, 1922): 182; "Own Sugar Refinery Operated," *American Bottler* 41, no. 4 (May 1921): 14; "Large Scale Sugar Users Seek to Assure Supply," *Facts About Sugar* 10, no. 4 (January 24, 1920): 1.

40. "KO Stock Year-End Market Value Since 1919," box 43, folder 1, Joseph W. Jones Papers, MARBL; Coca-Cola Company Annual Reports, 1922–1929; Mark Pendergrast, *For God, Country & Coca-Cola*, 157, 170; Frederick Allen, *Secret Formula,* 177.

41. Mark Pendergrast, *For God, Country & Coca-Cola,* 159–160.

42. Michael D'Antonio, *Hershey*, 190, 197–198; Oral History Interview with James E. Bobb, March 22, 2001, 2001OHO1, 12, Hershey Community Archives Oral History Collection, Hershey, PA.

43. "Sugar Position as of March 9, 1928," Sugar Inventory and Commitments Balance Sheet, RWW Papers, box 58, folder 5, MARBL; Memorandum of Conversation between Robert W. Woodruff and Milton S. Hershey, February 13, 1929, box 371, folder 13, RWW Papers, MARBL. 溫潘尼（Thomas R. Winpenny）曾探究可口可樂與好時公司於戰間期的緊密合作關係，參見 "Corporate Lobbying Was No Match for the Tide of History: Hershey and Coca-Cola Battle the U.S. Sugar Tariff, 1929–1934,"*Journal of Lancaster County's Historical Society* 111, no. 3 (Fall/Winter 2009/2010): 114–124. 赫斯德特（Christina J. Hostetter）的碩士論文亦研究過此段企業合作關係的影響，參見 "Sugar Allies: How Hershey and Coca-Cola Used Government Contracts and Sugar Exemptions to Elude Sugar Rationing Regulations" (University of Maryland, College Park, 2004). "Hoover Statement in Sugar Row Urged," *Washington Post*, December 21, 1929, 1; "Shattuck Tells Senators He Never Discussed Sugar Tariff with the President," *New York Times*, December 20, 1929, 1; "Sugar Witness Hotly Scolds Lobby Quizzers," *Chicago Daily Tribune*, January 9, 1930, 3; "Senate to Resume Sugar Lobby Probe," *Washington Post*, January 7, 1930, 2; "Another Lakin Note Brought in Hoover," *New York Times*, December 21, 1929, 4.

44. *Ralph Hayes, 1894–1977*, biographical essay published by the New

York Community Trust, undated, 5, available online at http://www.nycommunitytrust.org/Portals/0/Uploads/Documents/BioBrochures/Ralph%20Hayes.pdf.
45. Ralph Hayes to Robert W. Woodruff, April 10, 1952, box 138, folder 2, RWW Papers, MARBL.
46. Letters from Ralph Hayes to Senator Walter F. George, June 1, 1936, and June 4, 1936; Letter from Senator Walter F. George to Ralph Hayes, June 6, 1936, box 58, folder 5, RWW Papers, MARBL.
47. "KO Stock Year-End Market Value Since 1919," box 43, folder 1, Joseph W. Jones Papers, MARBL; Coca-Cola Company Annual Reports, 1928–1938; Mark Pendergrast, *For God, Country & Coca-Cola*, 170, 177.
48. Mark Pendergrast, *For God, Country & Coca-Cola*, 161, 163, 173; Chart of Coca-Cola's Gallon Sales, Grand Consolidated (The Coca-Cola Co. and Its Subsidiaries), undated, box 22, folder 14, Mark Pendergrast Research Files, MARBL.
49. US Department of Agriculture, Bureau of Agricultural Economics, *Sugar During World War II*, War Records Monograph 3, prepared by Roy A. Ballinger, June 1946, 4, 6.
50. 同上。"Investor's Guide," *Chicago Daily Tribune*, February 3, 1940.
51. Christina J. Hostetter, "Sugar Allies," 30, 32–33, 38.
52. Letter from Ben Oehlert to Mr. A. A. Acklin, January 19, 1942, box 58, folder 6, RWW Papers, MARBL.
53. "Oehlert Appointed Envoy to Pakistan," *Atlanta Journal*, June, 21, 1967; "Benjamin H. Oehlert, Jr., 75; Former Coca-Cola Executive," *New York Times*, June 5, 1985, B6; Frederick Allen, *Secret Formula*, 249, 250, 252, 255; Mark Pendergrast, *For God, Country & Coca-Cola*, 196–197.
54. Letter from Ben Oehlert to Mr. A. A. Acklin, February 5, 1942, 引用在 Mark Pendergrast, *For God, Country & Coca-Cola*, 196; "U.S. Agency Takes Coca-Cola's Sugar," *Washington Post*, February 27, 1942, 26.
55. Ed Forio, "Out of the Crucible," *Coca-Cola Bottler*, December 1945, 15; "U.S. at War: Bedrock Living," *Time*, March 1, 1943.
56. Letter from Benjamin Oehlert to A. S. Nemir, Sugar Division, Food Supply Branch of the Office of Production Management, January 6, 1942, box 58, folder 6, RWW Papers, MARBL; Michael Blanding, *The Coke Machine*, 99; Christina J. Hostetter, "Sugar Allies," 66.
57. Ed Forio, "Out of the Crucible," *Coca-Cola Bottler*, December 1945, 15; Michael Blanding, *The Coke Machine*, 49; Daniel Levy and Andrew T. Young, "'The Real Thing,'" 773; Classified Message from Eisenhower's Headquarters in North Africa, June 29, 1943, box 85, folder 2, RWW Papers, MARBL.
58. Coca-Cola Company 1944 Annual Report, 5.
59. Frederick Allen, *Secret Formula*, 211–213; Mark Pendergrast, *For God, Country & Coca-Cola* (New York: Basic Books, 2013), 178.
60. *Coca-Cola Co. of Canada, Ltd. v. Pepsi-Cola Co. of Canada, Ltd.*, [1938] Ex. C.R. 263 (Ex. Ct.); reversed [1940] S.C.R. 17 (S.C.C.); affirmed [1942] 2 W.W.R. 257 (P.C.).
61. Frederick Allen, *Secret Formula*, 212, 237, 243.
62. Letter from Walter Mack to Chester Bowles, Director of the Office of Price Administration, October 9, 1944, box 927, "Sugar Problems," Records of the Office of Price Administration, Record Group 188, National Archives II, College Park, MD (hereinafter NARA II).
63. Christina J. Hostetter, "Sugar Allies," 110; Coca-Cola Company Annual Reports, 1941–1947; Pepsi-Cola Company Annual Reports, 1941–1947; Chart of Coca- Cola's Gallon Sales, Grand Consolidated (The Coca-Cola Co. and Its Subsidiaries), undated, box 22, folder 14, Mark Pendergrast Research Files, MARBL; Mark Pendergrast, *For God, Country & Coca-Cola*, 187.
64. Oral History Interview with Violet Pierce, April 7, 2012, 2011OH35, 2; Oral His-tory Interview with Samuel Hinkle, February 21, 1991, 91OH1, 8; Oral History Interview with James E. Bobb, May 12, 1981,

2001OH01, March 22, 2001, 11, Hershey Community Archives Oral History Collection, Hershey, PA; James D. McMahon Jr., *Built on Chocolate*, 154; Michael D'Antonio, *Hershey*, 140; "Staples, Percy Alexander; 1883-1956," Biographical Essay, Hershey Community Archives, http://www.hersheyarchives.org/essay/details.aspx?EssayId=35&Rurl=%2Fre- sources%2Fsearch-results.aspx%3FType%3DBrowseEssay.

65. 六億這個數字是根據可口可樂售出的加侖量來算出，參見 Chart of Coca-Cola's Gallon Sales, Grand Consolidated (The Coca-Cola Co. and Its Subsidiaries), undated, box 22, folder 14, Mark Pendergrast Research Files, MARBL.

第四章 古柯葉萃取物

——與違禁物質的祕密連結

1. 本章主要參考拉美歷史學家古騰堡（Paul Gootenberg）的研究，本章中大量引用的聯邦麻醉藥品局檔案，便是由古騰堡首先發現。參見 Paul Gootenberg, *Andean Cocaine: The Making of a Global Drug* (Chapel Hill: University of North Carolina Press, 2008) 233–265; Paul Gootenberg, "Secret Ingredients: The Politics of Coca in US-Peruvian Relations, 1915–65," *Journal of Latin American Studies 36*, no. 2 (May 2004): Paul Gootenberg, "Between Coca and Cocaine: A Century or More of U.S.-Peruvian Drug Paradoxes, 1860–1980" (Washington, DC: Woodrow Wilson Center, 2001); Paul Gootenberg, "Reluctance or Resistance? Constructing Cocaine (Prohibitions) in Peru, 1910–50," in Paul Gootenberg, ed., *Cocaine: Global Histories* (New York: Routledge, 1999); "Apple Remains No. 1 in the BrandZ ™ Top 100 Ranking of the Most Valuable Global Brands," *Bloomberg*, May 21, 2013, http://www.bloomber.com/bb/newsarchive/a7agtQMCemV8.html. Coca-Cola Company 2013 10-K SEC Report, 39, 76.

2. 古柯種植的精采歷史，參見 Kenneth T. Pomeranz and Steven Topik, eds., *The World That Trade Created: Society, Culture, and the World Economy–1400 to the Present*, 2nd ed. (Armonk, NY: M. E. Sharpe, 2006); Steven Topik, Carlos Marichal, and Zephyr Frank, eds., *From Silver to Cocaine: Latin American Commodity Chains and the Building of the World Economy, 1500-2000* (Durham: Duke University Press, 2006); Angelo Mariani, *Coca and Its Therapeutic Application*, 2nd ed. (New York: J. N. Jaros, 1892).

3. Albert Niemann, "Ueber eine neue organische Base in den Cocablättern," *Archiv der Pharmazie* 153, no. 2 (1860):129–256; Dominic Streatfeild, *Cocaine: An Unauthorized Biography* (New York: Picador, 2001), 55–59.

4. 《美國藥劑師》（*American Druggist*）曾評論馬里安尼酒是如何受歡迎，文中寫道：「當前醫師對於古柯、古柯鹼等大為關注，視其為高級的治療藥劑，光是這點就值得本刊向讀者介紹可卡因古柯（Erythroxylon Coca）的製造方式，此物又名『馬里安尼葡萄酒』，此名更廣為人知也更受人喜愛。」參見 "Erythroxylon Coca," *American Druggist*, July 1885, 39, box 11, folder 1, Mark Pendergrast Research Files, MARBL; Paul Gootenberg, *Andean Cocaine*, 23, 60; Mark Pendergrast, *For God, Country & Coca-Cola*, 21–22.

5. "Coca: Historical Notes," *American Druggist*, May 1886, 87, box 11, folder 1, Mark Pendergrast Research Files, MARBL; Richard Ashley, *Cocaine: Its History, Uses, and Effects* (New York: Warner Books, 1975), 18; Paul Gootenberg, *Cocaine Global Histories*, 22–23; Joseph F. Spillane, *Cocaine: From Medical Marvel to Modern Menace in the United States*, 1884–1920 (Baltimore: Johns Hopkins University Press, 2000), 43; "Coca Leaves and Cocaine," *American Druggist*, June 1885, 109, box 11, folder 1, Mark Pendergrast Research Files, MARBL; Mark Pendergrast, *For God, Country & Coca-Cola*, 21.

6. Joseph Spillane, "Making a Modern Drug," in Paul Gootenberg, ed.,

Cocaine: Global Histories, 22: David F. Musto, "Illicit Price of Cocaine in Two Eras: 1908-14 and 1982-89," *Pharmacy in History 33* (1991): 5; Paul Gootenberg, "Reluctance and Resistance," 50.

7. Paul Gootenberg, *Andean Cocaine*, 62. 關於祕魯民族主義者在十九世紀晚期對祕魯古柯產業的貢獻，參見 chapter 1, "Imagining Coca, Discovering Cocaine, 1850-1890," in *Andean Cocaine*, 15-54.

8. Angelo Mariani, *Coca and Its Therapeutic Application*, 2nd ed. (New York: J. N. Jaros, 1892), 13; W. Golden Mortimer, *Peru: History of Coca, "The Divine Plant of the Incas,"* (New York: J. H. Vail, 1901), 234; Joseph E. Spillane, "Making a Modern Drug," 21.

9. 潘得蓋瑞斯曾於著作的註腳中討論羅賓森的配方，參見 *For God, Country & Coca-Cola*, 53. 羅賓森的配方若正確無誤，則一八八六年每份可口可樂含有四．三毫克的古柯鹼（現代吸食一次古柯鹼的量至少可能有三十毫克）。一九三一年，可樂的法務部門宣稱，爪哇古柯葉萃取物的味道和特魯希略古柯葉不同，建議不要改用非特魯希略種的葉子。參見 Letter from Harold Hirsch to Robert W. Woodruff, October 21, 1931, box 55, folder 7, RWW Papers, MARBL. 古騰堡於書中提到可口可樂十分依賴祕魯古柯葉：「祕魯實際上獨占了萃取物用的葉子（但由於古柯鹼等級的葉子於一九一〇年代前已經傳播至爪哇及台灣等熱帶殖民地，因此並未由祕魯獨占）。祕魯原本大可大幅提高可口可樂的製造成本，更何況世界已正式開始限制古柯種植量。」參見 Wonderful Coca," *Atlanta Constitution*, June 21, 1885, 8; Coca-Cola Company 1923 Annual Report, 18.

10. 科恩（Michael M. Cohen）討論過與種族有關的恐懼，如何導致美國南方各地禁止古柯鹼，參見 "Jim Crow's Drug War: Race, Coca Cola, and the Southern Origins of Drug Prohibition," *Southern Cultures* 12, no. 3 (Fall 2006): 55-79; "Cocaine Sniffers: Use of the Drug Increasing Among Negroes of the South," *New York Times*, June 21, 1903, box 11, folder 2, Mark Pendergrast Research Files, MARBL; Mark Pendergrast, *For God, Country & Coca-Cola*, 89.

11. Cocaine, How Sold, H. B. 92-99, No. 61, 1902, box 11, folder 2, Mark Pendergrast Research Files, MARBL.

12. 古騰堡曾詳細討論梅伍德的業務與可口可樂之間的關聯，不過他大抵把二者視為同一個單位，用他的話來說，實際上可口可樂與梅伍德已變得難以區分。參見 "Secret Ingredients", 246. 美國醫療產業專業化的歷史，參見 Paul Starr, *The Social Transformation of American Medicine* (New York: Basic Books, 1982). 該書第三章記錄了進步主義對於專利藥藥廠的抨擊。參見 chapter 3, "The Consolidation of Professional Authority, 1850-1930," 127-134. 亦可參照 Robert Wiebe, "The Fate of the Nation," chapter 4 in *The Search for Order, 1877-1920* (New York: Hill and Wang, 1967).

13. 此段歷史的精采摘要，參見 chapter 5, "Anticocaine: From Reluctance to Global Prohibitions, 1910-1950," in Paul Gootenberg, *Andean Cocaine*, 189-244.

14. Paul Gootenberg, "Secret Ingredients," 255. 十九、二十世紀之交，有幾家化學公司把古柯葉引進美國，薛佛生物鹼公司是其中一家。十九世紀末，美國聯邦政府允許可口可樂公司等小型企業，直接由南美供應商進口古柯葉，當時至少有五家大化學加工公司經常進口古柯葉至美國。德國則至少有十五家公司從事古柯鹼生產及分銷。參見 Paul Gootenberg, *Andean Cocaine*, 109, 121.

15. Paul Gootenberg, "Reluctance or Resistance?" 50. 談到國家需要讓法規清晰易讀，參見 James Scott, *Seeing Like a State: How Certain Schemes to Improve the Human Condition Have Failed* (New Haven: Yale University Press, 1998). 此處反麻醉藥品政策的故事呼應其他學者的發現，進步時期的法規的確有助於二十世紀初期企業整併。參見 Gabriel Kolko, *The Triumph of Conservatism*; Thomas K. McCraw, *Prophets of Regulation*; Martin J. Sklar, *The Corporate Reconstruction of American Capitalism, 1890-1916*; James Weinstein, *The Corporate Ideal in the Liberal State, 1900-1918.*

16. Memorandum from Harold Hirsch to R. W. Woodruff, October 21, 1931, box 55, folder 7, RWW Papers, MARBL; Paul Gootenberg, "Secret Ingredients," 242.

17. Transcript of Testimony at 1296, *United States v. Forty Barrels and*

Twenty Kegs of Coca-Cola, 241 U.S. 265 (1916).

18. Mark Pendergrast, *For God, Country & Coca-Cola*, 184; Frederick Allen, *Secret Formula*, 194. 關於典型古柯庫存管理的數據，參見 Ralph Hayes to William J. Hobbs, July 24, 1946, box 55, folder 7, RWW Papers, MARBL.
19. Paul Gootenberg, *Andean Cocaine*, 223. Paul Gootenberg, "Secret Ingredients," 247–248, 252; Frederick Allen, *Secret Formula*, 193; Undated Memorandum, "Preliminary History," Subject Files Related to the Control of Narcotics Traffic, 1903–1955, box 4, "Coca-Cola Extract," Record Group 59, General Records of the Department of State, NARA II.
20. Frederick Allen, *Secret Formula*, 196; W. P. Heath to Harold Hirsch, October 30, 1931, box 55, folder 7, RWW Papers, MARBL.
21. Paul Gootenberg, *Andean Cocaine*, 203.
22. Ralph Hayes to Robert W. Woodruff, March 19, 1936; Ralph Hayes Memorandum re: Better Kola Corporation and the Kola Highball Company, March 10, 1936, box 55, folder 7, RWW Papers, MARBL.
23. Ralph Hayes to Robert W. Woodruff, March 19, 1936, and February 18, 1936, box 55, folder 7, RWW Papers, MARBL.
24. 聯邦麻醉藥品局這段話直接引自：Letter from George Gaffney, Acting Commissioner of Narcotics in the Federal Bureau of Narcotics to Nolan Mur- rah, Royal Crown Cola Company, October 20, 1964, Subject Files of the Bureau of Narcotics and Dangerous Drugs, 1916–1970 (hereinafter Bureau of Narcotics), box 64 (old box 20), Record Group 170, Records of the Drug Enforcement Admin- istration, 1915–1946, 1969–1980 (hereinafter RG 170), NARA II; Memorandum from Ralph Hayes, July 9, 1936, box 55, folder 7, RWW Papers, MARBL; Paul Gootenberg, "Secret Ingredients," 255.
25. 可口可樂的法務部門支持海斯努力向梅伍德施壓，在內部通信中表示：「此想法甚好。」參見 Ralph Hayes to Robert W. Woodruff, March 19, 1936, box 55, folder 7, RWW Papers, MARBL. 一九四〇年，可口可樂公司對公司主管下達一份簡令，表示公司絕不會利用規模及勢力，強取不公平的優勢或獨家權利；然而到了一九三〇年代，它的確採取上述手段以保住獨家購得梅伍德古柯葉萃取物的權利。參見 "Outline of Brief on Company Policies," 1939, box 56, folder 9, RWW Papers, MARBL. 二十五萬的數字來自瓊斯寫給小伍德瑞夫的一封信，信中談到第五號商品的定價為每磅一．一一美元。由於該公司每年對第五號商品的需求超過二十四萬磅，且「特殊葉子」加工還需要額外費用，這裡估算的數字恐怕還太低。參見 Harrison Jones to Robert Woodruff, July 28, 1930, box 55, folder 3, RWW Papers, MARBL.
26. Ralph Hayes to Robert W. Woodruff, March 19, 1936, box 55, folder 7, RWW Papers, MARBL; Confidential Memorandum from Oehlert to Talley, October 17, 1958, box 242, folder 5, RWW
27. Memorandum from Ralph Hayes to John Sibley, March 20, 1937, box 53, folder 5, RWW Papers, MARBL; Mark Pendergrast, For God, Country & Coca-Cola, 184.
28. Paul Gootenberg, *Andean Cocaine*, 181.
29. Paul Gootenberg's discussion of Soldán in *Cocaine: Global Histories*, 52–63; Paul Gootenberg, "Secret Ingredients," 253–254, 258–259; Paul Gootenberg, *Andean Cocaine*, 240.
30. Memorandum from Benjamin Oehlert to W. J. Hobbs, Robert W. Woodruff, Harrison Jones, and Pope F. Brock, February 27, 1948, box 242, folder 4, RWW Papers, MARBL.
31. Letter from Harry Anslinger to Charles B. Dya, Foreign Relations Division of the Office of Political Affairs in New York, January 10, 1951, Bureau of Narcotics, box 63 (old box 19), "Drugs-Beverages, 1947–1959," RG 170, NARA II.
32. Frederick Allen, *Secret Formula*, 195; Memorandum from Benjamin Oehlert to W.J. Hobbs, R. W. Woodruff, Harrison Jones, and Pope F. Brock, February 27, 1948, box 242, folder 4, RWW Papers, MARBL.
33. Memorandum from Benjamin Oehlert to W. J. Hobbs, Robert W. Woodruff, Harrison Jones, and Pope F. Brock, February 27, 1948, box

242, folder 4, RWW Papers, MARBL.

34. Memorandum from Ralph Hayes to Robert W. Woodruff, April 2, 1937, box 55, folder 7, RWW Papers, MARBL.
35. Ralph Hayes to Clifford Schillinglaw, January 12, 1959, box 138, folder 6, RWW Papers, MARBL.
36. Ralph Hayes to Henry L. Giordano, Commissioner of the Bureau of Narcotics, October 10, 1962, Bureau of Narcotics, box 64 (old box 20), "Drugs-Coca Leaves, University of Hawaii, Project, Coca-Cola-Maywood, October 1962 thru February 1966" (hereinafter Alakea Project), RG Group 170, NARA II; Paul Gootenberg, "Secret Ingredients," 262–264.
37. John T. Maher to Henry L. Giordano, October 19, 1962, Bureau of Narcotics, box 64 (old box 20), "Alakea Project," RG 170, NARA II.
38. 夏威夷剛於一九五九年成為美國的一州。該州許多參與可口可樂古柯計畫的長官當然必須考慮，此計畫將如何影響他們在該州的政治生涯，畢竟此地的政治派系還十分脆弱不穩。參見 Ralph Hayes to Henry Giordano, October 16, 1962, Bureau of Narcotics, box 64 (old box 20), "Alakea Project," RG 170, NARA II.
39. Memorandum Report of the Bureau of Narcotics, District No. 16, Gen. File Title: Coca Cola Company Project (Hawaii), August 2, 1963, Bureau of Narcotics, box 64 (old box 20), "Alakea Project," RG 170, NARA II; Henry Giordano to Benjamin Oehlert, June 24, 1963, Bureau of Narcotics, box 63 (old box 19), "Alakea Project," RG 170, NARA II.
40. Thomas H. Hamilton to Benjamin Oehlert, December 23, 1963, Bureau of Narcot- ics, box 64 (old box 20), "Alakea Project," RG 170, NARA II.
41. Benjamin Oehlert to Henry Giordano, January 17, 1964, and Henry Giordano to Benjamin Oehlert, January 31, 1964, Bureau of Narcotics, box 64 (old box 20), "Alakea Project," RG 170, NARA.
42. Ben Oehlert to Thomas H. Hamilton, February 4, 1964, Bureau of Narcotics, box 64 (old box 20), "Alakea Project," RG 170, NARA II.
43. Thomas H. Hamilton to Benjamin Oehlert, February 11, 1964, Bureau of Narcotics, box 64 (old box 20), "Alakea Project," RG 170, NARA II.
44. Benjamin Oehlert to Thomas H. Hamilton, February 11, 1964, Bureau of Narcotics, box 64 (old box 20), "Alakea Project," RG 170, NARA II.
45. Memorandum of Agreement between the University of Hawaii Foundation and Stepan Chemical Company (Maywood Chemical Works Division), Maywood, New Jersey, for a Grant in Aid of a Research Project, signed June 1, 1964, by all parties, Bureau of Narcotics, box 64 (old box 20), "Alakea Project," RG 170, NARA II.
46. Memorandum Report re: Progress of this project by the University of Hawaii, completed by W. F. Tollenger, Narcotic Agent for the FBN, December, 14, 1964, and Memorandum from John Maher to Commissioner Giordano, February 14, 1966, Bureau of Narcotics, box 64 (old box 19), "Alakea Project," RG 170, NARA II.
47. "Acquisition and Disposal of Erythroxylon Coca Plants Materials July 1, 1964, to June 30, 1965," Bureau of Narcotics, box 64 (old box 20), "Alakea Project," RG 170, NARA II.
48. 按自由撰稿記者比格伍德（Jeremy Bigwood）所述，真菌災情於一九六四年首次爆發，但少有證據能確認植株何時開始染病。參見 Jeremy Bigwood, "Repeating Mistakes of the Past: Another Myco- herbicide Research Bill," report by the Drug Policy Alliance Network (March 2006), 4, http://www.drugpolicy.org/docUploads/Mycoherbicide06.pdf. 承蒙比格伍德不吝提供該篇報導以及該組織發表之其他與真菌除草劑有關之文章。參見 Paul Gootenberg, "Secret Ingredients," 264.
49. Memorandum of Agreement between the University of Hawaii Foundation and Stepan Chemical Company (Maywood Chemical Works Division), Maywood, New Jersey, for a Grant in Aid of a Research Project, signed June 1, 1964, by all parties, Bureau of Narcotics, box 64 (old box 19), "Alakea Project," RG 170, NARA II.
50. Donald H. Francis (Stepan Chemical Company) to Henry L. Gior-

dano (Commis- sioner of the Bureau of Narcotics), June 16, 1966; Letter from Donald H. Francis to Henry Anslinger, June 16, 1966, Bureau of Narcotics, Brief Description of Records-0660-Foreign Countries-Mexico-Peru, box 161 (old box 29), "Peru, 1953-1967," RG 170, NARA II; Paul Gootenberg, "Secret Ingredients," 260.

51. "How Coca-Cola Obtains Its Coca," *New York Times*, July 1, 1988, D1; Ralph Hayes to Benjamin Oehlert, August 31, 1964, box 139, folder 2, RWW Papers, MARBL.

52. Hugo Cabieses Cubas, *Commercializing Coca: Possibilities and Proposals*, translated by James Lupton, Catholic Institute for International Relations (CIIR), Narcotics and Development Discussion Paper No. 11 (March 1996), 2.

53. 此處的資訊來自於我所做的一次採訪，對象為祕魯利馬管制藥品及人權調查中心（Centro de Investagación Drogas y Derechos Humanos，CIDDH）的蒙耶林克（Jérôme Mangelinckx）及加里多（Ricardo Soberón Garrido），時間為二〇一二年一月。加里多曾擔任祕魯向管制藥品說不全國發展及生命委員會（DEVIDA）主任，且是積極鼓吹重新評估古柯葉價值的運動人士。二〇一二年他被迫辭去委員會的工作，部分原因就是因為抨擊政府政策限制古柯葉合法生產。二〇一二年玻利維亞總統莫拉萊斯（Evo Morales）公開承諾，要禁止可口可樂於該國境內販售。

54. 此段資訊由潘得蓋瑞斯發現，他找到了可口可樂董事長暨執行長古茲維塔與廣告主管伯金（John Bergin）的一段對話，當中表示新可樂將不含去古柯鹼的古柯葉萃取物。參見 Mark Pendergrast, *For God, Country & Coca-Cola*, 348. 可口可樂發言人唐納生（Randy Donaldson）在接受《紐約時報》訪問時，對於新可樂是否含有古柯一事表示不予置評，指出公司規定不得討論產品配方。參見 "How Coca-Cola Obtains Coca," *New York Times*, July 1, 1988, D1.

55. "Formula Woes Coke Furor May Be 'The Real Thing,'" *Los Angeles Times*, June 27, 1985, 1.

第五章 挑戰自然的化學實驗
——不耗費任何成本的失敗

1. Senate Committee on Ways and Means, *Tariff Readjustment–1929. Vol. 1: Schedule 1: Chemical, Oils, and Paints*, 70th Cong., 2nd Sess., January 7-9, 1929, 295-301; "Caffeine," undated document, series 3, box 1, Caffeine (General), Monsanto Company Records; Letter from J. W. Livingston to John F. Queeny, February 4, 1928, series 3, box 1, Caffeine (General), Monsanto Company Records; Plot Plan of Monsanto Chemical Company, Norfolk, Virginia, October 17, 1949, series 2, box 3, USA (Norfolk, Virginia), Monsanto Company Records; General Information about the Norfolk Plant, undated document, series 2, box 3, USA (Sales Contracts), Monsanto Company Records.

2. 孟山都的前員工福萊斯特（Dan J. Forrestal）寫了一本有關這間化學公司的歷史：*Faith, Hope and $5,000: The Story of Monsanto* (New York: Simon and Schuster, 1977)，書中針對公司的發展提供了很有用的綜述。"P.S. Just Got Our Special on Monday," undated document, series 3, box 1, Caffeine (General), Monsanto Company Records.

3. Letter from Ralph Hayes to Robert W. Woodruff, May 5, 1954, box 138, folder 3, RWW Papers, MARBL; Coca-Cola Sales Contracts with Coca-Cola Co.—USA, undated document, series 3, box 1, Caffeine (Sales Contracts), Monsanto Company Records; Coca-Cola Company 1934 Annual Report, 5, and 1939 Annual Report, 5.

4. Letter from Robert W. Woodruff to Edgar M. Queeny, September 19, 1942; Letter from Robert W. Woodruff to Edgar M. Queeny, September 3, 1935, box 257, folder 2, RWW Papers, MARBL; Sales of Caffeine to the Coca-Cola Co.—USA, undated document, series 3, box 1, Caffeine (Sales Contract), Monsanto Company Records.

5. Letter from Edgar Queeny to Robert W. Woodruff, June 3, 1935, box

257, folder 2, RWW Papers, MARBL.

6. Letter from Ralph Hayes to Robert W. Woodruff, May 5, 1954, box 138, folder 3; Memorandum from Ralph Hayes to W. J. Hobbs, September 12, 1947, box 49, folder 7, RWW Papers, MARBL.
7. Letter from Ralph Hayes to Robert W. Woodruff, May 5, 1954, box 138, folder 3, RWW Papers, MARBL.
8. Letter from G. Lee Camp, Vice President of Monsanto, to Horace Garner, Purchasing Agent for the Coca-Cola Company, December 5, 1941, series 3, box 1, Caffeine (Sales Contracts), Monsanto Company Records; R. S. Wobus, Monanto's Norfolk Plant Manager, "Norfolk War History," undated document, series 2, box 3, USA (Norfolk, Virginia), Monsanto Company Records; Memorandum from John B. Smiley, Chief of the Beverage and Tobacco Branch of the War Production Board (WPB), to Edward Browning Jr., Assistant Chief Stock Pile and Shipping Branch of the WPB, November 5, 1942, quoted in Murray Carpenter, *Caffeinated*, 98.
9. R. S. Wobus, "Norfolk War History," undated document, series 2, box 3, USA (Norfolk, Virginia), Monsanto Company Records.
10. Letter from Ralph Hayes to Robert W. Woodruff, May 5, 1954, box 138, folder 3, RWW Papers, MARBL; Frederick Allen, *Secret Formula*, 253.
11. Letter from Ralph Hayes to A. A. Acklin, September 16, 1942, box 137, folder 3, RWW Papers, MARBL.
12. Letter from Ralph Hayes to Robert W. Woodruff, May 5, 1954, box 138, folder 3, RWW Papers, MARBL; Mark Pendergrast, *For God, Country & Coca-Cola* (Collier Books, 1994), 469.
13. Ralph Hayes to Robert W. Woodruff, May 5, 1954, box 138, folder 3, RWW Papers, MARBL; "Caffeine," undated Monsanto Company document, series 3, box 1, Caffeine (General), Monsanto Company Records.
14. Coca-Cola Company 1945 Annual Report, 3.
15. Letter from Arthur Acklin to Robert W. Woodruff, April 19, 1945, box 2, folder 4, RWW Papers, MARBL.
16. 由波勒德（Braxton Pollard）所撰寫的公司出版品："NOW-Synthetic Caffeine," undated document, series 3, box 1, Caffeine (General), Monsanto Company Records; "Industrial News," *Chemical Engineering News* 23, no. 21 (1945): 1964–1978；拉格斯戴爾（John Ragsdale）所準備，有關咖啡因與可可鹼的報告：1945, series 3, box 1, Caffeine (General), Monsanto Company Records.
17. 有關孟山都化學公司戰後經營史的細節，參見 Dan J. Forrestal, *Faith, Hope and $5,000: The Story of Monsanto*, 93–107；由波勒德所撰寫的公司出版品："NOW-Synthetic Caffeine," undated document, series 3, box 1, Caffeine (General), Monsanto Company Records；有關孟山都合成咖啡因經營管理的新聞：1945, series 3, box 1, Monsanto Company Records.
18. Memorandum from Ralph Hayes re: "Merchandise No. 3 Through January 1948," February 18, 1948, box 49, folder 7, RWW Papers, MARBL; House of Commons Debate, July 12, 1950, *Hansard's*, 477:1343-1344, http://hansard.millbanksystems.com/commons/1950/jul/12/cocoa-tree-disease.
19. Letter from Ralph Hayes to W. P. Heath, April 12, 1948, box 49, folder 7, RWW Papers, MARBL.
20. Letter dated June 27, 1951, series 3, box 1, Caffeine (General), Monsanto Company Records; William S. Knowles, interview by Michael A. Grayson at St. Louis, Missouri, January 30, 2008, Chemical Heritage Foundation Oral History Transcript 0406（資料由化學遺產基金會提供）; Letter dated June 27, 1951, series 3, box 1, Caffeine (General), Monsanto Company Records.
21. Memorandum from Ralph Hayes to Daphne Robert, January 10, 1948, box 49, folder 7, RWW Papers, MARBL.

22. Letter from Ralph Hayes to Robert W. Woodruff, January 10, 1962, box 139, folder 2, RWW Papers, MARBL.
23. 同上。
24. 有關辨識合成咖啡因的碳十四年代測定法，參見：Albert B. Allen (Coca-Cola Export Corporation), "Caffeine Identification: Differentiation of Synthetic and Natural Caffeine," *Agricultural and Food Chemistry* 9, no. 4 (July-August 1961): 294–295，以及Angus J. Shingler (Coca-Cola Company) and Jack K. Carlton (Louisiana State University), "Method for the Separation and Determination of Theophyllin, Theobromine, and Caffeine," *Analytical Chemistry* 31, no. 10 (October 1959): 1679–1680.
25. Letter from Ralph Hayes to Robert W. Woodruff, January 10, 1962, box 139, folder 2, RWW Papers, MARBL; "Monsanto Cuts Synthetic Caffeine Price Sharply, Cites Import Pressure," *Wall Street Journal*, December 22, 1958, 32.
26. Letter from Edgar Queeny to Robert W. Woodruff, March 11, 1955, box 257, folder 2, RWW Papers, MARBL.
27. Letter from Robert W. Woodruff to Edgar Queeny, March 19 1955, box 257, folder 3, RWW Papers, MARBL.
28. Letter from Ralph Hayes to Robert W. Woodruff, May 5, 1954, box 138, folder 3, RWW Papers, MARBL.
29. 同上。
30. Coca-Cola Personnel Report, Coca-Cola Company and Subsidiaries, Number of Employees, January 31, 1945, box 55, folder 5, RWW Papers, MARBL.

PART II

1950～？
帝國的代價

1. Coca-Cola Company, "125 Years of Sharing Happiness: A Short History of the Coca-Cola Company" (Richmond, British Columbia: Blanchette Press, 2011), http://www.thecoca-colacompany.com/heritage/pdf/Coca-Cola_125_years_booklet.pdf; "The Sun Never Sets on Coca-Cola," *Time*, May 15, 1950; Chart of Coca-Cola's Gallon Sales, Grand Consolidated (The Coca-Cola Co. and Its Subsidiaries), undated, box 22, folder 14, Pendergrast Research Files, RWW Papers, MARBL.
2. Coca-Cola Company 1950 Annual Report, 7, and 1930 Annual Report, 5.
3. "The Sun Never Sets on Coca-Cola," *Time*, May 15, 1950.

第六章
藍色金礦的枯竭
——用岌岌可危的水源製造的飲料

1. 賀斯（Constance Hays）說，可口可樂的海外事業部在許多方面都是模仿美國國務院的：Constance Hays, *The Real Thing*, 80; "A Brief History of Coca-Cola Overseas," *Coca-Cola Bottler*, April 1959, 181–182.
2. Frederick Allen, *Secret Formula*, 173.
3. "A Brief History of Coca-Cola Overseas," *Coca-Cola Bottler*, April 1959, 182; Mark Pendergrast, *For God, Country & Coca-Cola*, 167.
4. Mark Pendergrast, *For God, Country & Coca-Cola*, 184; Frederick Allen, *Secret Formula*, 199; Letter from William T. Dorsey to Mr. Bernard H. Culver re: The Coca-Cola Co., September 23, 1938, box 371, folder 13, RWW Papers, MARBL.
5. Constance Hays, *The Real Thing*, 81–82; 伍德瑞夫的話語引自：Mark

Pendergrast, *For God, Country & Coca-Cola*, 195, 196-197.

6. Classified Message from Eisenhower's Headquarters in North Africa, June 29, 1943, box 85, folder 2, RWW Papers, MARBL; Letter from Lieutenant Colonel John F. Neu to the Quartermaster General, War Department, January 29, 1942; Letter from Brigadier General H. C. Ingles to Board of Economic Warfare, August 14, 1941, Rationing Department, National Office, Food Rationing Division, Office of the Director: General Correspondence Related to Food Rationing, 1942-1945, box 588, Record Group 188, Records of the Office of Price Administration, NARA II. 特別感謝貝克（Kellen Backer），是他讓我注意到這些物價管理局的檔案。他的博士學位論文 "World War II and the Triumph of Industrialized Food" (University of Wisconsin-Madison, 2012) 大篇幅論及可口可樂與物價管理局之間的協定。

7. J. C. Louis and Harvey Z. Yazijian, *The Cola Wars*, 57; Mark Pendergrast, *For God, Country, and Coca-Cola*, 198.

8. Classified Message from Eisenhower's Headquarters in North Africa, June 29, 1943, box 85, folder 2, RWW Papers, MARBL; Constance Hays, *The Real Thing*, 81-82.

9. Translated "Desfile" article, "An Interview with James Farley, 'The Right Hand' of Roosevelt," February 21, 1941; Article appearing in "Novedades," México, D. F., "The Ex-President of the Democratic Party Arrives in This Capital," August 10, 1941, box 103, folder 10, RWW Papers, MARBL; "James Farley," biographical sketch, no date, box 104, folder 4, RWW Papers, MARBL.

10. "The Sun Never Sets on Coca-Cola," *Time*, May 15, 1950.

11. 同上；Frederick Allen, *Secret Formula*, 312.

12. Paul Austin, Speech to the Association of National Advertisers International, Advertising Workshop Meeting, Hotel Plaza, New York City, April 18, 1963, box 15, folder 8, RWW Papers, MARBL.

13. 有關歐洲復興計畫的重要著作，參見 Michael Hogan, *The Marshall Plan: America, Britain, and the Reconstruction of Western Europe, 1947-1952* (Cambridge: Cambridge University Press, 1987, 89.); Senator Arthur H. Vanderberg quoted, 108；以及 Hadley Arkes, *Bureaucracy, the Marshall Plan, and the National Interest* (Princeton: Princeton University Press, 1972). Nicolaus Mills, *Winning the Peace: The Marshall Plan and America's Coming of Age as a Superpower* (Hoboken, NJ: John Wiley & Sons, 2008), 5.

14. Letter from Coca-Cola Export Corporation to the Administrator for Economic Cooperation, August 16, 1948, Mission to Greece, Construction Division Subject Files, 1947-1953, box 4, "Industries-Coca-Cola," Records of US Foreign Assistance Agencies, 1948-1961, Record Group 469 (hereinafter RG 469), NARA II.

15. Letter from D. A. Fitzgerald, ECA Director of Food, to John Goodloe, Secretary of the Coca-Cola Company, August 18, 1948, Executive Secretariat, General Correspondence (Name Files), 1948-1954, box 7, "Coca-Cola Export Corp. 1948," RG 469, NARA II.

16. Letter from John C. Dewilde to E. T. Dickinson, August 26, 1948, Executive Secretariat, General Correspondence (Name Files), 1948-1954, box 7, "Coca-Cola Export Corp. 1948," RG 469, NARA II.

17. Letter from Coca-Cola Export Corporation to the Administrator for Economic Cooperation, August 16, 1948, and Memorandum from Harper Sowles to C. L. Terrel, December, 10, 1948, Mission to Greece, Construction Division Subject Files, 1947-1953, box 4, "Industries-Coca-Cola," RG 469, NARA II.

18. House Committee on Foreign Affairs, Extension of European Recovery Program, Part I, 81st Cong., 1st Sess., February 8-11, 15-18, 1949, 54, 540；證據顯示，經濟合作總署可能曾經在馬歇爾計畫下，運送一些可口可樂糖漿到歐洲國家，但是數量並不清楚。在一九四九年的外援撥款聽證會上，麻薩諸塞州的國會議員維格士威爾（Richard B. Wigglesworth）證實，「曾有少量飲料——我想所有國家加起來或許少於二十萬美元」，被運到國外作為援助。當被問到可口可樂糖漿是否也在其中，維格士威爾說：「我們並不是依品牌辨別這些商品。」House Com-

mittee on Foreign Affairs, Subcommittee on Deficiency Appropriations, *Foreign Aid Appropriation Bill for 1949, Part I*, 80th Cong., 2nd Sess., May 3-8, 10, 15, 1948, 730-731。由於情況不明，可口可樂可能曾經獲得經濟合作總署的援助。然而，外援機關確實拒絕了可口可樂申請瓶裝廠資金的要求。歸根究柢，經濟合作總署認為可口可樂公司的歐洲事業擴張資金請求，對於復興似乎並不重要。House Committee on Foreign Affairs and Senate Committee on Foreign Relations, *Extension of European Recovery Program, Part 1*, 81st Cong., 1st Sess., February 8-11, 15-18, 1949, 54.

19. Senate Committee on Appropriations, Economic Cooperation Administration, 80th Cong., 2nd Sess., May 13, 1948, 2。有關更多霍夫曼對經濟合作總署任務的觀點，參見 Statement by Paul G. Hoffman on European Economy, October 31, 1949, Economic Cooperation Administration File, P. G. Hoffman Papers, Harry S. Truman Library, http://www.trumanlibrary.org/whistlestop/study_collections/marshall/large/index .php。有關更多經濟合作總署的海外計劃，參見 Fifth Report to Congress of the Economic Cooperation Administration, for the Period April 3-June 20, 1949 (Washington, DC: USGPO, 1950), 38; Sixth Report to Congress of the Economic Cooperation Administration, for the Quarter Ended September 30, 1949 (Washington, DC: USGPO, 1950), 54-55; Seventh Report to Congress of the Economic Cooperation Administration, for the Quarter Ended December 31, 1949 (Washington, DC: USGPO, 1950), 49.

20. Jordan Tama, "More than Deference: Eisenhower, Congress, and Foreign Policy," paper prepared for Eisenhower and Congress: Lessons for the 21st Century, American University, February 19, 2010, 23; Vernon W. Ruttan, *United States Development Assistance Policy: The Domestic Politics of Foreign Economic Aid* (Baltimore: John Hopkins University, 1996), 71.

21. Letter from G. Anton Burgers to Charles B. Warden, Chief Investment Guaranty Staff, October 11, 1957, ICA US Operations Mission to India, Industry Division Investment Branch, Subject Files, 1953-1960, box 4, "Coca-Cola Company," RG 469, NARA II.

22. Letter from Charles Warden, Chief of Investment Guaranty Staff to G. Anton Burgers, Investment Adviser, US Technical Cooperation Mission to India at the American Embassy, October 28, 1957, ICA US Operations Mission to India, Industry Division Investment Branch, Subject Files, 1953-1960, box 4, "Coca-Cola Company," RG 469, NARA II.

23. "W. J. Hobbs Is Dead at 73; Former Coca-Cola Chief," *New York Times*, July 13, 1977, B2l; Frederick Allen, *Secret Formula*, 268-270, 272.

24. Pepsi-Cola Company Annual Reports, 1949-1960; Coca-Cola Company Annual Reports, 1949-1960; "Pepsi Commercial (1950)," http://www.youtube.com/watch?v=MQfikxbS4zE; Frederick Allen, *Secret Formula*, 275, 296-297.

25. 股東寫到，伍德瑞夫大肆吹捧塔利，形容他是一步一步爬上高位的男人，並且能夠深遠影響整個組織的士氣。Letter from James B. Robinson Jr., Chairman of the First National Bank of Atlanta, to Robert W. Woodruff, May 9, 1958, box 307, folder 10, RWW Papers, MARBL; Frederick Allen, *Secret Formula*, 308-310; "Coca-Cola Current Sales, Net 'Very Good,'" *Wall Street Journal*, March 20, 1962, 31; Coca-Cola Company 1962 Annual Report, 7.

26. Eric Schlosser, *Fast Food Nation: The Dark Side of the All-American Meal* (Boston: Houghton Mifflin, 2001), 19-22, 24.

27. Letter from Henry R. Labouisse, Director of the State Department's Task Force on Foreign Economic Assistance, May 10, 1961, box 309, folder 1, RWW Papers, MARBL; State Department Memorandum sent to Robert W. Woodruff dated May 9, 1961, box 309, folder 1, RWW Papers, MARBL.

28. State Department Memorandum sent to Robert W. Woodruff dated May 9, 1961; Letter from John Sibley to Henry Labouisse, May 19,

1961, box 309, folder 1, RWW Papers, MARBL.

29. Clarence R. Miles to Robert W. Woodruff, September 30, 1963, box 183, folder 1, RWW Papers, MARBL.

30. Paul Austin, "Managing Abundance," speech given at the Economic Club of Detroit, Detroit, MI, November 27, 1967, reprinted in *Vital Speeches of the Day* 34 (February 1, 1968): 245-248.

31. Coca-Cola Company 1962 Annual Report, 9; "J. Paul Austin Dead; Coca-Cola Leader," *New York Times*, December 27, 1985, B10.

32. 更多有關可口可樂在二十世紀時的多角化經營史，參見 Alfred Chandler's *Strategy and Structure*.

33. Refresher, November 1972, 3; "Coca-Cola Puts 2nd Period Net Up over 11%, Weighs National Bottled-Water Operations," *Wall Street Journal*, July 29, 1971, 6.

34. Coca-Cola Company 1972 Annual Report, 10; "Coca-Cola Co. Seeking Access to Soviet Union, China, and Middle East," *Wall Street Journal*, November 8, 1977, 21.

35. "20 Desalination Plants to Cost Saudis 15 Billion," *New York Times*, May 24, 1977, 51; Mark Pendergrast, *For God, Country & Coca-Cola*, 296; "Clean Environment is Prime Goal of this Subsidiary of the Coca-Cola Company," reprinted from Refresher 4, no. 11 (November 1972): 3-4, box 48, folder 6, RWW Papers, MARBL.

36. "Putting the Daring Back in Coke," *New York Times*, March 4, 1984, F1; "Coca-Cola to Sell Aqua-Chem Unit to Paris Company," *Wall Street Journal*, July 15, 1981, 31; "Spritzing New Zest Into Coke," *Industry Week*, November 1, 1982, 47; "Aqua-Chem," Special Supplement to *Coca-Cola Overseas* 23, no.4, undated, box 48, folder 7, RWW Papers, MARBL.

37. Coca-Cola Company 1954 Annual Report, 6, and 1981 Annual Report, 30；戈伊蘇埃塔的傳記請參見商業記者葛雷森（David Greising）的著作 *I'd Like the World to Buy a Coke: The Life and Leadership of Roberto Goizueta* (New York: John Wiley and Sons, 1997); Coca-Cola Company News Release, "Goizueta Elected President of the Coca-Cola Company," no date, box 121, folder 6, RWW Papers, MARBL; "The Engineer Who Is Putting New Sparkle into Coke," *Financial Times*, October 1, 1980, 29; Frederick Allen, *Secret Formula*, 376-378, 386-387; Mark Pendergrast, *For God, Country & Coca-Cola*, 328-329.

38. Constance Hays, *The Real Thing*, 35, 52, 175.

39. 出處同上，52-53.

40. Senate Committee on Foreign Relations, *Overseas Private Investment Corporation*, 96th Cong., 2nd Sess., June 11-12, 1980, 200, 205, 229; House Committee on International Relations, *Extension and Revision of Overseas Private Investment Corporation Programs*, 95th Cong., 1st Sess., June 21, 23, July 19-21, September 8, 12, 16, 1977, 360; Senate Committee on Foreign Relations, *Hearing to Receive Testimony on Overseas Private Investment Corporation Amendments Act of* 1988, S. 2006, 100th Cong., 2nd Sess., July 6, 1988, 14, 27; House Committee on Foreign Affairs, *Reauthorization of the Overseas Private Investment Corporation*, 99th Cong., 1st Sess., June 18, 20, 25, 1985, 601; "Spreading Global Risk to American Taxpayers," *New York Times*, September 20, 1998, BU1.

41. Martin Melosi, *Sanitary City*, 357, 359.

42. "Managing Change—Challenge of the '80s," Remarks by Roberto C. Goizueta to the Georgia Bankers Association, Marketing Conference, February 12, 1981, box 121, folder 7, RWW Papers, MARBL; Letter from Donald Keough to Jerry A. Ross, Vice President of Casey Electric Inc., August 25, 1981, box 56, folder 8, RWW Papers, MARBL.

43. Letter from Donald Keough to Jerry A. Ross, Vice President of Casey Electric Inc., August 25, 1981, box 56, folder 8, RWW Papers, MARBL; *Coca-Cola Bottler*, September 1985, 5.

44. "Ingenuity, Plus Spring Water, Turns Handicap to Build Sales," *Coca-Cola Bottler*, April 1960, 29：該雜誌於一九六一年報導，在南達科他州的亞伯丁，對市政供水的疑慮使有嬰兒的家庭轉而向亞伯丁的可口可樂

瓶裝公司尋求用水。因為該工廠的水處理得比當地大多數的供水系統還嚴謹，純淨得不得了，並歡迎城鎮市民帶著罐子、水桶和其他容器前去盡情取水。"A Life-Saver for Babies: When City Water Develops Off-Taste, Aberdeen Bottler Comes to Rescue," *Coca-Cola Bottler*, October 1961, 32; Craig E. Colten, *An Unnatural Metropolis: Wresting New Orleans from Nature* (Baton Rouge: Louisiana State University Press, 2006), 130.

45. Coca-Cola Company 1980 Annual Report, 1.

46. Robert Foster, *Coca-Globalization: Following Soft Drinks from New York to New Guinea* (New York: Palgrave Macmillan, 2008), 65; D.L.I. Productions, Canadian Broadcasting Corporation, Télé-Québec, Channel Four (Great Britain), and Microfilms Inc., *The Cola Conquest: A Trilogy*, DVD (Canada: Microfilms Inc., 2004); Mark Pendergrast, *For God, Country & Coca-Cola*, 366; Roger Enrico and Jesse Kornbluth, *The Other Guy Blinked: How Pepsi Won the Cola Wars* (Toronto and New York: Bantam, 1986), 15.

47. Letter from C. A. Shillinglaw to James A. Schroeder, March 10, 1971, box 48, folder 11, RWW Papers, MARBL.

48. *Coca-Cola Bottler*, September 1982, 1; *Coca-Cola Bottler*, December 1982, 2; *Coca- Cola Bottler*, January 1983, 3.

49. Constance Hays, *The Real Thing*, 246.

50. 同上，247；正如人類學家卡普蘭（Martha Kaplan）指出，達莎妮的宣傳之所以一開始就如此成功，部分原因在於公司的瓶裝廠藉由公司密集的經銷系統，容易讓人取用。可口可樂在世界各地進行長達一世紀的公共設施計劃，使其遍及全球，很少有依靠泉源的礦泉水公司能夠與之匹敵。到了二〇〇〇年代初，Aquafina 與達莎妮在前四大瓶裝水品牌都有名；到了二〇〇四年，達莎妮控制市場的一一．三%，而 Aquafina 則是一〇%。Martha Kaplan, "Fijian Water in Fiji and New York: Local Politics and a Global Commodity," *Cultural Anthropology* 22, no. 4 (2007): 697; Steve Martinez, "Soft Drink Companies Make Splash in Bottled Water," *Amber Waves* 5 (June 2007): 4.

51. Tony Clarke, *Inside the Bottle: Exposing the Bottled Water Industry* (Ottawa: Canadian Centre for Policy Alternatives, Polaris Institute, 2007), 81.

52. Robert J. Glennon, *Water Follies: Groundwater Pumping and the Fate of America's Fresh Waters* (Washington, DC: Island Press, 2002), 2; Morrison quoted in Peter Gleick, *Bottled and Sold: The Story Behind Our Obsession with Bottled Water* (Washington, DC: Island Press, 2010), 7.

53. Senate Committee on Foreign Relations, *Overseas Private Investment Corporation*, 96th Cong., 2nd Sess., June 11-12, 1980, 200, 205, 229; House Committee on International Relations, *Extension and Revision of Overseas Private Investment Corporation Programs*, 95th Cong., 1st Sess., June 21, 23, July 19-21, September 8, 12, 16, 1977, 360; Senate Committee on Foreign Relations, *Hearing to Receive Testimony on Overseas Private Investment Corporation Amendments Act of* 1988, S. 2006, 100th Cong., 2nd Sess., July 6, 1988, 14, 27; House Committee on Foreign Affairs, *Reauthorization of the Overseas Private Investment Corporation*, 99th Cong., 1st Sess., June 18, 20, 25, 1985, 601; "Spreading Global Risk to American Taxpayers," *New York Times*, September 20, 1998, BU1.

54. Letter from Project Monitoring Coordinator Brenda Simonen-Moreno to the Principal Financial Analyst at the Coca-Cola Company, April 29, 1998 (FOIA Request 2010-00033 with OPIC); Letter from Project Monitoring Coordinator David L. Husband to the Coca-Cola Company, July 7, 1997 (FOIA Request 2010-00033 with OPIC); Letter from OPIC Senior Coordinator James E. Gale to the Coca-Cola Company, July 18, 1996 (FOIA Request 2010-00033 with OPIC); Letter from OPIC Vice President of Insurance Felton M. Johnston to Senior Risk Analyst at the Coca-Cola Company, March 25, 1993 (FOIA Request 2010-00033 with OPIC)；海外私人投資公司掩飾這些檔案中的保險金數目；作者在二〇一〇年六月提出資訊自由法的要求，請公司依法完

成這些檔案。除了保險金與補助金的數目之外，另有大量資訊也被掩飾起來，包括海外私人投資公司的金錢如何被使用等詳細資料。海外私人投資公司宣稱，資訊之所以受到保護，是因為這些資訊屬於商業機密，或來自機要人物的商業或財務資訊。Carlos Stagliano OPIC Report for Coca-Cola Nigeria Limited Monitoring Trip, November 13, 2009, 2 (FOIA Request 2010-00033 with OPIC)：一項針對可口可樂非洲瓶裝工廠的調查指出，這些企業通常雇用兩百至七百人。公司大力聲明，這些工廠能在其他產業中創造好幾倍的工作機會，例如位於莫三比克的三座工廠就創造了超過一萬個就業機會，即使公司自己只雇用了幾百名員工。Coca-Cola Sabco Territories website, www.cocacolasabco.com/Territory.aspx/Show/Mozambique.

55. 更多有關伊斯德爾在可口可樂任職時的資訊，參見 Neville Isdell with David Beasley, *Inside Coca-Cola: A CEO's Life Story of Building the World's Most Popular Brand* (New York: St. Martin's Press, 2011), 11-25, 114-119.

56. 同上，141.

57. Carlos Stagliano OPIC Report for Coca-Cola Nigeria Limited Monitoring Trip, November 13, 2009, 10-11 (FOIA Request 2010-00033)：這份報告的確提到可口可樂「打算實施『綠色鑿孔』計劃，內容是關於挖掘經太陽能發電的鑿孔，提供免費適飲的水給城鎮居民」。然而，這項計劃並不是原始合約的一部分。參見 Carlos Stagliano's OPIC Report, 5; World Health Organization and UNICEF, *Progress on Sanitation and Drinking-Water, 2010 Update* (Geneva: WHO Press, 2010), 47.

58. "USAID Partners with Coca-Cola, Government to Provide Water Projects in Kano," *USAID Newsletter*, June 2008, 2; "The Coca-Cola Company and USAID Expand Global Water Partnership," USAID Press Release, March 22, 2010; Coca-Cola Company 2012 Water Stewardship and Replenishment Report, 16.

59. Coca-Cola Company 2012 Water Stewardship and Replenishment Report, 16; "Rehabilitating the TextAfrica Water Treatment System," Coca-Cola Press Release, March 18, 2008.

60. Coca-Cola Company 2012 Water Stewardship and Replenishment Report, 12-13, A3-A4.

61. "EKOCENTER Delivers Safe Access to Water and Other Basic Necessities to Communities in Need," Coca-Cola Company website, September 24, 2013, http://www.coca-colacompany.com/ekocenter; "Slingshot Inventor Dean Kamen's Revolutionary Clean Water Machine," Coca-Cola Company website, November 2, 2012, http://www.coca-colacompany.com/stories/slingshot-inventor-dean-kamensrevolutionary-clean-water-machine. "The Coca-Cola Company and USAID Expand Global Water Partnership," USAID Press Release, March 22, 2010, http://www.usaid.gov/news-information/press-releases/coca-cola-company-and-usaidexpand-global-water-partnership.

62. 二〇一二年，可口可樂報告說，公司及其夥伴（應是指非營利組織、政府機關和其他企業）自二〇〇八年起，每年大約貢獻四千九百四十萬美元在國際水資源計劃上。Coca-Cola Company 2012 Water Stewardship and Replenishment Report, 1, 16.

63. Carlos Stagliano OPIC Report for Coca-Cola Nigeria Limited Monitoring Trip, November 13, 2009, 11 (FOIA Request 2010-00033 with OPIC).

64. Mark Thomas, Belching Out the Devil, 291; June Nash, "Consuming Interests: Water, Rum, and Coca-Cola from Ritual Propitiation to Corporate Expropriation in Highland Chiapas," Cultural Anthropology 22, no. 4 (2007): 631.

65. Cameron Houston and Liselotte Johnsson, "Drought? It's Being Given Away," Age, November 4, 2006; "Coke Cleared to Pump Extra Water, Court Rules," Sydney Morning Herald, October 4, 2008.

66. P. R. Sreemahadevan Pillai, The Saga of Plachimada (Mumbai: Vikas Adhyayan Kendra, 2008), 60-62; Michael Blanding, "The Case Against Coke," Nation, April 13, 2006; K. N. Nair, Antonyto Paul, and Vineetha Menon, Water Insecurity, Institutions and Livelihood

Dynamics (Kerala: Center for Development Studies, 2008); Mark Thomas, Belching Out the Devil, 189-246。有關可口可樂的否認說詞，參見 a Bloomberg.com interview of Jeff Seabright, Vice President, Environment and Water Resources at Coca-Cola, published November 25, 2013. Eric Roston, "Why Can I Buy a Coke Without Sugar or Caffeine but Not Water? Dumb Question," http://www.bloomberg.com/news/2013-11-25/whycan-i-buy-a-coke-without-sugar-or-caffeine-but-not -water-dumb-question.html.

67. 雖然我屢次要求，但這家瓶裝公司拒絕讓我現場參觀設備。有關可口可樂與拉賈斯坦邦發生糾紛的影片，請見紀錄片 *Thirst* by Alan Snitow, Deborah Kaufman, Kenji Yamamoto, and Snitow-Kaufman Productions (Oley, PA: Bullfrog Films, 2005); Nicole Kornberg, "'Good Drinking Water Instead of Coca-Cola': Elaborating Ideas of Development Through the Case of Coca-Cola in India" (Master's Thesis, University of Texas at Austin, 2007), 10, 75-76; Michael Blanding, "The Case Against Coke," *Nation*, April 13, 2006; TERI (The Energy and Resource Institute), *Independent Third Party Assessment of Coca-Cola Facilities in India*, chapter 4A, "Kaladera," Report No. 2006WM21, January 2008, 123-183; TERI, "Executive Summary of the Study on Independent Third Party Assessment of Coca-Cola Facilities in India," Report No. 2006WM21, 2006, 22。正當此書於二〇一四年夏天出版時，印度北方邦的社區運動人士迫使另一家位於瓦拉納西近郊的可口可樂瓶裝廠短暫關閉。北方邦汙染控制董事會命令該可口可樂瓶裝廠停止生產，因為他們認為可口可樂使得該區的缺水情形惡化。但是，國家環境法庭在發布命令前數週撤回命令，不過抵制工廠重新開放的抗爭依然持續。"Court Allows Plant to Reopen in Uttar Pradesh," *New York Times*, India Ink Blogs, June 20, 2014, http://india.blogs.nytimes.com/2014/06/20/court-allows-coca-cola-plant-to-reopen-in-uttar-pradesh/.

68. Coca-Cola Company 2012 Sustainability Report, 69; Coca-Cola Company 2012 Water Stewardship and Replenish Report, 6.

69. Coca-Cola Company 2012 Sustainability Report, 76.

70. 有關水資源風險全球地圖，參見 http://insights.wri.org/aqueduct/welcome。汲水數據為低估的數字，根據二〇〇六年可口可樂在約旦安曼的瓶裝廠之用水量進行估算：該廠在該年總共用了三億零九百萬公升的水。依據單位銷售，地圖上的某些瓶裝廠顯然汲水更多，但是精確數據不得而知。Coca-Cola Içeçek (bottler) Corporate Social Responsibility Report (March 2008-March 2009), 52, 56.

71. Coca-Cola Company 2012 Water Stewardship and Replenishment Report; Coca-Cola Company and the Nature Conservancy, "Quantifying Replenish Benefits in Community Water Partnership Project" (February 2013), http://assets.coca-colacompany.com/2f/cb/e5d-2ca1e4c58a38adbe8586d06db/final-quantification-report-water-pdf.pdf.

72. EPA, Clean Water and Drinking Water Infrastructure Gap Analysis Report (Washington, DC: USGPO, September 2002), 43.

第七章
毀滅森林的咖啡園
——失去的鳥類、昆蟲與沃壤

1. Mark Pendergrast, *Uncommon Grounds*, 110.

2. 此時的生咖啡豆價格非常便宜，市場力量將會使得種植者必須退出市場，最終導致生產短缺，但巴西政府在一九〇〇年代介入穩定市場價格，助長國家咖啡產業的擴張。在執行穩定物價措施以提高咖啡價格後，政府向國外債權人借錢以支付多餘的咖啡袋，而這些袋子若不是堆積在筒倉，就是遭到燒毀。歷史學家塔克（Richard Tucker）解釋，藉著保證種植者一個有利可圖的價格，且不修正任何政府收購的限制，穩定物價機制鼓勵了咖啡產業盡可能地擴張。可以確定的是，國際價格因為補貼而上揚，但依然保持在一八七〇年代的水準之下。Richard Tucker, *Insatiable Appetite*, 191-192. 關於十九世紀下半葉與二十世紀早期咖啡種植的擴張，所導致的環境惡化，參見 "The Last Drop: The American Coffee Market and

the Hill Regions of Latin America," *Insatiable Appetite*, 179-225.

3. "General Foods Corp.," *Wall Street Journal*, July 30, 1931, 6; Display Ad, *Washington Post*, July 25, 1933, 8.
4. "General Foods Cuts Decaffeinated Coffees; Puts Them into 35 to 37 Cent Retail Range," *New York Times*, July 21, 1939, 32. United States Bureau of the Census, *Historical Statistics of the United States: Colonial Times to 1970*, vol. 2 (Washington, DC: USGPO, 1975), 213.
5. Monsanto Sales Survey: Caffeine and Theobromine, August 3, 1944, series 3, box 1, Caffeine (General), Monsanto Company Records; Letter from Ralph Hayes to Robert W. Woodruff, January 15, 1959, box 138, folder 6, RWW Papers, MARBL.
6. General Foods Corporation Annual Reports for 1955-1965.
7. Letter from Ralph Hayes to Robert W. Woodruff, January 15, 1959, box 138, folder 6, RWW Papers, MARBL; Letter from Ralph Hayes to John Stounton, January 12, 1959, box 138, folder 6, RWW Papers, MARBL; Memorandum re: Mdse. #3 in 1957 from Ralph Hayes, January 17, 1958, box 138, folder 5, RWW Papers, MARBL. 關於今日去咖啡因工廠內部運作更詳盡的觀察，參見卡潘特前往休士頓的 Maximus Coffee Group 工廠的旅行記事，該廠先前屬於通用食品 (Caffeinated , 93-98).
8. Letter from Ralph Hayes to Robert W. Woodruff, January 10, 1962, box 139, folder 2, RWW Papers, MARBL; "Caffeine Prices Slashed by Monsanto Chemical and General Foods," *Wall Street Journal*, July 31, 1957, 18; "Caffeine Prices Slashed; Cheap Imports Blamed," *New York Times*, July 31, 1957, 32; "Monsanto Cuts Synthetic Caffeine Price Sharply, Cites Import Pressure," *Wall Street Journal*, December 22, 1958, 32.
9. Letter from Ralph Hayes to Robert W. Woodruff, January 10, 1962, and Letter from Ralph Hayes to Ira Vandewater, President of R. W. Greef & Co., January 14, 1959, box 138, folder 6, RWW Papers, MARBL.
10. General Foods Corporation 1956 Annual Report, 8-9; General Foods Corporation 1957 Annual Report, 4; Mark Pendergrast, *Uncommon Grounds*, 249-256.
11. Nina Luttinger and Gregory Dicum, *The Coffee Book: Anatomy of an Industry from Crop to the Last Drop* (New York: New Press, 2006), 6; "Cheaper Coffee," *Wall Street Journal*, February 11, 1955, 1; General Foods Corporation 1957 Annual Report, 4; "Coffee Grinds Fuel for the Nation," *USA Today*, April 9, 2013; General Foods Corporation 1961 Annual Report, 6-7; Mark Pendergrast, *Uncommon Grounds*, 216.
12. "Lee Talley Put Fizz Back into Coca-Cola," *Miami News*, November 17, 1963, 12A; Mark Pendergrast, *For God, Country & Coca-Cola*, 272; Frederick Allen, *Secret Formula*, 308-310.
13. "Minute Maid Discussing Merger with Tenco, Coffee Processor," *New York Times*, August 28, 1959, 30; Minute Maid Corporation Prospectus for Coca-Cola shareholders review, February 9, 1960, box 55, folder 8, RWW Papers, MARBL; Mark Pendergrast, *Uncommon Grounds*, 241, 272. 關於即溶咖啡的歷史，參見 John M. Talbot, "The Struggle for Control of a Commodity Chain: Instant Coffee from Latin America," *Latin American Research Review 32*, no. 2 (1997): 117-135. "Business Milestones: Minute Maid Holding Merger Talks with Soluble Coffee Maker," *Wall Street Journal*, August 28, 1959, 11; "Coca-Cola Holds Merger Talks with Minute Maid," *Wall Street Journal*, September 9, 1960, 5; Coca-Cola Company 1960 Annual Report, 7, and 1961 Annual Report, 8, 10.
14. 咖啡產業的資深執行長史都華．道（Stuart Daw）在憶及可口可樂公司收購 Tenco 一事時表示：「可口可樂收購 Tenco 這家由十位即溶咖啡製造商組合的事業集團，不光是因為它本身想要進軍咖啡產業，而是為了取得咖啡因。」Stuart Daw, "Reflections in a Cup: Caffeine Anyone?" Canadian Vending and Office Coffee Service Magazine, http://www.canadianvending.com/content/view/1113; "Coffee Decline—

Fewer Drinkers, Fewer Cups," *New York Times*, March 15, 1975, 12; Mark Pendergrast, *Uncommon Grounds*, 302.

15. Letter from Benjamin Oehlert to Lee Talley, July 19, 1961, box 242, folder 5, RWW Papers, MARBL.
16. Letter from Charles W. Duncan Jr. to Lee Talley, May 8, 1964, box 82, folder 8, RWW Papers, MARBL; Coca-Cola Company 1963 Annual Report, 6; "Coca-Cola Says It Plans to Buy Duncan Foods Co.," *Wall Street Journal*, January 28, 1964, 7; Frederick Allen, *Secret Formula*, 359.
17. Report from Ed Aborn, June 21, 1961, box 35, Mark Pendergrast Research Files, MARBL; "Minute Maid Discussing Merger with Tenco, Coffee Processor," *New York Times*, August 28, 1959, 30; "Coca-Cola to Sell Tea, Coffee Unit to Tetley," *Wall Street Journal*, November 18, 1981, 4.
18. Report from Ed Aborn, June 21, 1961, box 35, Mark Pendergrast Research Files, MARBL; "Coca-Cola to Sell Tea, Coffee Unit to Tetley," *Wall Street Journal*, November 18, 1981, 4.
19. General Foods Corporation 1977 Annual Report, 3; "Nestle's Brewing Something New," *New York Times*, October 1, 1971, 66; "Coffee Decline—Fewer Drinkers, Fewer Cups," *New York Times*, March 15, 1975, 12; "Worries Start Bubbling Up over Caffeine in Colas," *Washington Post*, January 11, 1970, B5; "How Dangerous is Caffeine in Cola?" *Los Angeles Times*, January 15, 1970, G18; "The Caffeine," *Washington Post*, February 26, 1986, H12.
20. "Pfizer Buys Citro Chemical Co.," *New York Times*, October 8, 1947, 42; "Pfizer Employee Checks Lab Work," *Groton News* (Groton, CT), July 18, 1970, 13; Memorandum from Ralph Hayes to Daphne Robert, January 10, 1948, box 49, folder 7, RWW Papers, MARBL; Pfizer Inc. 1965 Annual Report, 12; Murray Carpenter, *Caffeinated*, 99–100, 105.
21. Author's conversation with Coca-Cola customer service representative, September 19, 2012.
22. House Committee on Ways and Means, Subcommittee on Trade, Written Comments on Certain Tariff and Trade Bills, Vol. III, 100th Cong., 2nd Sess., February 5, 1998, 134; "Pfizer's Chemicals Division Raises Some of Its Prices," *Wall Street Journal*, November 30, 1970, 3; "For Years Industry Soared," *New York Times*, February 24, 1985, 124; Shelina Sharif, "Keeping Up with Caffeine," *Chemical Week*, April 10, 1991, 33; 更多關於中國和合成咖啡因產業，參見Murray Carpenter, *Caffeinated*, 101–112. 卡潘特提及他進入石家莊咖啡工廠時遇到的阻礙，驗證了二〇一四年這種國際貿易依然如此神祕。
23. Memorandum from J. Paul Austin to Robert W. Woodruff, April 17, 1973; Memorandum from J. Paul Austin to the Chairman of the Finance Committee, May 4, 1973; Letter from J. Paul Austin to Robert W. Woodruff, May 4, 1973, all in box 49, folder 2, RWW Papers, MARBL; Frederick Allen, *Secret Formula*, 358–359.
24. Senate Committee on Labor and Public Welfare, Subcommittee on Migratory Labor, Migrant and Seasonal Farmworker Powerlessness, Part 8-C: Who Is Responsible?, 91st Cong., 2nd Sess., July 24, 1970, 5841–5914; Mark Pendergrast, *For God, Country & Coca-Cola*, 294–295.
25. "Leader of Farm Workers Says Union Faces Life or Death," *New York Times*, September 22, 1973, 34. 26 Memorandum from Paul Austin to R. W. Woodruff, September 19, 1969, box 16, folder 1, RWW Papers, MARBL.
26. Memorandum from Paul Austin to R. W. Woodruff, September 19, 1969, box 16, folder 1, RWW Papers, MARBL.
27. Senate Committee on Labor and Public Welfare, Subcommittee on Migratory Labor, Migrant and Seasonal Farmworker Powerlessness, Part 8-C: Who Is Responsible? 91st Cong., 2nd Sess., July 24, 1970, 5875–5880.
28. "Corporations: The Candor That Refreshes," *Time*, August 10, 1970;

"Life Improves for Florida's Orange Harvesters," *New York Times*, March 19, 1973, 53; Mark Pendergrast, *For God, Country & Coca-Cola*, 294-295.

29. "Coca-Cola Foods' Teasly Focuses Marketing on Minute Maid Juices," *Wall Street Journal*, June 23, 1988, 1. "Coca-Cola Invites Growers to Meet with Farm Workers," *Lakeland Ledger*, April 27, 1994, 1E; "Coca-Cola Sells Off Its Groves," *Miami Herald*, October 30, 1993, 1C; "FPL's Citrus Unit for Sale," *Miami Herald*, June 18, 1998, 1C

30. 關於拉丁美洲咖啡種植出色的環境史，參見 Warren Dean's *With Broadax and Firebrand: The Destruction of the Brazilian Atlantic Forest* (Berkeley and Los Angeles: University of California Press, 1997) and Richard Tucker's *Insatiable Appetite*. 欲了解巴西咖啡產業成長的政治經濟情勢，參見 Joe Foweraker's *The Struggle for Land: A Political Economy of the Pioneer Frontier in Brazil from 1930 to the Present Day* (Cambridge: Cambridge University Press, 1981). 對於全球的經濟觀點，參見 Steven Topik and William Gervase Clarence-Smith, eds., *The Global Coffee Economy in Africa, Asia, and Latin America, 1500-1989* (Cambridge: Cambridge University Press, 2003); Richard Tucker, *Insatiable Appetite*, 181-184; Warren Dean, *With Broadax and Firebrand*, 188.

31. Warren Dean, *With Broadax and Firebrand*, 220-221, 240; "When They Shout, 'Yanqui, No!'" *New York Times*, January 26, 1964, SM9. 關於巴西移民勞工，參見 Warren Dean's chapter "The Wage Labor Regime" in *Riŏ Claro: A Brazilian Plantation System, 1820-1920* (Stanford: Stanford University Press, 1976), 156-194. 以及 Thomas H. Holloway, "The Coffee Colono of São Paulo, Brazil: Migration and Mobility, 1880-1930," in *Land and Labour in Latin America: Essays on the Development of Agrarian Capitalism in the Nineteenth and Twentieth Centuries*, ed. Kenneth Duncan and Ian Rutledge with Colin Harding (Cambridge: Cambridge University Press, 1977): 301-322.

32. Richard Tucker, *Insatiable Appetite*, 181; Warren Dean, *With Broadax and Firebrand*, 6, 13-14, 247, 250.

33. Warren Dean, *With Broadax and Firebrand*, 216-218. 克雷（Jason Clay）利用一個章節談論土壤侵蝕，與其他和咖啡這種單一作物種植有關的環境影響，參見 *World Agriculture and the Environment: A Commodity-by-Commodity Guide to Impacts and Practices* (Washington, DC: Island Press, 2004), 69-91.

34. Richard Tucker, *Insatiable Appetite*, 181, 209-225. 哥倫比亞的情況參見 Marco Palacios's *Coffee in Colombia, 1850-1970: An Economic, Social and Political History* (Cambridge: Cambridge University Press, 1980).

35. Nina Luttinger and Gregory Dicum, *The Coffee Book*, 55-56. 關於綠色革命的歷史參見 John Perkins, *Geopolitics and the Green Revolution: Wheat, Genes, and the Cold War* (New York: Oxford University Press, 1997); 以及 Nick Cullather, *The Hungry World: America's Cold War Battle Against Poverty in Asia* (Cambridge: Harvard University Press, 2010).

36. Jason Clay, *World Agriculture and the Environment*, 74, 76; "African/Asian Coffees: Overview—Crossroads for Robustas?" *World Coffee and Tea Journal*, June 1965, 17; Nina Luttinger and Gregory Dicum, *The Coffee Book*, 101; Richard Tucker, *Insatiable Appetite*, 95.

37. "Clear Answers Lacking on Caffeine's Effects," *Los Angeles Times*, October 15, 1972, E6; Bennett Alan Weinberg and Bonnie K. Bealer, *The World of Caffeine: The Science and Culture of the World's Most Popular Drug* (New York: Routledge, 2001), 189.

38. Letter from Lewis Robinson, Manager, Boy Scouts Band, Schenectady Council, to the Department of Agriculture, June 5, 1940; Letter from Eugene Schachner, Correspondent for "The London News Chronicle," to the Bureau of Standards, August 10, 1941; Letter from Mrs. Mabel Flagg of Morningdale, Massachusetts, to Food and Drug Administration, June 26, 1941, box 22, folder 6, Mark Pendergrast Research Files, MARBL（許多消費者的信都在這個檔案裡）; "Labels Required for Soft Drinks," *New York Times*, June 15, 1961, 45.

39. 他們也提出了論點，表示咖啡因應該要得到特殊豁免，因為它是一種「香料」，應該要隸屬食物法管理，允許「香料」只要簡單標示為「調味料」即可。Letter from Edgar Forio and Benjamin Oehlert to George Larrick, July 21, 1965, box 2, folder 243, RWW Papers, MARBL.
40. Frederick Allen, *Secret Formula*, 329. 41 Ibid.
41. 同上。
42. Code of Federal Regulations, Title 21—Food and Drugs (revised January 1, 1967), 297–298.
43. James S. Turner, *The Chemical Feast: The Ralph Nader Study Group Report on Food Protection and the Food and Drug Administration* (New York: Grossman, 1970); Rachel Carson, *Silent Spring* (Boston: Houghlin Mifflin; Cambridge, MA: Riverside Press, 1962).
44. Memorandum from Benjamin Oehlert to W. J. Hobbs, Robert W. Woodruff, Harrison Jones, and Pope Brock, February 27, 1948, box 242, folder 4, RWW Papers, MARBL.
45. Bennett Alan Weinberg and Bonnie K. Bealer, *The World of Caffeine*, 189–190; Mark Pendergrast, *Uncommon Grounds*, 309.
46. 國際生命科學會在一九八〇年代中期的年度預算為三百萬美元。"NIH Official's Role Disputed," *Washington Post*, September 28, 1985, A2; J. A. Treichel, "Good News for Caffeine Consumers?" *Science News* 122, no. 20 (November 13, 1982); "No Need for Coffee Fears, Experts Say," *Chicago Tribune*, November 5, 1982, 12; "No Caffeine-Tumor Link Seen," *New York Times*, October 19, 1982, C7.
47. Matt Clark with Mariana Gosnell, Deborah Witherspoon, and Mary Hager, "Is Caffeine Bad for You?" *Newsweek*, July 19, 1982, 62; "Diet Therapy for Behavior Is Criticized as Premature," *New York Times*, December 4, 1984, C14.
48. "Scientists Question Objectivity of Top NIH Nutrition Official," *Washington Post*, December 24, 1985, A6; "NIH Official's Role Disputed," *Washington Post*, September 28, 1985, A2; "NIH Reassigns Controversial Official," *Washington Post*, April 13, 1986, A5. 研究院在一九九〇及二〇〇〇年代，持續進行國際研討會，並且出版幾部關於攝取咖啡因和人類健康的重要文獻。二〇一〇年，它完成一項針對所有與咖啡因攝取及先天缺陷相關的科學研究綜合審閱，然後在二〇一〇年版的學術性刊物 *Food and Chemical Toxicology* 上發表研究結果。這份報告推斷目前的科學不敢提出書面警告。心理學家詹姆斯（Jack E. James）聲稱國際生命科學會於一九九三年出版的 *Caffeine, Coffee, and Health* (ed. Silvio Garattini; New York: Raven Press, 1993) 在咖啡因攝取的健康後果方面，顯然並未提供足夠的可用證據，再加上許多延伸文獻的涵蓋範圍不足或整段遺漏，包括幾個重要研究團體的研究結果（例如 Shapiro et al. at UCLA, Lane et al. at Duke University, and Smits et al. at the University of Njmegen, The Netherlands）。參見 Jack E. James and Michael Gossop, book review of *Caffeine*, *Coffee and Health*, Addiction 90, no. 1 (January 1995): 134–135. 詹姆斯詳細說明他對國際生命科學會的顧慮，參見 "Caffeine, Health and Commercial Interests," *Addiction* 89, no. 12 (December 1994): 1595–1599. International Life Sciences Institute (ISLI) North America 2010 Annual Report.
49. 卡潘特在他的著作 *Reputation and Power: Organizational Image and Pharmaceutical Regulation at the FDA* (Princeton: Princeton University Press, 2010) 中敘述，保留研究機構名聲的欲望，通常高於追求大眾健康利益。在咖啡因的案例裡，食品藥物管理局的科學家就是不願意冒險，讓管理局為了咖啡因攝取的健康成本所呈現的矛盾證據，遭到大眾的奚落。"Caffeine Quandary Illustrates F.D.A.'s Plight," *New York Times*, January 8, 1980, C1.
50. "The Caffeine," *Washington Post*, February 26, 1986, H12.
51. 同上："A Coffee Drinker's Guide to Decaffeinated Varieties," *New York Times*, August 1, 1984, C1.
52. "Coca-Cola Co. Plans to Test Caffeine-Free Coke Classic," *Wall Street Journal*, October 19, 1989, B7.
53. Heather Landi, "A Challenging Year," *Beverage World* 127, no. 4 (April 15, 2008), S6; Harvey W. Wiley, "The Effects of Caffeine upon the Human Organism," June 1915, box 192, Harvey Washington Wiley

Papers, Library of Congress, Washington, DC.

54. "Coke and Nestlé Plan Coffee and Tea Drinks," *New York Times*, November 30, 1990, D5; "Coke Blak Goes Black," BevNet.com, August 31, 2007, http://www.bevnet .com/news/2007/08-31-2007-Blak_coca-cola.asp; "Coke CEO Sees Canned Coffee Growing Despite Recession," *Reuters*, May 28, 2009, http://www.reuters.com/article/2009/05/28/coke-illy-idUSN2833611620090528. 史上從未出現能以如此低廉的成本，取得如此大量的咖啡因供應。這種藥劑能透過大規模的公司，大量傳送到消費者的體內。這於是引發了一個問題：這麼多的咖啡因對我們有益處嗎？這項新的超量咖啡因產業，究竟要我們付出多少健康成本呢？新研究指出，每天一杯咖啡的確對健康有益，但是其他的研究結果卻顯示，過量的咖啡因攝取可能會產生棘手的問題，尤其是在年輕人身上。提神飲料攝取和兒童的過動產生關連，咖啡因中毒的報告也越來越多（光是二〇〇七年就有超過五千例）。還有研究顯示，每日攝取大量咖啡因會引發癲癇發作及中風，有時候還會引發心臟病。"Energy Drinks May Harm Health, Especially for Children," *Time*, February 14, 2011; Chad J. Reissig, Eric C. Strain, and Roland R. Griffiths, "Caffeinated Energy Drinks—A Growing Problem," *Drug and Alcohol Dependence* 99 (January 1, 2009): 1–10; Sara M. Seifert, Judith L. Schaechter, Eugene R. Hershorin, and Steven E. Lipshultz, "Health Effects of Energy Drinks on Children, Adolescents, and Young Adults," *Pediatrics* 127, no. 3 (March 1, 2011): 511–528; N. Gunja and J. A. Brown, "Energy Drinks: Health Risks and Toxicity," *Medical Journal of Australia* 196, no. 1 (January 16, 2012): 46–49.

55. Muhtar Kent, Statement for Rio+20, July 18, 2012, published by the Avoided Deforestation Partners, https://www.youtube.com/watch?v=h548OnhSyuc

56. Coca-Cola Company website, Product Descriptions: Coffee, http://www.thecoca-colacompany.com/brands/coffee.html.

第八章 玻璃、鋁罐與塑膠

——堆砌全世界的垃圾山

1. 本章的第一個版本在二〇一二年哈佛商學院的商業歷史評論秋季號刊登。

2. 有少數學者，無論是把研究重點放在進步時代的企業、一九三〇年代的農業綜合企業，或是冷戰時期的高科技產業，全都將公眾廢棄物管理系統的建設視為一種基本的政府介入，在二十世紀下半葉協助大型企業成長。首先在進步時代興起的企業鉅子，到了世紀中期時製造出大量包裝廢棄物，引發消費者質疑是否該支持依賴集中批發業者使用不回收包裝法的經濟體系。發展那些能幫助巨型企業減輕恐懼的公共建設，對於一些有史以來獲利最高之企業的未來償付能力來說，是非常重要的事。關於路邊回收計畫的傑出著作，參見 Frank Ackerman, *Why Do We Recycle: Markets, Values, and Public Policy* (Washington, DC: Island Press, 1997); Martin Melosi, *Garbage in the Cities: Refuse, Reform, and the Environment: 1880–1980* (College Station: Texas A&M University Press, 1981); Martin Melosi, *The Sanitary City: Urban Infrastructure in America from Colonial Times to the Present* (Baltimore: Johns Hopkins University Press, 2000); Heather Rogers, *Gone Tomorrow: The Hidden Life of Garbage* (New York: New Press, 2005); Elizabeth Royte, *Garbage Land: On the Secret Trail of Trash* (New York: Little, Brown, 2005); Louis Blumberg and Robert Gottlieb, *War on Waste: Can America Win Its Battle with Garbage?* (Washington, DC: Island Press, 1989); Carl A. Zimring, *Cash for Your Trash: Scrap Recycling in America* (New Brunswick: Rutgers University Press, 2005). 關於飲料容器回收的全球觀點，以及飲料容器自動回收機的社會與文化建設方面的討論，參見 Finn Arne Jørgensen, *Making a Green Machine: The Infrastructure of Beverage Container Recycling* (New Brunswick: Rutgers University Press, 2011).

3. "Deposit System," *Southern Carbonator and Bottler*, November 1905,

10; "Bulletin of the Coca-Cola Bottlers' Association," *Coca-Cola Bottler*, April 1929, 33–35.

4. 這個數字反映出一九六〇年代的一些包裝瓶回收率，此計算結果是來自Investment Research Department of Laidlaw and Company為可口可樂公司進行的一項投資報告，"Follow-Up Report No. 6 to Basic Report Dated October, 1963," August 1965, box 57, folder 1, RWW Papers, MARBL; United States Resource Conservation Committee, Committee Findings and Staff Papers on National Beverage Container Deposits (Washington, DC: Resource Conservation Committee, 1979), 75, 76, 84; William K. Shiremanm, Frank Sweeney, et al., *The CalPIRG-ELS Study Group Report on Can and Bottle Bills* (hereinafter Can and Bottle Bills) (Stanford, CA: Stanford Environmental Law Society, 1981), 5.
5. Constance Hays, *The Real Thing*, 11; United States Office of Technology Assessment, *Materials and Energy from Municipal Waste: Resource Recovery and Recycling from Municipal Solid Waste* (Washington, DC: USGPO, 1979), 189.
6. William K. Shireman, Frank Sweeney et al., *Can and Bottle Bills*, 4; American Can Company, *A History of Packaged Beer and Its Market in the United States* (New York: American Can Co., 1969), 7; Maureen Ogle, *Ambitious Brew: The Story of American Beer* (Orlando: Harcourt, 2006), 183–185, 213, 216; A. M. McGahan, "The Emergence of the National Brewing Oligopoly: Competition in the American Market, 1933–1958," *Business History Review* 65, no. 2 (Summer 1991): 230.
7. American Can Company, *A History of Packaged Beer*, 29.
8. "Soft Drinks: Will the Cans Take Over?" *Business Week*, January 1954, 47; Shireman et al., *Can and Bottle Bills*, 9; "Canned Soda Pop," *Wall Street Journal*, September 24, 1953, box 292, folder 10, RWW Papers, MARBL. A. M. McGahan, "The Emergence of the National Brewing Oligopoly," 230, 247–248.
9. "Soft Drinks: Will the Cans Take Over?" *Business Week*, January 30, 1954; William K. Shireman et al., *Can and Bottle Bills*, 9; John Stuart, "C&C Super Corp. to Open Third Plant Next Month to Can Soft Drinks in Chicago," *New York Times*, April 25, 1954, F1; "Canned Soda Pop," *Wall Street Journal*, September 24, 1953, box 292, folder 10, RWW Papers, MARBL.
10. "Now! Your Favorite Soft Drinks in Cans!" *Daily Mirror*, June 10, 1953, 19, box 292, folder 10, RWW Papers, MARBL.
11. "C&C Super Corp. to Open Third Plant Next Month to Can Soft Drinks in Chicago," *New York Times*, April 25, 1954, F1.
12. H. B. Nicholson, "The Fabulous Frontier," Speech for the American Bottlers of Carbonated Beverages, November 11, 1953, box 58, folder 1, RWW Papers, MARBL; "The Overseas Story," *Coca-Cola Overseas*, June 1948, 5; United States Office of Technology Assessment, *Materials and Energy from Municipal Waste: Resource Recovery and Recycling from Municipal Solid Waste* (Washington, DC: USGPO, 1979), 189.
13. Constance Hays, *The Real Thing*, xii.
14. "Coca-Cola in Cans for the Far East," *Coca-Cola Bottler*, April 1955, 28; "Sales of Canned Soft Drinks Soar," *Coca-Cola Bottler*, July 1965, 25–27; "Aluminum Aftermath," *Wall Street Journal*, November 22, 1965, 2.
15. Senate Committee on Commerce, Science, and Transportation, *Reuse and Recycling Act of 1979*, 96th Cong., 2nd Sess., March 3, 1980, 58; Senate Subcommittee for Consumers, Committee on Commerce, Science, and Transportation, *Beverage Container Reuse and Recycling Act of 1977*, 95th Cong., 1st Sess., January 25, 26, 27, 1978, 158.
16. Senate Subcommittee on Environment, Committee on Commerce, *Solid Waste Management Act of 1972*, 92nd Cong., 2nd Sess., March 6, 10, 13, 1972, 35; Senate Subcommittee on Environment, *Nonre-*

turnable Beverage Container Prohibition Act, 93rd Cong., 2nd Sess., May 6, 7, 1974, 95, 108; Heather Rogers, *Gone Tomorrow*, 136–37.

17. Senate Subcommittee on Environment, *Nonreturnable Beverage Container Prohibition Act*, 108; Constance Hays, *The Real Thing*, 11, 182.

18. 軟性飲料產業不斷聲稱消費者逼迫飲料公司改用不回收容器。可口可樂公司和其產業盟友主張，這是一種自下而上的過程。生活在汽車時代的消費者擁有前所未有的行動力，並且希望得到無須將包裝瓶交還給零售商回收的便利。這種主張有某種程度的真實性，但是保留未說的部分是，企業強迫塑造出美國的丟棄文化。不回收容器幫助軟性飲料企業在裝瓶產業方面達到經濟效益，減少收取和處理回收瓶的相關成本。換言之，便利包裝既是一種消費者需求下的產物，也是產業解決經銷困境的方法。關於塑造美國丟棄文化的產業與消費者力量之探討，參見 Susan Strasser, *Waste and Want: A Social History of Trash* (New York: Metropolitan Books, 1999); Susan Strasser, *Satisfaction Guaranteed: The Making of the American Mass Market* (New York: Pantheon Books, 1989); "Throwaway Society," in Ted Steinberg's *Down to Earth: Nature's Role in American History* (New York: Oxford University Press, 2002): 226–239; Susan Strasser, "'The Convenience Is Out of This World': The Garbage Disposer and American Consumer Culture," in *Getting and Spending: European and American Consumer Societies in the Twentieth Century*, ed. Susan Strasser, Charles McGovern, and Matthias Judt (Cambridge: Cambridge University Press, 1998): 263–280.

19. 現代環境運動的興起在以下書中有精細的闡釋：Samuel P. Hays's *Beauty, Health, and Permanence: Environmental Politics in the United States* (Cambridge: Cambridge University Press, 1987)

20. "Beer Bottle Plan Offered by Delegate," *Washington Post*, March 17, 1953, 26.

21. John Atlee Kouwenhoven, *The Beer Can by the Highway: Essays on What's American About America* (Garden City, NY: Doubleday, 1961), 本書驗證了與不回收容器有關的美學成本。Andre J. Rouleau, administrator of Vermont Beverage Container Law, "Vermont Deposit Law and Recycling," presented at Vermont Solid Waste Summit, November 8, 1985, 2, available online from P2 InfoHouse, www.p2pays.org/ref/24/23636.pdf.

22. "Heads New Anti-Litter Group," *New York Times*, October 14, 1954, 31; Elizabeth Royte, Garbage Land, 184; Martin Melosi, *Garbage in the Cities*, 225-26; Heather Rogers, *Gone Tomorrow*, 141–146.

23. 人類學者卡洛琳・李（Caroline W. Lee）指出，即使進步時代的企業也從事草根行銷。參見 "The Roots of Astroturfing," Contexts 9, no. 1 (Winter 2010): 73–75. 然而保持美國美麗組織將這些手法提升到另一個層次。它所動員的大規模反廢棄物運動，為二十世紀末期類似的高組織化全國企業運動，提供了效法的模範。

24. "Litter Increased in Crowded Cities," *New York Times*, December 7, 1954, 40.

25. "Keep America Beautiful Ad 1960s," http://www.youtube.com/watch?v=AQtlRfg LdsQ&videos=OP4RmRuVjmA.

26. Ginger Strand, "The Crying Indian: How an Environmental Icon Helped Sell Cans—and Sell Out Environmentalism," *Orion Nature Quarterly*, November/ December 2008, 24; Finis Dunaway, "Gas Masks, Pogo, and the Ecological Indian: Earth Day and the Visual Politics of American Environmentalism," *American Quarterly* 60, no. 1 (March 2008): 67–99; Elizabeth Royte, *Garbage Land*, 184.

27. Martin Melosi, *Garbage in the Cities*, 170; *Beverage Industry* 87 (June 1996): 26, reproduced at http://memory.loc.gov/ammem/ccmphtml/indsthst.html; Letter from Paul Austin to Robert W. Woodruff, November 28, 1969, box 16, folder 1, RWW Papers.

28. Paul Austin, "Environmental Renewal or Oblivion . . . Quo Vadis?" Speech given to the Georgia Bankers Association, Atlanta, Georgia, April 16, 1970, reprinted in *Vital Speeches of the Day* 36, no. 15 (March 15, 1970): 471–472, 475.

29. 同上，474.

30. "Litter Bits," *NSDA Bulletin*, January–February 1968, 6.

31. *American Soft Drink Journal*, July 1967, 34; "Litter Letter Future Doubtful," *NSDA Bulletin*, April 26, 1968, 5.

32. "Keep America Beautiful Ad 1960s," KAB commercial, http://www.youtube.com/ watch?v=AQtlRfgLdsQ&videos=OP4RmRuVjmA; "The Crying Indian," KAB commercial, http://www.youtube.com/watch?v=j7OHG7tHrNM. 也可參見 Ginger Strand, "The Crying Indian"; "After the 'Crying Indian,' Keep America Beautiful Starts a New Campaign," *New York Times*, July 17, 2013, B5.

33. "Earth Week: April 19-26," *Speckled Bird*, April 20, 1970, 3; "Scope," *Soft Drinks* (formerly National Bottlers' Gazette), May 1970; "Coca-Cola's Confrontation," *Business Week*, May 2, 1970, 22.

34. Letter from Paul Austin to Robert W. Woodruff, November 28, 1969, box 16, folder 1, RWW Papers, MARBL.

35. 35 "'Bend a Little' and 'Keep America Beautiful,'" featured on Coca-Cola's company blog, Coca-Cola Conversations, edited by archivists Ted Ryan and Phil Mooney, http://www.coca-colaconversations.com/2009/04/bend-a-little-and-keep-america -beautiful.html.

36. Mark Pendergrast, *For God, Country & Coca-Cola*, 295; Display Ad, *New York Times*, April 22, 1970, 33.

37. 關於二十一世紀美國廣告宣傳與年輕世代文化的調查，參見 Lisa Jacobson, *Raising Consumers: Children and the American Mass Market in the Early Twentieth Century* (New York: Columbia University Press, 2004); Phil Mooney, "Man in His Environment Ecology Kit," Coca-Cola Conversations company blog, http://www.coca-colaconversations.com/2009/04/man-inhis-environment-ecology-kit.html.

38. 關於奧勒岡禁令的詳細歷史，參見 Brent Walth, "No Deposit, No Return: Richard Chambers, Tom McCall, and the Oregon Bottle Bill," *Oregon Historical Quarterly* 95, no. 3 (Fall 1994): 278–299.

39. Stanford Environmental Law Society, *Disposing of Non-Returnables: A Guide to Minimum Deposit Legislation* (Stanford, CA: Stanford Environmental Law Society, 1975), 17.

40. Lewis Gould, *Lady Bird Johnson and the Environment* (Lawrence: University Press of Kansas, 1988). 也可參見 Lewis Gould, ed., *Lady Bird Johnson: Our Environmental First Lady* (Lawrence: University Press of Kansas, 1988); Martin Melosi, *Garbage in the Cities*, 198, 200–201.

41. House Subcommittee on Public Health and Welfare, Committee on Interstate and Foreign Commerce, *Prohibit Certain No-Deposit, No-Return Containers*, 91st Cong., 2nd Sess., September 18, 1970, 53

42. 同上，46; Senate Subcommittee on Environment, *Solid Waste Management Act of 1972*, 79.

43. Senate Subcommittee on Science, Technology, and Space, Committee on Commerce, Science, and Transportation, *Materials Policy*, 95th Cong., 1st Sess., July 14, 19, 1977, 62.

44. Heather Rogers, *Gone Tomorrow*, 150; "Yonkers Studies a No-Return Ban," *New York Times*, September 9, 1971, 59.

45. Heather Rogers, *Gone Tomorrow*, 166, 172.

46. Carl A. Zimring, *Cash for Your Trash*, 160; Finn Arne Jørgensen, *Making a Green Machine*, 29–31.

47. Heather Rogers, *Gone Tomorrow*, 140.

48. Meeting minutes from the State Association Conference, National Soft Drink Association, November 10, 1970, 12, American Beverage Association (ABA) Information Center, Washington, DC.

49. "Advertising: Reynolds in an Ecology Drive," *New York Times*, April 13, 1971, 63; Display Ad, *New York Times*, February 9, 1971, 25; Senate Subcommittee on Environment, *Solid Waste Management Act* of 1972, 81.

50. Martin Melosi, *Garbage in the Cities*, 221; "Recycling Efforts Faltering on L. I.," *New York Times,* February 13, 1972, A1.

51. "Waste Recycling Effort Found to Lag," *New York Times*, May 7, 1972,

1; "A Guide to Recycling," *Washington Post*, April 13, 1978, VA1.

52. "Waste Recycling Effort Found to Lag," *New York Times*, May 7, 1972, 1, 57; Senate Subcommittee on Environment, *Solid Waste Management Act* of 1972, 26.
53. House Subcommittee on Public Health and Welfare, Committee on Interstate and Foreign Commerce, *Prohibit Certain No-Deposit, No-Return Containers*, 91st Cong., 2nd Sess., September 18, 1970, 39; Elizabeth Royte, *Garbage Land*, 127.
54. Senate Subcommittee on Environment, *Solid Waste Management Act of 1972*, 35.
55. Senate Subcommittee for Consumer, Committee on Commerce, Science, and Transportation, *Beverage Container Recycling and Reuse*, 95th Cong., 2nd Sess., January 25, 26, 27, 1978, 203.
56. Robert G. Hunt and William E. Franklin, "LCA—How It Came About: Personal Reflections on the Origin and the Development of LCA in the USA," *International Journal of Life Cycle Assessment 1*, no. 1 (March 1996): 4.
57. 同上。
58. E-mail to author, February 8, 2010.
59. William K. Shireman et al., *Can and Bottle Bills*, 5; EPA, *Resource and Environmental Profile Analysis of Nine Beverage Container Alternatives* (Washington, DC: USGPO, 1974), 1-8; United States Office of Technology Assessment, *Materials and Energy from Municipal Waste*, 190.
60. Robert G. Hunt and William E. Franklin, "LCA—How It Came About," 4; Mark Duda and Jane S. Shaw, "Life Cycle Assessment," *Society* 35, no. 1 (November 1997): 38-39.
61. Phone Interview with Robert Hunt, Franklin Associates Ltd., February 9, 2010. Speaking of Coke's secrecy, Hunt added, "Coke was not forthcoming to us exactly why they were doing" the 1969 study.
62. "Coca-Cola Plastic Bottle Undergoes Test Selling in 3 New England Cities," *Wall Street Journal*, March 24, 1970, 23; Robert G. Hunt and William E. Franklin, "LCA—How It Came About," 4; Food and Drug Administration, *Final Environmental Impact Statement: Plastic Bottles for Carbonated Beverages and Beer* (Washington, DC: USGPO, September 1976), 45.
63. "Coca-Cola Trying a Plastic Bottle," *New York Times*, June 4, 1975, 65; Food and Drug Administration, *Final Environmental Impact Statement: Plastic Bottles for Carbonated Beverages and Beer*, 23; "Monsanto to Expand Plastic Bottle Output, Has Accord to Supply Coca-Cola Bottlers," *Wall Street Journal*, October 15, 1973, 13; "Coca-Cola Trying a Plastic Bottle," *New York Times*, June 4, 1975, 65.
64. "Suffolk Prepares to Battle a Bottle," *New York Times*, December 5, 1976, 442.
65. "Technology: The Dispute over Plastic Bottles," *New York Times*, April 13, 1977, 79; Letter from Paul Austin to Woodruff, February 15, 1977, box 16, folder 5, RWW Papers, MARBL; "Monsanto to Expand Plastic Bottle Output, Has Accord to Supply Coca-Cola Bottlers," *Wall Street Journal*, October 15, 1973, 13; "A Market Thirst, Never Quenched," *New York Times*, April 9, 1978, F1; Coca-Cola Bottler, January 1984, 9; Coca-Cola Company 1978 Annual Report, 6, 8.
66. "Garbage Crisis: After Landfills, What?" *New York Times*, April 2, 1978; "Suburbs Facing a Tough Fight over Sites for Garbage Dumps," *Chicago Tribune*, August 9, 1979, N2; "End Is Nearer for Kane Landfill," *Chicago Tribune*, July 2, 1989, C1. 關於環境正義運動的誕生，參見 Eileen Maura McGurty, "From NIMBY to Civil Rights: The Origins of the Environmental Justice Movement," in *Environmental History and the American South: A Reader*, ed. Paul Sutter and Christopher J. Manganiello (Athens: University of Georgia Press, 2009); 以及 Robert Bullard, *Dumping in Dixie: Race, Class, and Environmental Quality* (Boulder, CO: Westview Press, 1990). 關於現代環境運動的出現，參見 Samuel P. Hays, *Beauty, Health, and Permanence: Environmental Politics in the United States, 1955–1985*

(Cambridge: Cambridge University Press, 1987); Ted Steinberg, "Shades of Green," chapter 15 in *Down to Earth: Nature's Role in American History* (New York: Oxford University Press, 2002), 239–261; Adam Rome, *The Bulldozer in the Countryside: Suburban Sprawl and the Rise of American Environmentalism* (Cambridge: Cambridge University Press, 2001). 根據羅傑斯（Heather Rogers）所言，有個研究表示奧勒岡的路邊廢棄物在新的押金法令通過後，降低了三五%。Heather Rogers, *Gone Tomorrow*, 147.

67. Senate Committee on Commerce, Science, and Transportation, *Reuse and Recycling Act of 1979*, 68.

68. Finn Arne Jørgensen, *Making a Green Machine*, 89.

69. Heather Rogers, *Gone Tomorrow*, 154.

70. "Bottle Bill Foes' Recycling Claim Disputed," *Washington Post*, October 25, 1987, B7; Senate Committee on Energy and Natural Resources, *Recycling*, 102nd Cong., 2nd Sess., September 17, 1992, 160; House Subcommittee on Transportation and Hazardous Materials, Committee on Energy and Commerce, *Recycling of Municipal Solid Waste*, 101st Cong., 2nd Sess., July 12, 13, 1989, 256. 關於華府裝瓶法案討論的透徹分析，參見 Joy A. Clay, "The D.C. Bottle Bill Initiative: A Casualty of the Reagan Era," *Environmental Review* 13, no. 2 (Summer 1989): 17–31.

71. L. L. Gaines and A. M. Wolsky, "Resource Conservation Through Beverage Container Recycling," *Conservation and Recycling* 6, no. 1/2 (1983): 11–14.

72. Bruce van Voorst and Rhea Schoenthal, "The Recycling Bottleneck," *Time*, September 14, 1992; Carl A. Zimring, *Cash for Your Trash*, 134; Debi Kimball, *Recycling in America: A Reference Handbook* (Santa Barbara, CA: ABC-CLIO, 1992), 23–24.

73. Elizabeth Royte, Garbage Land, 14; "Who Foots the Bill for Recycling," *New York Times*, April 25, 1993, F5; David H. Folz, "Municipal Recycling Performance: A Public Sector Environmental Success Story," *Public Administration Review* 59, no. 4 (July–August 1999): 343; David H. Folz, Robert A. Bohm, Jean H. Peretz, and Bruce E. Tonn, "Analysis of National Solid Waste Recycling Programs and Development of Solid Waste Recycling Cost Dunctions: Summary Statistics for Data Set No. 1," Research into Economic Factors Influencing Decisions in Environmental Decision Making, prepared under US EPA Cooperative Agreement CR822614-01 (July 1999), 10; Daniel H. Loughlin and Morton A Barlaz, "Policies for Strengthening Markets for Recyclables: A Worldwide Perspective," *Critical Reviews in Environmental Science and Technology 36*, no. 4 (2006): 290; EPA, *Municipal Solid Waste Generation, Recycling, and Disposal in the United States: Facts and Figures for 2012* (Washington, DC: USGPO, 2013).

74. 我和容器回收協會（Container Recycling Institute）執行長柯林斯（Susan Collins）談到為納稅人承諾進行路邊回收，計算出一個數字。她大膽提出了粗略的估計，二〇一三年單一家戶大約每年二十五億美元。不過她也說沒有機關單位或資料庫能有效記載這些全國性成本。E-mail to author, December 17, 2013. 二十餘年來，柯林斯和加州市政當局合作，研發固體廢棄物管理及回收系統。

75. Heather Rogers, *Gone Tomorrow*, 176; "Can or Bottle, Bill Wants Makers to Pay for Recycling," *New York Times*, July 11, 2002; Government Accountability Office (GAO), *Recycling: Additional Efforts Could Increase Municipal Recycling*, December 2003, 11; EPA, *Municipal Solid Waste in the United States: 2009 Facts and Figures* (Washington, DC: USGPO, 2010), 52; National Association for PET Container Recycling (NAPCOR), *2011 Report on Postconsumer PET Container Recycling Activity: Final Report,* http://www.napcor.com/pdf/NAPCOR_2011RateReport.pdf. 五五%鋁回收率來自容器回收協會。以下有該協會計算方式的詳細說明：http://www.container-recycling.org/index.php/calculating-aluminum-can-recycling-rate. 由產業提出的二九%寶特瓶回收率，不包含由於汙染而無法轉售的大量回收寶特瓶。從可供轉售的寶特瓶總量中，減去這些回收時產生的廢棄寶特瓶，得出的比率比較

接近二二%。Letter from Susan Collins, Executive Director of the Container Recycling Institute, to Hope Pilsbury, Office of Resource Conservation and Recovery, Environmental Protection Agency, September 30, 2011, provided to the author by Susan Collins. 每年垃圾掩埋的瓶罐數量，參見 http://www.container-recycling.org.

76. Coca-Cola Enterprises 2009 Corporate Responsibility and Sustainability Report, 36, 40; "Coca-Cola Says S.C. Recycling Joint Venture to Be Restructured," *Atlanta Journal-Constitution*, April 20, 2011; "Part of Waste Problem Is Now Part of Solution," *New York Times*, April 22, 2012; Michael Blanding, *The Coke Machine*, 138.

77. EPA, *Municipal Solid Waste Generation, Recycling, and Disposal in the United States: Facts and Figures for 2012* (Washington, DC: USGPO, 2013), 7.

第九章

藏在人體的卡路里

——肥胖是個人選擇嗎？

1. 在氟氯碳化物被禁之後，可口可樂公司的冷藏系統轉而排放氫氟碳化物（hydrofluorocarbons，即ＨＦＣ），這種化合物之後也被證實是強大的溫室氣體。從二〇〇〇年開始，可口可樂公司就承諾會把所有排放ＨＦＣ的冰箱換成不會排放溫室氣體的冰箱；可口可樂公司也開始投資混合式的商業用卡車，在二〇一二年，該公司已經能以擁有全世界「最大的混合用電車隊」自豪。但混合式冷藏卡車至今在可口可樂體制中依舊占不到一%，二十萬輛中只有七百輛是混合式。見 Coca- Cola Company 2010/2011 Sustainability Report, 18。

2. USDA Economic Research Service, Food Availability Data System, Beverages Data Set, Update August 20, 2012, http://www.ers.usda.gov/data-products/food -availability -(per-capita)-data-system.aspx#2793.

3. "'Freer Market' for Sugar Urged by Industrial Users," *New York Times*, February 22, 1974, 43; Letter from Ovid Davis to Paul Austin, June 6, 1974, box 70, folder 10, RWW Papers, MARBL.

4. 4."World Approaching Sugar Shortage," *Washington Post*, February 27, 1974, A14; "Butz Sugar Sale Plan Killed After Lobby Bid," *New York Times*, May 20, 1974, A1.

5. Betty Fussell, *The Story of Corn* (New York:Knopf, 1992), 273; "The Wet Millers of Corn," *Washington Post*, June 11, 1981, A1.

6. Michael Pollan, *The Omnivore's Dilemma:A Natural History of Four Meals* (New York: Penguin Books, 2006), 49; Willard W. Cochrane, *Development of American Agriculture: A Historical Analysis* (Minneapolis: University of Minnesota Press, 1979; 1993), 140-143. 本書引用均為一九九三年版。

7. 關於《農業調整法》對美國南方農業的影響，以及如何鼓勵農業綜合企業的成長，參見 Pete Daniel, *Breaking the Land*, 63-183; Julie Guthman, *Weighing In: Obesity, Food Justice, and the Limits of Capitalism* (Berkeley and Los Angeles: University of California Press, 2011), 120.

8. Arturo Warman, *Corn and Capitalism: How a Botanical Bastard Grew to Global Dominance*, trans. Nancy L. Westrate (Chapel Hill: University of North Carolina Press, 2003), 189. 並參見 Sarah Phillips, *The Price of Plenty: From Farm to Food Politics in Postwar America* (Oxford: Oxford University Press, forthcoming).

9. 在《雜食者的兩難》中，食物記者波倫描述布茲看來無害的政策，實際上所具有的轉變力量：「從借款變成直接補助彷彿無關緊要——反正政府就是要確保農夫在玉米每蒲式耳的價格走低時，還是能拿到目標價格的錢。但事實上，在玉米價格下滑時直接付錢給農民，是一種改革性的做法，提出這個建議的人一定很清楚這一點。因為這樣就消除了穀物價格的底價。這麼做並不像過去的貸款計畫，以及聯邦穀倉那樣，讓玉米脫離價格下跌的市場，而是用新的補助方案鼓勵農夫隨意賣出玉米，反正政府會彌補中間的差額。」（52）丹伯（David B. Danbom）在 *Born in the Country: A History of Rural America* (Baltimore: Johns Hopkins University Press, 1995) 收錄了布茲的評論。

10. "US Monthly Average Corn Price Received for the 1970-1980 Cal-

endar Years," University of Illinois at Urbana-Champaign farmdoc database, http://farmdoc.illinois.edu/manage/uspricehistory/excel/uscorn.xls.

11. "Coke OKs Corn Sugar in Non-Colas," *Chicago Tribune*, July 1, 1978, H6.

12. "Fructose Makers Say 'How Sweet It Is,' as Sweetener Wins Major Acceptance," *Wall Street Journal*, August 3, 1978, 10; "Coke OKs Corn Sugar in Non-Colas," *Chicago Tribune*, July 1, 1978, H6; "Commodities:Sugar Bill Called Aid to Fructose," *New York Times*, November 2, 1981, D4.

13. "Case of the Sugar Papers," *Chicago Tribune*, July 10, 1978, 10; Michael Pollan, *The Omnivore's Dilemma*, 105.

14. McDonald's Corporation 1996 Annual Report, 3; Eric Schlosser, *Fast Food Nation*, 54; Michael Blanding, *The Coke Machine*, 67, 68.

15. *The Bankers' Magazine and Statistical Register 41* (New York: Homans, 1886–1887), 655; USDA Agriculture Factbook 2001–2002, 20.

16. United States Census Bureau, Urban and Rural Populations, Table 4, Population:1790–1990, http://www.census.gov/population/www/censusdata/files/table-4.pdf; David B. Danbom, *Born in the Country*, 212; Jack Temple Kirby, *Rural Worlds Lost*, 60–69.

17. Bureau of Labor Statistics, Employment by Major Industry Sector, 1994, 2004, and projected 2014, http://www.bls.gov/opub/ted/2005/dec/wk3/art01.htm; United States Census Bureau, "Commuting in the United States:2009—American Consumer Survey Reports," September 2011, 3–4; United Bureau of Labor Statistics, Spotlight on Statistics: Sports and Exercise, May 2008, 2. http://www.bls.gov/spotlight/2008/sports/pdf/sports_bls_spotlight.pdf.

18. House Committee on Agriculture, *Compilation of Responses to Farm Bill Feedback Questionnaire*, 111th Cong., 2nd Sess., September 2010, 279.

19. Betty Fussell, *The Story of Corn*, 159; United States Department of Agriculture, "Feed Grains: Background for 1995 Farm Legislation," Agricultural Economic Report No. AER714, prepared by William Lin, Peter Riley, and Sam Evans, April 1995, 53.

20. K. M. Flegal, M. D. Carroll, C. L. Ogden, and L. R. Curtin, "Prevalence and Trends in Obesity Among US Adults, 1999–2008," *Journal of the American Medical Association* 303, no. 3 (January 20, 2010):235–241; K. M. Flegal, M. D. Carroll, R. J. Kuczmarski, and C. L. Johnson, "Overweight and Obesity in the United States:Prevalence and Trends, 1960–1994," *International Journal of Obesity* 22, no. 1 (January 1998):39–47; Michael Blanding, *The Coke Machine*, 78. 很有意思的是，岡瑟曼（Julie Guthman）在她著作的 *Weighing In* 中已經提出，過胖的生理學可能並不如我們過去想的那麼簡單。她在某章討論美國食品供應鏈裡的化學物質，提出某些殺蟲劑和食品添加物可能會干擾消化道調節機制，使人無法適當地重組攝取的碳水化合物，這樣的說法引起一陣譁然（101-115）。

21. K. M. Flegal, M. D. Carroll, B. K. Kit, and C. L. Ogden, "Prevalence and Trends in Obesity Among US Adults, 1999–2010," *Journal of the American Medical Association* 307, no. 5 (February 1, 2012):491–497; C. L. Ogden, M. M. Lamb, M. D. Carroll, and K. M. Flegal, "Obesity and Socioeconomic Status in Adults: United States, 2005–2008," *National Center for Health Statistics Data Brief 50* (December 2010). 關於導致肥胖的環境，參見 B. G. Swinburn and F. Raza, "Dissecting Obesogenic Environments: The Development and Application of a Framework or Identifying and Prioritizing Environmental Interventions for Obesity," *Preventative Medicine* 29 (December 1999):563–570; and J. O. Hill and J. C. Peters, "Environmental Contributions to the Obesity Epidemic," *Science* 280, no. 5368 (May 1998):1371–1374. 岡瑟曼巧妙地指出，過胖的環境應該被視為經濟不平等的症狀，而不是在低收入社群內造成過胖的主因。她的論點是，如果我們不能解決薪資差異和造成美國貧窮的深層原因，那麼在美國的貧窮地區創造食品集散地與農民市集也無法解決過胖問題。參見 Julie Guthman, *Weighing In*, 66–90.

22. Centers for Disease Control and Prevention, "Percentage of Civilian,

Noninstitutionalized Population with Diagnosed Diabetes by Age, United States, 1980–2008," posted October 15, 2010, www.cdc.gov/diabetes/statistics/prev/national/figbyage.htm; Michael Blanding, *The Coke Machine*, 81.

23. Eric A. Finkelstein, Justin G. Trogdon, Joel W. Cohen, and William Dietz, "Annual Medical Spending Attributable to Obesity: Payer-and-Service Specific Estimates," *Health Affairs* 28, no. 5 (September 2009):w822.24.

24. USDA Economic Research Service, Food Availability Data System, Beverages Data Set, Update August 20, 2012, http://www.ers.usda.gov/data-products/food-availability -(per-capita)-data-system.aspx#2793; Centers for Disease Control, Research to Practice Series No. 3, September 2006, http://www.cdc.gov/nccdphp/ dnpa/nutrition/pdf/r2p_sweetened_beverages.pdf; Caroline M. Apovian, "Sugar- Sweetened Soft Drinks, Obesity, and Type 2 Diabetes," *Journal of the American Medical Association 292*, no. 8 (August 25, 2004):978; H. K. Choi and G. Curhan, "Soft Drinks, Fructose Consumption, and the Risk of Gout in Men: Prospective Cohort Study," *British Medical Journal 336*, no. 7639 (February 9, 2008):309; Mark Bittman, "Soda: A Sin We Sip Instead of Smoke?" *New York Times*, February 12, 2010, WK1. 可樂學者布蘭丁（Michael Blanding）如此解釋可口可樂和過胖間的關連：「在美國的過胖率成為兩倍的同時，美國的汽水消耗量也成為兩倍：在一九七〇到一九八〇年間，汽水幾乎占了平均飲食熱量增加的一半。」Michael Blanding, *The Coke Machine*, 79.

25. "Diet Coke Reflects Changes in Market and the Industry," *New York Times*, August 23, 1982, D4.

26. Memorandum to the Directors of Coca-Cola, October 20, 1969, box 16, folder 1, RWW Papers, MARBL. 在一九六九年和七〇年代初期，研究假設攝取環己胺磺酸鹽甘味劑和癌症間的關連並不確定。見 M. W. Wagner, "Cyclamate Acceptance," *Science* 26, no. 3939 (1970):1605. 最近在《腫瘤學年報》（*Annals of Oncology*）發表的一份研究中，科學家得到的結論是，人類流行病學研究並沒有發現糖精和環己胺磺酸鹽甘味劑在人類身上，會出現像在老鼠研究中發現的導致膀胱癌的效果。W. R. Weihrauch and V. Diehl, "Artificial Sweeteners—Do They Bear a Carcinogenic Risk?" *Annals of Oncology* 15, no. 10 (October 2004): 1460–1465.2.7

27. Senate Select Committee on Nutrition and Human Needs, *Hearing on Nutrition and Human Needs, Part 13C: Nutrition and Private Industry*, 90th Cong., 2d Sess., July 30, 1969, 4609.

28. "Cyclamates and the Try for Reimbursement," *Washington Post*, September 22, 1972, A26; "Bill to Provide Relief from Cyclamate Losses Expected to be Introduced by Sen. Griffin of Michigan," *NSDA Bulletin*, July 1970, 6; "Decision on FDA Petition Not Due Until 1975, FDA Says," *NSDA Bulletin*, March 1974, 2; Beatrice Trum Hunter, *The Sweetener Trap and How to Avoid It: The Power and Politics of Sweeteners and Their Impact on Your Health* (Laguna Beach, CA:Basic Health Publications, 2008), 372.

29. "Calorie Council Sparks Protest Against Saccharin Ban," *Chicago Tribune*, March 15, 1977, C9; Calorie Control Council Ad copied in Carolyn de la Pena's *Empty Pleasures: The Story of Artificial Sweeteners from Saccharin to Splenda* (Chapel Hill: University of North Carolina Press, 2010), 171.

30. 在 *Empty Pleasures* 這本書中，作者佩納讓我們了解卡路里控制委員會反禁令活動的內容，說明這個組織如何有效地鼓動有影響力的政治人物的選區，採取對政府中止禁令有益的行動（170-175）。《紐約時報》在一九七八年的報導中，解釋可口可樂公司涉入卡路里控制委員會的政治活動之深：「可口可樂大力抵抗現今提出的糖精禁用令，並且是主要對抗此禁令的遊說團體——卡路里控制委員會最重要的單一捐款單位。」"A Market Thirst Never Quenched," *New York Times*, April 9, 1978, F4.

31. 可口可樂公司在一九八四年，決定在該公司的低卡或零卡飲品中使用一〇〇%的阿斯巴甜。"Coke Sweetener," *New York Times*, November 30, 1984, D4; "The Bittersweet Mystery Behind Aspartame," *Chicago*

Tribune, June 26, 1983, N1.*Oshana v. Coca-Cola Co.*, 472 F.3d 506 (7th Cir. 2006). 直到二〇〇〇年，美國衛生署才將糖精排除在潛在致癌物清單之外，這是在食品與藥物管理局於一九七七年撤銷禁令後的二十三年。

32. Carolyn de la Pena, *Empty Pleasures*, 11, 180–181, 216. 低卡或零卡飲品在二〇〇三年的軟性飲料市場中只占了二四%。含有熱量甜味劑的碳酸飲料依舊在市場上遙遙領先。USDA Economic Research Service, Food Availability Data System, Beverages Data Set, Update August 20, 2012, http://www.ers .usda.gov/data-products/food-availability-(per-capita)-data-system. aspx#2793.

33. S. E. Swithers and T. L. Davidson, "A Role for Sweet Taste: Calorie Predictive Relations in Energy Regulation by Rats," *Journal of Behavioral Neuroscience* 122, no. 1 (February 2008):161–173; Mark Hyman, "How Diet Soda Makes You Fat (and Other Food and Diet Industry Secrets)," *Huffington Post*, March 7, 2013, http://www.huffingtonpost.com/dr-mark-hyman/diet-soda-health_b_2698494. html. 對於低卡或零卡飲品攝取與過胖問題間的關連提出警告的研究，參見 R. D. Mattes and B. M. Popkin, "Nonnutritive Sweetener Consumption in Humans: Effects on Appetite and Food Intake and Their Putative Mechanisms," *American Journal of Clinical Nutrition 89* (2009): 1–14.

34. USDA Economic Research Service, Carbonated Beverages Per Capita Availability Spreadsheet (2003), http://www.ers.usda.gov/datafiles/Food_Availability_Per_Capita_ Data_System/Food_Availability/beverage.xls.

35. "Get Slim with Higher Taxes," *New York Times*, December 15, 1994, A29; "Americans, Obesity and Eating Habits," *New York Times*, January 29, 1995, CN3.

36. Michael F. Jacobson and Kelly D. Brownell, "Small Taxes on Soft Drinks and Snack Foods to Promote Health," *American Journal of Public Health* 90, no. 6 (June 2000):854–857; K. D. Brownell and D. Yach, "The Battle of the Bulge," *Foreign Policy* (November/December 2005): 26–27.

37. "Soft-Drink Industry Is Fighting Back over New Taxes," *New York Times*, March 24, 1993, A12; "Pop People Say This Levy Makes Soft Drinks a Bit Hard to Swallow," *Wall Street Journal*, December 11, 1992, B1; "'Snack Tax' Repeal on Way to Governor," *Baltimore Sun*, April 2, 1996.

38. Michael F. Jacobson, *Liquid Candy: How Soft Drinks Are Harming Americans' Health* (Washington, DC:Center for Science in the Public Interest, 1998); "Extra Soft Drink Is Cited as Major Factor in Obesity," *New York Times*, February 16, 2001, A12; Michael Blanding, *The Coke Machine*, 79–80, 85; R. D. Mattes and D. P. DiMeglio, "Liquid Versus Solid Carbohydrates: Effects on Food Intake and Body Weight," *International Journal of Obesity 24*, no. 6 (2000): 794–800.

39. "A Soda Ban, L.A. Style," *Los Angeles Times*, June 21, 2012; Robert Foster, *Coca-Globalization*, 216; Michael Blanding, *The Coke Machine*, 103–104.

40. 引述 Neville Isdell, *Inside Coca-Cola*, 162.

41. Constance Hays, *The Real Thing*, 155–156. 在整個二〇〇〇年代，可口可樂企業持續累積債務，直到收益連未償還債務的利息都付不起的程度。年復一年，可口可樂公司一直丟錢到其岌岌可危的營運業務中。二〇〇八年春天，可口可樂公司表示該公司面臨每季利潤減少二三%的現象，大部分原因在於可口可樂企業的支出。為了進一步與這間大型裝瓶公司的財務赤字切割，可口可樂公司縮減其在裝瓶業務的持股，到了二〇〇七年十二月只剩三五%。Constance Hays, *The Real Thing*, 157; "Biggest Bottler of Coke Plans to Increase Prices," *New York Times*, July 18, 2008, C3; Coca-Cola Company 2008 SEC 10-K Report, 5.二〇〇六年，可口可樂企業是當年度虧損最多的公司，光是這一年就有十二億美元的損失。

42. Neville Isdell, *Inside Coca-Cola*, 1, 162–163; Constance Hays, *The Real Thing*, 313.

43. Robert Foster, *Coca-Globalization*, 212–214. 並參見 Michael Blanding's chapter "The Battle for Schools," *The Coke Machine*, 89–117.

44. Coca-Cola Company, "Our Position on Obesity: Including Well-Be-

ing Facts," July 2012, 8-9; "Big Food's Health Education," *San Francisco Chronicle*, September 7, 2005.

45. "Fat Tax for Lean Times," *New York Times*, April 3, 2005, CY11; "In a Fat War, Albany Isn't Eating What It Preaches," *New York Times*, June 19, 2003, B5.

46. "Striking Back at the Food Police," *New York Times*, June 12, 2005; "Girth of a Nation," *New York Times*, July 4, 2005, A13.

47. Michael Pollan, "The (Agri)Cultural Contradictions of Obesity," *New York Times*, October 12, 2003, SM41.

48. 同上。Michael Pollan, "You Are What You Grow," *New York Times Magazine*, April 22, 2007.

49. Neville Isdell, *Inside Coca-Cola*, 183, 201; 校園禁令也許大幅了減少學童的軟性飲料消耗。研究顯示，二到十九歲的兒少熱量軟性飲料的消耗，在二十一世紀的第一個十年裡確實有所減少。參見 Brian K. Kit, Tala H. I. Fakhouri, Sohyun Park, Samara Joy Nielsen, and Cynthia L. Ogden, "Trends in Sugar-Sweetened Beverage Consumption Among Youth and Adults in the United States, 1999-2010," *American Journal of Clinical Nutrition 98*, no. 1 (July 2013):180-188. 有些人相信這樣的消耗量減少對過胖率造成影響。參見 "Obesity Dropped 43% Among Young Children in Decade," *New York Times*, February 26, 2014, A1.

50. Scott Drenkard, *Overreaching on Obesity: Governments Consider New Taxes on Soda and Candy*, Tax Foundation Special Report No. 196 (October 31, 2011), http://taxfoundation.org/article/overreaching-obesity-governments-consider-new-taxes -soda-and-candy; Jason M. Fletcher, David Frisvold, and Nathan Tefft, "Can Soft Drink Taxes Reduce Population Weight," *Contemporary Economic Policy* (2009), 3.

51. Michael Pollan, "You Are What You Grow," *New York Times Magazine*, April 22, 2007; Interview with Mayor Bloomberg, MSNBC, May 31, 2012.

52. Monologue by Jon Stewart, *The Daily Show*, aired on Comedy Central May 31, 2013; "60% Oppose Bloomberg's Soda Ban, Poll Finds," *New York Times*, August 22, 2012, A19; "Soda Ban Backlash: Mike Bloomberg's Plan Takes Supersized P.R. Hit," *Village Voice*, July 6, 2012; "NYC Defends Soda Ban; Foes Call It Illegal," *UPI.com* (United Press International), January 24, 2013, http://www.upi .com/Top_News/US/2013/01/24/ NYC-defends-soda-ban-foes-call-it-illegal/UPI -26561359016200/; "No Local Toast for New York's Soda Ban," *U-T San Diego*, August 6, 2012, http://www.utsandiego.com/news/2012/Aug/06/no-local-toast-for-bloombergs-soda-ban/.

53. "Soda Makers Begin Their Push Against New York Ban," *New York Times*, July 2, 2012, A10; "'Nanny Bloomberg' Ad in New York Times Targets N.Y. Mayor's Anti-Soda Crusade," *Huffington Post*, June 4, 2012, http://www.huffingtonpost.com/2012/06/04/nanny-bloomberg-ad-in-new_n_1568037.html.

54. *New York Statewide Coalition of Hispanic Chambers of Commerce v. New York City Department of Health and Mental Hygiene* WL 1343607, 2013 N. Y. Slip Op.30609 (U) (Trial Order) (N. Y. Sup. Mar. 11, 2013); "Minority Groups and Bottlers Team Up in Battles over Soda," *New York Times*, March 13, 2013, A1; "Judge Cans Soda Ban," *Wall Street Journal*, March 12, 2013, A19.

55. "How Big Soda Co-Opted the NAACP and Hispanic Federation," *Huffington Post*, January 25, 2013, www.huffingtonpost.com/nancy-huehnergarth/minorities_ soda_lobby_b_2541121.html; "When Jim Crow Drank Coke," *New York Times*, January 29, 2013, A23.

56. 5"NYC Soda Ban Rejected: Judge Strikes Down Limit on Large Sugary Drinks as 'Arbitrary, Capricious,'" *Huffington Post*, March 11, 2013, http://www.huffingtonpost .com/2013/03/11/nyc-soda-ban-dismissed-judge-large-sugary-drinks_n_2854563 .html; Michael Moss, *Salt Sugar Fat: How the Food Giants Hooked Us* (New York:Random House, 2013), 99; "At 7-Eleven, the Big Gulps Elude a Ban by the City," *New York Times*, June 7, 2012, A20.

57. *New York Statewide Coalition of Hispanic Chambers of Commerce v. New York City Department of Health and Mental Hygiene*, No. 653584/12, WL 1343607, 2013 N.Y. Slip Op.30609 (U) (Trial Order) (N.Y. Sup. Mar. 11, 2013). 最高法院同意上訴許可。*New York Statewide Coalition of Hispanic Chambers of Commerce v. New York City Department of Health and Mental Hygiene*, 22 N.Y.3d 853976 N.Y.S.2d447 (Table), 2013 WL 5658229, 2013 N.Y. Slip Op.88505 (U) (N.Y. Oct. 17, 2013).
58. K. D. Brownell and T. R. Frieden, "Ounces of Prevention—The Public Policy Case for Taxes on Sugared Beverages," *New England Journal of Medicine 360*, no. 18 (April 30, 2009):1805; "Elasticity: Big Price Increases Cause Coke Volume to Plummet," *Beverage Digest*, November 21, 2008, 3–4.
59. "Poll: Most Oppose Tax on Junk Food," *CBS News*, January 7, 2010, http://www.cbsnews.com/news/poll-most-oppose-tax-on-junk-food.
60. Michael Pollan, "You Are What You Grow," *New York Times Magazine*, April 22, 2007.
61. 想了解這些趨勢的精闢摘要，參見 Michael Pollan, *The Omnivore's Dilemma*, 32-56.
62. Office of Management and Budget, Fiscal Year 2013, Cuts, Consolidations, and Savings: Budget of the U.S. Government, available online at http://www.whitehouse .gov/sites/default/files/omb/budget/fy2013/assets/ccs.pdf; "Obama Reiterates Call for Farm Subsidy Cuts," *Reuters.com*, February 13, 2012, http:// www.reuters .com/ article/ 2012/02/13/us -usa -budget-farm-idUSTRE81C18R20120213; "House Approves Farm Bill, Ending a 2-Year Impasse," *New York Times*, January 30, 2014, A14; "5 Things the Farm Bill Will Mean for You," *CNN Politics*, February 4, 2014, http://www.cnn.com/2014/02/04/politics/farm-bill/. 關於公民對《農場法》改革的請願書，參見 House Committee on Agriculture, *Compilation of Responses to Farm Bill Feedback Questionnaire*, 111th Cong., 2nd Sess., September 2010.
63. "U.S. Farmers Plant Largest Corn Crop in 63 Years," USDA, National Agricultural Statistics Service (NASS) Press Release, June 29, 2007; Michael Pollan, *The Omnivore's Dilemma*, 32-56. 也可參考下列紀錄片：Ian Cheney, Curt Ellis, and Aaron Woolf, *King Corn* (New York:Docurama Films, distributed by New Video, 2008).
64. Oxfam International, "Sugar Rush: Land Rights and the Supply Chains of the Biggest Food and Beverage Companies," Oxfam Briefing Note, October 2, 2013, 5, 7–8; "Will Coca-Colà Do the Right Thing in Cambodia," *Kansas City Star*, December 6, 2013; Peter Singer, "The Trouble with Big Sugar," *Slate*, November 24, 2013; "Coke, Pressed by Oxfam, Pledges Zero Tolerance for Land Grabs in Sugar Supply Chain," *Washington Post*, November 8, 2013.
65. "Industry Awakens to Threat of Climate Change," *New York Times*, January 24, 2014, A1.
66. Muhtar Kent, GBCHealth Conference Keynote Address, Roosevelt Hotel, New York, New York, May 14, 2012.
67. Coca-Cola Company 2013 SEC 10-K Report, 42, 44, and 2012 SEC 10-K Report, 5.
68. "Diet Coke May Be the New #2, but U.S. Soda Market Is Declining," *Fortune*, March 22, 2011; "The Most Popular Sodas in the World," *Huffington Post*, February 23, 2012, http://www.huffingtonpost.com/2012/02/23/top-soda-brands_n_1297205 .html #s719889&title=1_Coke_CocaCola.69. Coca-Cola Company 2012 SEC 10-K Report, 48.
69. Coca-Cola Company 2012 SEC 10-K Report, 48.

結　語

可口可樂的永續經營？

1. 蘋果電腦出色的歷史以及富有遠見的共同創辦人賈伯斯，參見 Walter Isaacson, *Steve Jobs* (New York: Simon and Schuster, 2011), 361. Julie Froud, Sukhdev Johal, Adam Leaver, and Karel Williams, "Apple Business Model: Financialization Across the Pacific," Centre for Research on Socio-Cultural Change (CRESC) Working Paper No. 111, University of Manchester Business School, April 2012, 8, 20–21, 22.
2. Google Inc., 2010 SEC 10-K Report, 3.
3. 關於美國鋼鐵工業的衰退，參見 Paul A. Tiffany, *The Decline of American Steel: How Management, Labor, and Government Went Wrong* (New York: Oxford University Press, 1988); Paul A. Tiffany, "The Roots of Decline: Business-Government Relations in the American Steel Industry, 1945–1960," *Journal of Economic History 44, no. 2* (June 1984): 407–419; 以及 Kenneth Warren, *Big Steel: The First Century of the United States Steel Corporation, 1901–2001* (Pittsburgh: University of Pittsburgh Press, 2001). 關於通用汽車，參見 Maryann Keller, *Rude Awakening: The Rise, Fall, and Struggle for Recovery of General Motors* (New York: William Morrow, 1989).
4. "Coca-Cola Enterprises' Bad News About Profit Makes a Soft Landing on Bottler's Stock Price," *Wall Street Journal*, September 1, 1989, C2; "Coca-Cola Enterprises' Reorganization Gets Mixed Views on Debt," *Wall Street Journal*, January 23, 1992, C12; "Earnings Down 80% at Big Coke Bottler," *New York Times*, October 18, 2001, C5; "Global 500 Money Losers," http://money.cnn.com/galleries/2007/fortune/ 0707/gallery.global500_losers.fortune/6.html; "Coke Plans Return to Franchise Model in North America," *New York Times*, December 12, 2013; "When Will Coca-Cola Sell its Rebuilt Botlers? CEO Muhtar Kent Explains," *DailyFinance. com*, February 10, 2011, http://www.dailyfinance.com/2011/02/10/will -coca -cola -sell -its -bottlers-ceo-muhtar-kent-explains.
5. Coca-Cola Enterprises 2006 Corporate Responsibility and Sustainability Report, 4; "Coca-Cola's CEO Muhtar Kent Sees a World of Opportunity," excerpts from Muhtar Kent's speech, May 19, 2010, http://www.economicclub.org/doc_repo/ Kent Transcript%20JF%20Revision.pdf; Coca-Cola Company 2013 SEC 10-K Report.
6. Eric A. Finkelstein, Justin G. Trogdon, Joel W. Cohen, and William Dietz, "Annual Medical Spending Attributable to Obesity: Payer-and-Service Specific Estimates," *Health Affairs* 28, no. 5 (September 2009): w822; Daniel Hoornweg and Perinaz Bhada-Tata, *What a Waste: A Global Review of Solid Waste Management*, World Bank Urban Development Series, Knowledge Papers No. 15, March 2012, vii.

普羅米修斯系列　BF3041

從一杯可樂開始的帝國

原文書名／Citizen Coke: The Making of Coca-Cola Capitalism
作　　者／巴托・艾莫爾（Bartow J. Elmore）
譯　　者／榮莒苓、謝忍翾、羅亞琪、簡秀如、鍾沛君
企劃選書／陳美靜
責任編輯／黃鈺雯
編輯協力／蘇淑君
版　　權／黃淑敏
行銷業務／張倚禎、石一志

總 編 輯／陳美靜
總 經 理／彭之琬
事業群總經理／黃淑貞
發 行 人／何飛鵬
法律顧問／元禾法律事務所 王子文律師
出　　版／商周出版　臺北市中山區民生東路二段141號9樓
電話：(02)2500-7008　傳真：(02)2500-7759
E-mail：bwp.service@cite.com.tw
發　　行／英屬蓋曼群島商家庭傳媒股份有限公司　城邦分公司
台北市104民生東路二段141號2樓
電話：(02)2500-0888　傳真：(02)2500-1938
讀者服務專線：0800-020-299　24小時傳真服務：(02)2517-0999
讀者服務信箱：service@readingclub.com.tw
劃撥帳號：19833503
戶名：英屬蓋曼群島商家庭傳媒股份有限公司城邦分公司
香港發行所／城邦(香港)出版集團有限公司
香港灣仔駱克道193號東超商業中心1樓
電話：(825)2508-6231　傳真：(852)2578-9337
E-mail：hkcite@biznetvigator.com
馬新發行所／城邦(馬新)出版集團
Cite (M) Sdn Bhd
41, Jalan Radin Anum, Bandar Baru Sri Petaling,
57000 Kuala Lumpur, Malaysia.
電話：(603)9057-8822　傳真：(603)9057-6622　email: cite@cite.com.my

封面設計／許晉維　內文設計暨排版／無私設計・洪偉傑　印　刷／韋懋實業有限公司
經 銷 商／聯合發行股份有限公司
地址：新北市231新店區寶橋路235巷6弄6號2樓
電話：(02)2917-8022　傳真：(02)2911-0053

ISBN／978-986-272-867-3
定價／420元

城邦讀書花園
www.cite.com.tw

2015年（民104）9月初版
2021年（民110）9月2日初版3.3刷

國家圖書館出版品預行編目(CIP)資料

從一杯可樂開始的帝國 / 巴托．艾莫爾(Bartow J. Elmore)著；榮莒苓等譯. -- 初版. -- 臺北市：商周出版：家庭傳媒城邦分公司發行, 民104.09
面； 公分. --(新商業周刊叢書；BF3041)
譯自：Citizen Coke : the Making of Coca-Cola Capitalism
ISBN 978-986-272-867-3(平裝)

1.可口可樂公司(Coca-Cola Company) 2.飲料業 3.美國

481.75 104016320

圖片版權聲明

- Georgia Military Academy cadet officers, 1908. *Courtesy Robert W. Woodruff Papers, Manuscript, Archives, and Rare Book Library, Emory University.*
- Vin Mariani advertisement, 1894. *Courtesy Bridgeman Art Gallery.*
- Pemberton Wine of Coca advertisement, 1885. *Courtesy* Atlanta Journal-Constitution.
- Employees of the Coca-Cola Company in Atlanta, Georgia, January 1899. *Courtesy Corbis.*
- Coca-Cola syrup truck, Atlanta, Georgia, 1911. *Courtesy Asa Griggs Candler Papers, Manuscript, Archives, and Rare Book Library, Emory University.*
- Coca-Cola bottling plant, North Carolina, date unknown. *Courtesy Corbis.*
- Jawbone Siphon, Los Angeles Aqueduct. *Courtesy Milstein Division of United States History, Local History & Genealogy, The New York Public Library, Astor, Lenox and Tilden Foundations.*
- Milton Hershey and Robert W. Woodruff, 1924. *Courtesy Robert W. Woodruff Papers, Manuscript, Archives, and Rare Book Library, Emory University.*
- Ox carts unloading Hershey's sugarcane harvest onto railroad cars in Cuba, ca. *1924–1945. Courtesy Hershey Community Archives, Hershey, PA.*
- Monsanto caffeine plant in Norfolk, Virginia, 1948. *Monsanto Company Records, 1901-2008, University Archives, Department of Special Collections, Washington University Libraries.*
- Protest at Plachimada plant, 2006. *Courtesy Sho Kasuga.*
- Closed Plachimada bottling plant, 2010. *Taken by author.*
- Men harvesting coca leaves near Quillabamba, Peru. *Courtesy Gustavo Gilabert/ CORBIS SABA.*
- SodaStream Unbottle the World Day, 2012. *Courtesy Getty Images/Donald Bowers.*
- Fight against soda ban in New York, 2012. *Courtesy AP Photo/Kathy Willens*